吕梁市

有机旱作农业标准化综合生产技术

牛建中　主编

中国农业出版社

北　京

图书在版编目（CIP）数据

吕梁市有机旱作农业标准化综合生产技术 / 牛建中
主编 . —北京：中国农业出版社，2023.10
ISBN 978 - 7 - 109 - 31580 - 8

Ⅰ.①吕… Ⅱ.①牛… Ⅲ.①有机农业－旱作农业－
农业技术－标准化－吕梁 Ⅳ.①S343.1 - 65

中国国家版本馆 CIP 数据核字（2023）第 231845 号

中国农业出版社出版
地址：北京市朝阳区麦子店街 18 号楼
邮编：100125
责任编辑：廖　宁　杨桂华
版式设计：王　晨　责任校对：周丽芳
印刷：中农印务有限公司
版次：2023 年 10 月第 1 版
印次：2023 年 10 月北京第 1 次印刷
发行：新华书店北京发行所
开本：880mm×1230mm　1/16
印张：10.25　插页：8
字数：332 千字
定价：88.00 元

本 书 编 委 会

主　　任：陈林强

副 主 任：胡志尔　薛艳明　陈明生　李万强

　　　　　吕喜明　李建军

主　　编：牛建中

参编人员（按姓氏笔画排序）：

王美玲　白秀娥　白育铭　白雪梅

刘　勇　刘志军　刘佳薇　刘跃斌

齐晶晶　孙　凌　孙超超　杜完锁

李　勇　李叔亮　杨泽鹏　杨景泉

张玉娥　张晓玲　赵彩霞　秦月明

高晓勋　樊红靖　薛志强　薛连萍

校　　核：杨泽鹏

序

2017 年 6 月 21—23 日，习近平总书记考察山西时指出："有机旱作是山西农业的一大传统技术特色，山西少雨缺水，要保护生态、节水发展，要坚持走有机旱作农业的路子，完善有机旱作农业技术体系，使有机旱作农业成为我国现代农业的重要品牌。""先天条件不足，是山西生态环境建设的难点，同时，由于发展方式粗放，留下了生态破坏、环境污染的累累伤痕，使山西生态建设任务更加艰巨"。2020 年，习近平总书记再次亲临山西并指出："要坚持山水林田湖草一体化保护和修复，把加强流域生态环境保护与推进能源革命、推行绿色生产生活方式、推动经济转型发展统筹起来，坚持治山、治水、治气、治城一体推进"。深入贯彻习近平生态文明思想，落实习近平总书记视察山西的重要讲话精神，要牢固树立和践行绿水青山就是金山银山的理念，站在人与自然和谐共生的高度谋划发展，完整、准确、全面贯彻新发展理念，全力推进有机旱作农业高质高效发展。要注重农业与生态环境的关系，坚持生态优先、节约集约、绿色低碳循环发展理念，控制化学品投入，增加有机肥投入，防治面源污染，推动节水发展，提高农业水资源利用率和生产率，保障农产品质量安全和有效供给，推动实现农业与生态环境的协调发展。

科学谋划发展有机旱作农业，要从农业生态系统的八大要素"土、肥、水、种、密、保、管、工"出发，立足和总结本地成熟的实践经验，吸纳国内外农业现代化先进技术，着力构建和完善有机旱作农业生产的四大体系：生态体系、生产技术标准化体系、产业体系、经营体系，始终体现的是绿色、生态、安全、良性循环、可持续性的发展理念。本书编者从黄土高原的变迁开篇，综述生产力、生产关系的变化，介绍了吕梁市有机旱作节水模式创新，标准化技术建立健全，产业、经营体系完善等，针对吕梁市生态环境脆弱、水土流失严重、面源污染、干旱少雨、机械化程度低等问题，从技术层面上系统地探索解决了这些问题，形成了有机旱作农业综合生产技术体系，为吕梁市"十四五"乃至更长时期国家、省、市级农业农村、水利、国土资源等部门重大项目一体化布局实施提供了有力的技术支撑。

该书适宜农业战线上各级领导干部、技术人员及农民朋友们阅读，希望该书能成为正确指导实施有机旱作农业项目的指南和工具书，为实现吕梁市农业农村现代化及全面乡村振兴贡献力量。

2023 年 7 月

前　　言

本书介绍了吕梁市有机旱作农业生产的四大技术体系，共十一章。第一章为以变求适，转变农业生产方式，第二章为以生为先，低碳绿色循环发展，这2章主要论述了农业与生态环境的关系，生产关系要适应生产力的变化，从而构成生态技术体系。第三章为以粮为纲，全面提升耕地地力，第四章为以土为本，建设农田水库蓄水，第五章为以肥为粮，提高土壤肥力调水，第六章为以水为脉，高效利用农业用水，第七章为以种为魂，优选抗旱品种节水，第八章为以机为效，农机农艺结合保水，这6章从土、肥、水、种、机五大要素通过畜禽粪便无害化处理技术，农作物秸秆、根茬还田技术，测土配方施肥技术，免耕技术，病虫害绿色防控技术，农机农艺结合地膜覆盖集水保水技术，CO_2减排技术，残膜回收技术等先进技术组装配套，控制农业化学产品（化肥、农药等）投入，增加农业有机肥料及有机物投入，控制和减少农业面源污染，调节降水与用水的时空结合，确保农业生产丰产增收、农产品质量安全，构成有机旱作标准化生产技术体系。第九章为以标为准，规范农业生产体系，吕梁市先后制定和修订了30个有机旱作技术规程（吕梁市地方标准），其中基础类规程6个，粮食类规程10个，蔬菜类规程10个，中药材规程4个，这些规程表述详尽，是有机旱作标准化生产技术体系的具体应用，便于使用者理解。第十章为以品为引，构建旱作产业体系。第十一章为以企为龙，构筑加工营销体系。

该书在编写过程中得到了山西省农业农村厅、山西农业大学（山西省农业科学院）、吕梁市国土资源与规划局、吕梁市水利局、吕梁市农业农村局有关专家的大力支持，值此付梓之际谨向他们致以诚挚的谢意。如本书能对方兴未艾的有机旱作农业生产有所贡献，能对生态环境治理有所裨益，能对农业战线各级工作人员和广大农民朋友的具体实践有所帮助，编者之愿足矣。

　　有机旱作农业是一个全新的概念，由于编者理论认识水平、技术水平、实践能力水平有限，书中难免有不妥之处，敬请同行及读者批评指正。

编　者

2023 年 6 月

目　　录

目 录

第一章　以变求适，转变农业生产方式

第一节　自然地理特征

一、地理位置

吕梁市，因山而得名，巍巍吕梁山纵贯全境。地理坐标为北纬 $36°40'\sim38°40'$，东经 $110°26'\sim112°19'$。北接忻州，南衔临汾，东与晋中一衣带水，西跃黄河即达陕西。全境东西宽 142 km，南北长 220 km。吕梁市政府机关驻离石区，距省会太原市 186 km。

二、行政区划

1. 历史沿革　吕梁市具有悠久的文明史，是中华民族的发祥地之一。远在旧石器时代，就有人类繁衍、生息在这块土地上，用辛勤的劳动，创造了吕梁的文明历史。

吕梁地域的沿革可以追溯到遥远的上古时代。据《尚书·禹贡》载，吕梁古为冀州域，舜以冀州南北相距太远，分置并州，吕梁遂为并州域。禹时属并州，夏商属冀州，周时复属并州。春秋为晋，战国归赵。秦汉时属太原郡，西晋分属太原国、西河国。到北魏初属太原郡，后归西河郡，吐京郡。隋代吕梁分属离石、太原、西河、娄烦、龙泉 5 个郡，唐代吕梁分属石州、汾州、隰州、岚州、并州。宋代吕梁分属于石州、汾州、岚州、隰州、晋宁军、太原府。元代吕梁属冀宁路。明、清两朝吕梁分属太原府、平阳府、汾州府。

1912 年，废州府建制，所辖交城、文水、汾阳、孝义、兴县、岚县、临县、石楼、永宁、宁乡 10 个县。抗日战争时期吕梁各县均属晋绥边区。1945 年 7 月 15 日，归属吕梁区。1949 年，吕梁设汾阳专区和兴县专区。1951 年，吕梁分属临汾专区、忻县专区、榆次专区。1971 年 5 月，重新组建吕梁地区；2003 年 10 月 23 日，经国务院批准，撤销吕梁地区，设立吕梁市（地级），至今未变。

2. 政区现状　撤地设市以来，吕梁市辖 1 区（离石）2 市（孝义、汾阳）10 县（交城、文水、交口、石楼、中阳、柳林、方山、岚县、兴县、临县）共计 13 个县（市、区），共 150 个乡（镇），其中乡 45 个、镇 91 个、街道 14 个；吕梁市第三次全国农业普查共 3 087 个村委会，46 个涉农居委会，5 717 个自然村。

三、自然地理变迁

吕梁市是黄土高原（跨 6 个纬度及 13 个经度，南北长约 600 km，东西宽达 1 300 km）的主要组成部分，自然条件复杂，特点明显。就地势而言，北高南低，自东北向西南倾斜。关帝山之主峰南阳山最高，位于市域中部东缘，绝对高程 2 830.7 m，是华北第二高峰。南部石楼县境内的黄河滩最低，绝对高程 567 m，相对高差为 2 263.7 m。域内丘陵起伏，山峰林立，北有黑茶山，南有上顶山，西有紫金山，山峰奇特，高耸入云。陈毅将军在《过吕梁山》的律诗中以"奇峰突兀吕梁雄"的名句，赞叹吕梁风光的奇特、瑰丽、雄伟。举世闻名的黄河位于吕梁市区境西缘，流经兴县、临县、柳林、石楼，边界长约 240 km。汾河流经吕梁市岚县，经交城、文水、汾阳，在孝义出境，长约 40 km。吕梁山脉，纵贯南北，以山脊线为界把全市划分为东西两个流域。东部为汾河流域所属的岚河、磁窑河、文峪河、孝河、双池河 5 条支流，流域面积 7 309 km²，占总面积的 34.7%；西部为黄河流域，主要有岚漪河、蔚汾河、湫水河、三川河、屈产河 5 条较大河流直接流入，流域面积 13 733.45 km²，占总面积的 65.3%。

黄土高原形成于 240 万年前。从西周到汉代，黄土高原上原隰相望，沃野千里，植被丰茂。其河流主要是黄河，其他河流大都是黄河的支流。以黄河为名最早乃是西汉初年，以前只是称为"河水"，当时含泥沙很少，不仅不黄，还较清浊。由于生态平衡失调，塬面趋于破碎，沟壑纵横，河流浑浊，甚至湖泊干涸，北部一些地区出现了沙漠。黄土高原由于其所处的地理位置及地表堆积的深厚黄土，加上几千年来人为活动的影响，使其在自然地理方面具有一系列明显的特征。

1. 分布广阔、堆积深厚的黄土 顾名思义，黄土高原地表有黄土堆积，实际上也正如此，除一部分石质山地黄土覆盖较薄之外，其余部分黄土堆积普遍厚达 50 m 以上，远超过世界其他黄土地区黄土层的厚度。其中，陕北白于山以南，子午岭至吕梁山西侧，厚度在 100～200 m；六盘山以西，甘肃通渭县华家岭至马衔山一线以北到兰州附近，以及陇东与白于山地，厚度达 200～300 m。

所谓黄土，是指松散的黄色土状堆积物。其特征一是呈灰黄色至红黄色；二是质地疏松，多孔隙，透水性及湿陷性强，抵抗水蚀及风蚀能力均差；三是其组成物质以细粉沙（粒径为 0.01～0.05 mm）为主体，可达 50% 左右，其次是粒径为 0.05～0.1 mm 的粗粉沙和粒径小于 0.005 mm 的黏土，粒径大于 0.1 mm 的细沙含量极少，粒径为 0.005～0.01 mm 的粉黏土含量也很少；四是富含钙质（即石灰质），常以钙质结核（当地俗叫"料姜石"）形式出现，含量在 10% 左右；五是具有垂直节理，常形成直立的陡壁或黄土墙、黄土柱等。

黄土高原上的黄土，由于分布地区广狭、堆积时遭受风化、搬运、沉积、成土、成岩等后期地质作用强弱不同，在颜色深浅、颗粒粗细等性状上也有细微差别，其变化且有一定的规律性。如黄土颗粒成分，从整体上看具有高度的均一性，各地黄土均以细粉沙为主，粗粉沙和黏土次之；在这一基本特征下，粗粉沙及黏土含量却在高原上按一定的方向呈有规律的变化。总的情况是，粗粉沙含量由西北向东南递减，而黏土含量由西北向东南递增。因此，根据粗粉沙及黏土的含量，可以区分为沙黄土、黄土和黏黄土（又可叫细黄土）。沙黄土中粗粉沙含量大于 30%，黏土含量为 15%；黄土中粗粉沙含量为 15%～30%，黏土含量为 15%～25%；黏黄土中，粗粉沙含量小于 15%，黏土含量大于 25%。

黄土高原的黄土至少从早更新世就已开始堆积。经最近的古地磁测定，距今已 240 万年。从那时以来，在整个第四纪期间黄土沉积面积逐渐扩大，在黄土高原范围内形成了大面积的连续超覆，将第四纪前形成的基岩，除少数高耸的岩石山地之外，大部分掩埋于其下，并随下伏基岩的古地形轮廓，形成了黄土塬、黄土梁、黄土峁，以及河谷断陷盆地等地貌类型。

黄土在分布及性状上的特点，对黄土高原地貌、水文、植被及土壤等，均产生了一定影响。

2. 沟壑纵横、支离破碎的地形 黄土高原总的地势是西北高，东南低。吕梁市黄河流域的 7 个县（区）总的地势是东高西低，其余 6 个县（市）总的地势西高东低，大部分地面（约 60%）海拔为 1 000～2 000 m。海拔超过 2 000 m 的地面，只占 10% 左右；吕梁山等山脉的一些峰顶的高度在 2 000 m 以上；海拔在 1 000 m 以下的地面不到 20%，多分布在东南部平川及黄河沿岸。黄土高原地貌类型主要有土石山地、河谷平原、盖沙黄土丘陵、黄土丘陵及黄土塬 5 种，吕梁市山区占以下 4 种。

土石山地，主要有山西的太行山、五台山、恒山、吕梁山、霍山、中条山等。其中一些为石质山地，山势陡峭雄伟，基岩坚硬；还有一些在山麓及海拔较低的山坡上，披覆薄层黄土。有的山地如屈吴山等，山岭与盆地相间排列；在较大的河谷中，分布有小块狭窄的川台地。

河谷平原，主要分布在吕梁山东部平原等。这些河谷平原多为断陷盆地或地堑谷地，后为大量的黄土及其他物质沉积而成。地势较低平，河流两岸常有阶地或黄土台塬，形成原隰相间的地形。

黄土丘陵，主要分布在吕梁山西部。主要形态有长条状的梁、圆形或椭圆形馒头状的峁。梁顶窄狭，沿分水线有较大的起伏；峁顶弯起，面积不大。梁、峁之间纵横交织地分布着大大小小的沟壑。

黄土塬，主要分布在柳林县等地。塬面平坦，四周多沟壑，间杂着一些梁、峁，梁顶、峁顶皆较宽平。

在上述地貌类型中，黄土丘陵及黄土塬面积最大，并构成黄土高原奇特的地貌景观。除黄土塬、黄土梁、黄土峁之外，还有黄土墙、黄土柱、黄土桥、黄土陷穴等，使高原显得千姿百态，极富情趣。黄土塬与黄土丘陵尽管外部形态不同，但从侵蚀地貌方面分析，具有以下共同特征：

（1）沟壑众多，地形破碎。据不完全统计，吕梁市境内黄土高原上长度在 1 km 以上的沟道在 30 万条以上。就沟壑密度（每平方公里沟壑总长度）论，黄土塬区虽较小，仍达 2.35～2.65 km/km²；黄土丘陵区则更大，陇中一般为 3.80～4.59 km/km²，陕北为 3.47～5.10 km/km²，晋西为 6.81～8.05 km/km²。就沟壑面积论，黄土塬区通常占土地总面积的 24.86％～27.45％，高者达 41.7％；黄土丘陵区则多在 30％以上，最高达 55％。也就是说，在 1 km² 的土地上，往往有 1 km 长的沟道 2～8 条，1/4 甚至一半以上的面积为沟壑。

（2）沟壑下切深，高差大，起伏剧烈。黄土丘陵区及塬区经长期流水侵蚀，许多地方沟谷已下切至基岩，因此，从塬、梁、峁的分水线至沟床（即沟底）的相对高差往往很大。

（3）坡面陡峭，地面斜度很大。黄土高原除在河谷平原及黄土塬区的中心部分有较大面积的平地外，黄土丘陵区的梁、峁上，都是斜坡，而且坡度较大，十分陡峭。梁、峁顶部坡度一般约为 10°，从梁、峁顶部至谷缘线的梁、峁坡，坡度均在 10°以上，最大可达 35°。谷缘线以下的沟谷坡，有的呈 U 形，是直立的黄土土崖；有的呈 V 形，坡的中上部多为 35°～55°；坡麓是 35°以下的堆积坡。据对晋西、陕北一些典型小流域地面坡度的测算，其组成状况为：0°～5°，不超过 10％；6°～25°，占 25％～40％；26°～35°，占 15％～25％；35°以上，占 25％～40％。也就是说，差不多一半坡面超过了 25°的禁垦线，有 1/4 的坡面超过了 35°这一黄土的稳定角度。这种地面陡峻的状况也是世界其他黄土地区所少见的。

3. 温暖干燥、变化剧烈的气候　黄土高原地处内陆，离海洋较远，受东亚季风控制，气候温和干燥，冷暖变化分明，降雨集中，年变幅与月变幅均较大，表现出明显的大陆性季风气候的特点。

按中国气候区划，为温带半干旱气候区，由于山高地广，气候变化大，吕梁市年平均气温 6.8～10.5 ℃，≥10 ℃的积温为 2 390.8～3 778.3 ℃，无霜期 150～199 d。多年平均降水量为 467～625 mm。山区随海拔的升高，气温渐低，雨量递增。

综合分析，农业自然条件有以下 4 个主要特点。

（1）山、丘、川具全，有利于多种经营的发展。东部汾河沿岸的交城、文水、汾阳、孝义 4 个县，地势平坦，气候温和，土壤肥沃，水源充足，是全市玉米、小麦的主要产区。工业基础较好，经济比较发达。西部黄土丘陵区，山低土厚，宜于耕作。黄河沿岸的石楼、柳林、临县、兴县气候温暖，盛产红枣。中部中、低山区的岚县、方山、离石、中阳、交口等县山丘相间，起伏连绵，植被覆盖较好，尤以关帝山一带森林密布，古树参天，是吕梁市林业基地。境内矿藏资源丰富，宜农宜工，宜林宜牧，就发展经济而论，有广阔的前景。

（2）季风性明显，降水分配不均匀。吕梁市年降水量 467～625 mm，夏季降水占全年降水量的 60％。加之蒸发强烈，年蒸发量在 1 560～2 146 mm，从而形成了冬无雪、春无雨，旱灾频繁的干旱气候特征。据方山县的降雨资料分析，1953—1980 年的 28 年间，有干旱年 20 年，干旱频率为 71.4％，平均 1.4 年出现 1 次，其他各县有过之而无不及。这样的气候条件不仅对发展农业生产不利，而且对土壤的发育也有深刻的影响。

（3）土壤资源丰富，垦殖指数大。1985 年统计，耕地面积为 703.01 万亩[①]，按总人口计为 2.6 亩/人，按农业人口计为 2.9 亩/人，垦殖指数为 25％；根据土壤普查结果，耕地面积为 1 227.63 万亩，人均 4.6 亩，按农业人口计为 5.1 亩/人，垦殖指数为 43.9％。

（4）山多川少，土壤利用弊多利少。吕梁市多系山区，山丘面积为 19 397.45 km²，占总面积的 91.8％，平川仅 1 645 km²，占总面积的 8.2％。山区的特点，一是海拔高，气温低，生长季短，特别是在海拔 2 200 m 以上的中山区，气候寒冷，对农林牧业的利用都很不利；二是坡度大，各种作业都比较困难，同时土壤易被侵蚀，水土流失相当严重，尤其是石楼、柳林、临县、兴县等黄河沿岸县，梁、峁林立，沟壑纵横，植被稀少，水源奇缺，土壤侵蚀模数达 10 000 t/km² 以上，素称"不毛之地"。该类地区长期以农为主，农作物常常遭受风、旱、虫、雹等自然灾害袭击，产量低而不稳；三是交通运输不便，制约因素多，对发展农业生产不利。

（牛建中）

---

① 亩为非法定计量单位，1 亩≈666.7 m²。

第二节　各种要素的变化

一、农业劳动人口

伴随着经济社会的持续发展和促进城镇化发展各项改革措施的持续推进，吕梁市人口总量呈现下降趋势，且乡村人口逐步转移至城镇，城镇化率稳步提升，农村劳动力数量显著下降。根据 2020 年第七次全国人口普查，吕梁市常住人口为 3 398 431 人，与 2010 年第六次全国人口普查的 3 727 057 人相比，10 年间减少了 328 626 人，减少 8.82%。在 2020 年全市常住人口中，居住在城镇的人口为 1 811 822 人，占 53.31%；居住在乡村的人口为 1 586 609 人，占 46.69%。与 2010 年相比，城镇人口增加了 398 708 人，乡村人口减少了 727 345 人。农村年轻劳动力外出务工，人口结构呈现老人、妇女、儿童"993861"结构。从事农业生产工作的人员更是趋于老龄化，观念也较为传统保守，对新农艺、新技术接受度不高，需加强新兴职业农民培训，培养一批懂农业的人才队伍，提升农业从事者技术水平。2010—2020 年吕梁市城镇化率变动趋势见表 1-1。

表 1-1　2010—2020 年吕梁市城镇化率变动趋势

单位：%

地区	2010 年	2015 年	2018 年	2020 年
吕梁市城镇化率	37.91	48.45	50.53	53.31
山西省城镇化率	48.05	56.21	58.41	62.53
中国城镇化率	49.95	57.35	59.58	63.89

在推进城市化进程方面，吕梁市的城镇化率由 2010 年的 37.91% 增长到 2020 年的 53.31%，增长了 15.4 个百分点，增长速度略高于山西省平均水平。2020 年，吕梁市城镇化率比山西省的平均水平低 9.22 个百分点，比全国的城镇化水平低 10.58 个百分点，表明吕梁市城镇化速度还较慢。这一方面说明了农村人口转移缓慢，收入难以大幅提高；另一方面也造成了土地规模集中受限，难以实现土地规模化、标准化和产业化经营，进一步限制了农业的转型升级。

脱贫攻坚以来，吕梁市强化政策导向作用，鼓励大学生、退伍军人等返乡创业，引导各类人才到乡村兴办产业，推动在外民工回乡就业，激发乡村发展活力。认真落实"技能社会，人人持证"要求，围绕八大产业集群，扎实开展以"吕梁山护工"为龙头的全民技能提升工程，持续加大新型职业农民培训力度，提高农民技术水平，加快形成以技能促就业、以就业促增收的良性循环。全面启动乡村建设行动，接续开展农村人居环境五年提升行动，为返乡创业年轻人、乡贤人才提供良好的生活保障，改善乡村宜居宜业水平，使农民获得感和幸福感稳步提升。

二、耕地质量现状

吕梁市总面积 2.11 万 km²（3 169.9 万亩），占全省总面积的 13.5%。其中，农业用地 2 308.17 万亩，建设用地 121.78 万亩，未利用地 739.95 万亩。在农业用地中，吕梁市根据全国第二次土壤普查数据结果，2021 年全市耕地面积 464 886.67 hm²，占土地总面积的 21.99%；基本农田 377 540.07 hm²。旱地面积 369 516.87 hm²，占耕地面积的 79.49%；水浇地面积 95 369.80 hm²，占耕地面积的 20.51%。在现有中低产田中，基本全部属于旱地。园地约 1.50 万 hm²，林地约 79.54 万 hm²，牧草地约 6.52 万 hm²；其他农用地约 12.76 万 hm²。地貌属晋西黄土高原的一部分，地势北高南低，至东北方向西南倾斜。地貌大致可分为中山区、丘陵区、平川区 3 种类型。中山区奇峰突立，挺拔险峻，沟壑纵横，分布着众多小山川，植被覆盖较好；丘陵地区黄土覆盖广，厚度大，地形破碎，坡陡沟深，平地较少，植被稀少，水土流失严重；平川区地势平坦，土壤肥沃，水源充足，适宜发展现代立体化种植业。

2020 年，吕梁市总耕地面积为 51.34 万 hm²。2020 年，以土地利用现状图、土壤图、行政区划图叠加形成的图斑为评价单元，选取立地条件、剖面性状、耕层理化性状、养分状况、土壤健康状况和土壤管理等方面指标对耕地质量进行综合评价，完成了全市耕地质量等级划分，全市耕地按质量等级由高到低依次划分为 2～10 级，平均等级为 7.92 级。评价为 2～4 级的耕地面积为 6.0 万 hm²，占吕梁市耕地总面积的 11.59%，主要分布在吕梁市东部的晋中盆地，以潮土和褐土为主，没有明显的障碍因素，灌排能力满足。评价为 5～7 级的耕地面积为 11.20 万 hm²（167.99 万亩），占吕梁市耕地总面积的 21.48%，主要分布在晋中盆地西南部的丘陵区和吕梁山的河谷平原上，以褐土、黄绵土、栗褐土为主，灌溉能力明显不足。评价为 8～10 级的耕地面积为 34.14 万 hm²，占吕梁市耕地总面积的 66.93%，主要分布在吕梁山区，以褐土、黄绵土、栗褐土为主，存在瘠薄和障碍层次的障碍因素，无灌溉能力。吕梁市耕地质量各等级占比见图 1-1。

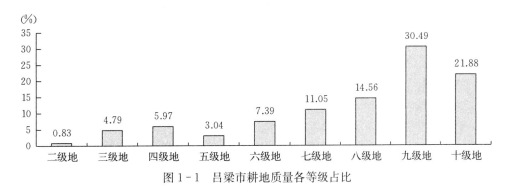

图 1-1 吕梁市耕地质量各等级占比

2019 年，吕梁市根据县级耕地质量长期定位 777 个监测点化验分析显示，全市土壤有机质平均含量 11.93 g/kg，全氮平均含量 0.07 g/kg，有效磷平均含量 11.82 mg/kg，速效钾平均含量 138.54 mg/kg，土壤 pH 变幅均在 8～9。

2019 年，吕梁市耕地质量远低于全国平均水平，耕地质量平均等级相较全国低 3.16 级。在山西省内，吕梁市耕地质量也低于全省平均水平，2～7 级地占比低于全省 1/2。按照我国综合农业区划，吕梁市属于黄土高原汾渭谷地农业区和晋陕甘黄土丘陵沟壑牧林农区，地表起伏破碎、坡度大、侵蚀非常严重，耕地质量明显差于黄土高原平均水平，耕地基础地力相对较差，生产障碍因素较为突出。见表 1-2。

表 1-2 耕地质量各等级占比（2019 年）

项目	全国	黄土高原	山西省	吕梁市
1 级（%）	6.82	2.86	0	0
2～4 级（%）	41.72	18.54	23.34	11.59
5～7 级（%）	38.51	37.87	49.66	21.48
8～10 级（%）	12.95	40.73	27	66.93
平均等级	4.76	6.47	6.13	7.92

近年来，针对黄土高原区低产田耕地障碍因素，吕梁市大力加强农田生态环境建设，开展山水林田湖草沙综合整治工程，恢复坡地植被，减少水土流失。大力发展节水灌溉，努力扩大水浇地面积。实施整修梯田、修复地埂等田间工程措施，提升水土保持能力。大力推广保护性耕作，通过秸秆覆盖还田、种植绿肥、增施有机肥、合理轮作等措施培肥熟化土壤，着力改善耕层理化性状和养分状况。

三、农地制度变化

新中国成立以来，农村土地制度几经变迁，为适应农业生产力发展要求不断深化改革，先后经历了从"农户私有、分散经营"到"人民公社统一经营、统一分配"的土地公有制，再到"包产到户、包干到户"的家庭联产承包责任制,农民集体拥有土地所有权,农户家庭拥有承包经营权。1992年,吕梁市率先在全国进行了拍卖"四荒"(荒山、荒坡、荒滩、荒沟)使用权的改革,开了山区小流域治理的先河,并探索建立土地流转制度,增强农民抵御市场和自然双重风险能力,实现稳定脱贫,对于优化生态环境、扩展生存空间发挥了重要的作用。1994年,吕梁市土地流转制度的探索成为全国农村改革的一条政策写进党的十五届三中全会的决议中。然而,随着工业化、城镇化深入推进,大量农业人口转移到城镇,农村土地流转规模不断扩大,新型农业经营主体蓬勃发展,土地承包权主体同经营权主体分离的现象越来越普遍。党的十八大以来,以习近平同志为核心的党中央对深化农村土地制度改革作出了一系列重大决策部署,初步构建了农村土地制度的"四梁八柱",逐渐形成所有权、承包权、经营权的"三权分置"制度。

为适应新时代农村的发展变化,吕梁市始终坚持土地公有制性质不改变、耕地红线不突破、农民利益不受损三条底线,巩固和完善农村基本经营制度,落实农村土地承包关系稳定并长久不变政策,衔接落实好第二轮土地承包到期后再延长30年的政策。全力做好农村土地承包经营权确权登记颁证工作。深化农村土地制度改革,实行"三权分置",坚持集体所有权,稳定农户承包权,放活土地经营权,细化和明确农村土地"三权分置"的配套措施。通过培育新型农业经营主体,发展多种形式的规模经营,积极发展土地流转、土地托管等多种形式的适度规模经营,建立健全农村土地产权流转交易制度,以市场化方式促进土地资源优化配置,推动提高农业生产经营集约化、专业化、组织化、社会化,解决承包地细碎化和土地撂荒问题,使农村基本经营制度更加充满持久的制度活力。争取到2025年,规模经营和社会化服务面积达60%以上。通过增量带存量、存量促增量,推动农村"三变"改革。发挥政策引导作用,落实政策性农业保险、耕地地力保护补贴及农机购置补贴等各项强农惠农政策,坚定农民从事粮食生产的信心。

四、降水量及水资源

吕梁市属半干旱暖温带大陆性季风气候,冬季气候寒冷,降雪稀少;春季温度变化急剧,气候干燥,少雨多风;夏季温度较高,雨量集中,多有雷阵雨天气;秋季气温迅速下降,气候凉爽,秋初多连阴雨天气。日照时数较长,太阳辐射较强,年均日照时数2 487~2 872 h。年均气温9 ℃左右,1月平均气温−10~−5 ℃,7月平均气温19~24 ℃(图1-2)。无霜期为133~178 d。

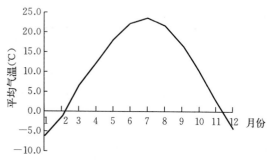

图1-2 2000—2020年吕梁市各月份平均气温

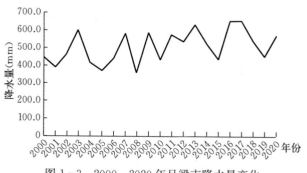

图1-3 2000—2020年吕梁市降水量变化

从图1-3可以看出,吕梁市近20年年降水量在372.7~653.9 mm,年平均降水量为508.4 mm。从图1-4可以看出,每年降雨集中于7月、8月、9月,这3个月月均降水量为84.4~116.6 mm、年平均降水量354.1 mm,占年均降水量70%以上。降水季节分配很不均匀,夏秋季降水量大,春季降水量较少,冬季降水量极低,月均降水量仅有3.6~11 mm。年降水量分布也极不均衡,呈现前一年降水量

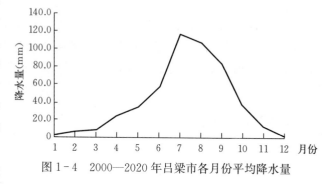

图1-4 2000—2020年吕梁市各月份平均降水量

大、下一年降水量小交替出现的状况，降水量隔年变化较大。

　　吕梁市多年平均水资源总量为 14.47 亿 m³，其中，河川径流量为 11.1 亿 m³，地下水资源量为 8.9 亿 m³。水资源总量中河川径流（地表水）和地下水存在重复量，重复量包括河川径流量 4.1 亿 m³，柳林泉年径流量 1.23 亿 m³，河道渗漏、山前侧向补给地下水的地表径流 0.20 亿 m³，共计 5.53 亿 m³。根据吕梁市的自然概况，水资源呈现以下特点：一是非常贫乏。水资源人均占有量小于全国及全省人均水平，亩均水资源占有量也远远小于全国亩均占有量。二是分布极不均匀。干旱年和丰水年相差悬殊，降水极值比相差达 5.93 倍；年内分配不平衡，占有水资源总量 76.7％的河川径流，近 2/3 的量集中在汛期，且以暴涨暴落的洪水出现；三是区域分配不均，平川区每平方公里 9 万 m³，而山丘区每平方公里只有 6.5 万 m³，占平川区的 72％。过去在一些城镇、居民地和工业区内，往往造成地下水超采，形成了"漏斗"。近些年来，吕梁市采取了强有力的"关井压采"及最严格的水资源管理制度，地下水的水位得以有效恢复，但也不容乐观，特别是平川 4 县（市），由于人口密集，又是最为主要的产粮区，地下水水位恢复较慢。

五、农业机械化变化

　　近 3 年来，吕梁市的农业生产条件有所改善，全市节水灌溉面积达到 180 万亩，农业机械化总动力 2017 年下降较为明显，之后两年呈上升趋势，与 2017 年相比，2020 年农业机械总动力增加了 23.11 万千瓦，机收面积也增加了 55 万亩，机收面积达到了 247 万亩。但整体农业机械化仍处于较低的水平，原因是吕梁市地处吕梁山脉中段，地势中间高、两翼低，属黄土丘陵沟壑区，山区、半山区面积占 92％，受地理因素限制，许多地区难以使用大型收割机进行规模作业。总之，吕梁市近年来农业生产条件在不断调整，机械化程度和生态化程度逐年提升，原因与其产业转型有关。为实现农业现代化发展，吕梁市正朝着资源节约型和环境友好型的方向迈进。

六、农业发展理念

　　长久以来，吕梁市人口众多、粮食需求量大，农业生产水平相对落后，提升粮食产量、解决人民的温饱问题成为农业发展的迫切需求，导致很长时期内农业生产形成"以产量论英雄"的观念，片面追求产量、忽视质量与效益，对土壤、水资源等造成了巨大的损害，不利于农业生产的可持续发展。同时，人们对农业的认识仅停留在保障供给上，把农业简单地看成"吃饭产业"，将农业功能单一化，忽视了农业对于经济、政治、文化、社会以及生态方面的多种重要意义，导致发展被限定在狭小的范畴内，阻碍了农业产业体系的形成。

　　随着农业发展受到生态破坏、环境污染的严重制约，传统的农业生产观念已不适应现代农业发展需要，迫切需要人们转变思维观念，牢固树立农业发展的新理念，以绿色理念发展农业，树立节水发展、生态保护、质量安全观，加快转变农业发展方式，走资源节约、环境友好的农业现代化道路，因地制宜，在黄土高原大力推广有机旱作农业，加强土地资源、水资源等农业生产相关资源的可持续利用，拓展农业生产观光旅游、生态建设等功能，使农业成为充满希望的朝阳产业。

　　树立节水发展观。长期以来，农业高投入、高消耗，造成水资源透支、过度开发。推进有机旱作农业，就是要依靠科技创新和劳动者素质提升，选育抗旱作物品种，大力发展节水技术，提高水资源利用率，实现农业节水增收。

　　树立生态保护观。这是农业绿色发展的根本要求。长期以来，我国农业生产方式粗放，农业生态系统结构失衡、功能退化。推进有机旱作农业，就是要大力推广绿色生产技术，加快推进生态农业建设，培育可持续、可循环的发展模式，将农业建设成为美丽中国的生态支撑。

　　树立质量安全观。习近平总书记强调，推进农业供给侧结构性改革，要把增加绿色优质农产品供给放在突出位置。当前，农产品供给能够满足市场需要，但优质的、有品牌的还不多，不能满足人民快速升级的消费需求。推进有机旱作农业，要增加优质、安全、特色农产品供给，大力实施农产品"特""优"战略，促进农产品供给由主要满足"量"的需求向更加注重"质"的需求转变。

　　发展有机旱作农业，就是发展高水平的现代特色农业，是习近平总书记对山西农业发展的殷切希望和要求，是在农业领域落实山西省委"全方位推动高质量发展"要求的具体行动。发展有机旱作农业，要注重农业与生态环境的关系，坚持生态优先、绿色发展理念，体现绿色、生态、安全、良性循环和可持续发展，控制化学品投入，增加有机肥投入，防治面源污染，推动节水发展，保障农产品质量安全和有效供给，实现农业与生态环境协调发展。

（杨泽鹏）

第二章　以生为先，低碳绿色循环发展

第一节　生态环境

一、地质地貌状况

吕梁市的地质构造属演化过程中华北地台的一部分。新生代第三纪的喜马拉雅运动影响本区，形成汾河地堑；下更新世，形成现代的河川二级阶地和丘陵区的梁、峁、沟壑地貌。境内地层发育较为齐全，出露地层依次为：中太古界界河口群，上太古界吕梁群，下元古界岚河群、野鸡山群、黑茶山群，中上元古界下统汉高山群，古生界寒武系、奥陶系、石炭系、二叠系，中生界三叠系、侏罗系，新生界第三系、第四系等。基底地质构造分别为前五台期构造、五台期构造、吕梁构造。前五台期构造表现于岚县界河口至临县务周会一带出露的界河口群，在柳林上白霜、中阳柏洼山、交口长树山、西榆皮等地也有出露。五台期构造主要分布于中北部方山县开府、马坊一带以东，岚县袁家村以南，方山县周家沟以西，交城横尖以北地区。吕梁构造主要是岚河群、野鸡山群、黑茶山群不对称褶皱带，该褶皱带主要分布于吕梁山中北部，即方山至野鸡山一带及两侧地带。境内岩浆分布较广，并且与主要金属矿藏有着直接关系。主要散布于山区以及西部黄土丘陵区的突出山岭地带，如临县紫金山、交城县狐偃山等地。

地貌属晋西黄土高原，地处晋陕大峡谷，东部为太原盆地边缘。地势北高南低，东北方向西南倾斜，一般海拔在 1 000~2 000 m，最高海拔关帝山主峰为 2 831 m，最低点在石楼县和合乡崖头村黄河岸，海拔为 556 m，相对高差 2 275 m。地貌大致可分为中山、低山、丘陵和平川。中山主要沿吕梁山分布，位于兴县、岚县、方山县、交城县、文水县、汾阳市、中阳县、孝义市、交口县等县（市），区内奇峰突立，挺拔险峻，分布着众多小山川，植被覆盖较好；低山主要分布在兴县、柳林县、汾阳市和孝义市；丘陵主要分布在兴县、临县、离石区、中阳县和石楼县，黄土覆盖广，厚度大，地形破碎，坡陡沟深，平地较少，植被稀少，水土流失严重；平川分布在交城县、文水县东部，地势平坦，土壤肥沃，水源充足。

二、河流水系

吕梁市全境属黄河流域，以吕梁山为界，河流分为直入黄河和通过汾河流入黄河两个水系，即黄河支系和汾河支系。黄河支系流域面积 13 786 km²，即黄河一级支流有汾河、岚漪河、湫水河、三川河、屈产河、蔚汾河等河流，河流多源于吕梁山西麓，水源多为潜层地下水涌出。汾河支系流域面积 7 309 km²，即黄河二级支流有岚河、磁窑河、文峪河、双池河等河流，河流多源于吕梁山东麓，水源多为潜水的断层水。吕梁市所有支系河流水源不稳定，水量季节变化大，并且受年度间降水量影响的变化比较明显。全市年均水资源总量为 14.47 亿 m³，据不完全统计，交城县水资源总量最大，为 2.4 亿 m³；柳林县水资源总量最少，为 0.54 亿 m³。

三、水土流失

使用土壤侵蚀模数对吕梁市各区（县）土壤侵蚀强度进行定量分析，兴县、临县、柳林县和石楼县（沿黄四县）土壤侵蚀模数均超过 1 万 t/km²，为吕梁市土壤侵蚀强度最大的区域。吕梁市各区（县）分布的主要土壤类型及整体土壤侵蚀模数见表 2-1。

表 2-1　吕梁市土壤类型及土壤侵蚀模数

区（县）	土壤类型	土壤侵蚀模数（t/km²）
离石区	黄绵土、栗褐土、褐土	1 687.5~4 125
兴县	黄绵土、棕壤、褐土	≥10 000

（续）

区（县）	土壤类型	土壤侵蚀模数（t/km²）
临县	黄绵土、棕壤	≥10 000
柳林县	黄绵土	≥10 000
石楼县	黄绵土	≥10 000
岚县	棕壤、褐土	2 034～4 584
方山县	棕壤、褐土	1 034～2 400
中阳县	黄绵土、栗褐土、褐土	5 000～10 000
交口县	褐土	1 000～2 000
交城县	褐土	534～1 067
文水县	褐土、潮土	500～1 000
汾阳市	褐土、潮土	500～1 000
孝义市	褐土、潮土	500～1 000

吕梁市大部分区域位于黄河流域水土保持分区中黄土丘陵沟壑区第一副区，该区是黄河粗沙的主要产区，是黄河流域水土流失最严重的区域，以重力和水力侵蚀为主。吕梁市水土流失面积高达 1.47 万 km²，占吕梁总面积的 70%。其中沿黄四县水土流失脆弱等级为极强度，临县为整个山西省脆弱等级最强的县，"十四五"期间，沿黄四县持续水土治理面积 1 735 km²。离石区、方山县、交口县、岚县和中阳县 5 个区（县）水土流失脆弱等级为强度；孝义市、交城县和文水县 3 个县（市）水土流失脆弱等级为中度；汾阳市脆弱等级较低，为轻度。

四、森林资源

根据 2017 年森林资源二类调查及补充调查数据，吕梁市林业用地面积 133.27 万 hm²，占全市国土面积的 63.46%，有林地面积 70.20 万 hm²。2020 年，吕梁市森林覆盖率 29.6%，森林蓄积量 2 971 万 m³。

1. 林地类型 吕梁市林业用地总面积 133.27 万 hm²。有林地面积 70.20 万 hm²，仅占林业用地总面积的 52.68%；灌木林地面积 23.19 万 hm²，占林业用地总面积的 17.40%，其中，国家特别规定的灌木林地面积仅 58.51 hm²；未成林地面积 10.57 万 hm²，占林业用地总面积的 7.93%；宜林地面积 17.11 万 hm²，占林业用地总面积的 12.84%。

2. 树种组成及分布 吕梁市优势树种主要有油松、刺槐、核桃、枣树、落叶松、辽东栎、白桦和杨树，以纯林为主，面积 51.50 万 hm²，占有林地面积的 73.36%。其中，油松林面积 21.77 万 hm²，占有林地面积的 31.01%，主要分布在吕梁山东麓的交城县境内；刺槐林面积 11.34 万 hm²，占有林地面积的 16.15%，主要分布在吕梁市南部黄河丘陵区；核桃林面积 11.35 万 hm²，占有林地面积的 16.17%，主要分布在吕梁山东麓的孝义、汾阳、交口等县（市）的黄土丘陵阶地；枣林面积 8.88 万 hm²，占有林地面积的 12.65%，主要分布在吕梁市西部黄河东岸残垣沟壑区。

3. 龄组结构 全市现有乔木林中，中幼龄林总面积 53.65 万 hm²，占乔木林总面积的 71.66%。幼龄林和中龄林比重较大，成熟林和过熟林比重较小。

4. 林分起源 林分按起源分为天然林和人工林，吕梁市的天然林占森林面积的 49.88%，人工林占森林面积的 50.12%。天然林主要分布在吕梁山一带，人工林分布较为广泛。

5. 草地资源 2019 年，吕梁市草地总面积 41.17 万 hm²，占吕梁市面积的 20%。其中，暖性灌草丛类占吕梁市比重最大，面积为 26.56 万 hm²，占全市草地面积的 64.50%，广泛分布于吕梁市的北部、中部和南部。温性草原类草地占吕梁市比重次之，面积为 6.94 万 hm²，占全市草地面积的 16.86%，多分布在吕梁市北部，中部山地亦有零星分布。山地草甸类草地占吕梁市草地面积第三位，草地面积为 6.94 万 hm²，占全市草地面积的 16.85%，集中分布在吕梁市的中部和北部地区。低地草甸类草地资源面积最少，面积为 0.73 万 hm²，占吕梁市草地资源总面积的 1.78%，集中分布在吕梁市中部山区地带。

6. 自然保护地　吕梁市现有省级及以上各类自然保护地共 31 处（含 9 处省直林局保护地），总面积 23.78 万 hm²，占吕梁市总面积的 11.25％。其中，保护级别高、保护面积大的自然保护地主要沿吕梁山脉分布，包括庞泉沟国家级自然保护区、黑茶山国家级自然保护区、薛公岭省级自然保护区、交城山国家森林公园、关帝山国家森林公园等，总面积超过 20 万 hm²，主要保护对象为褐马鸡及其栖息的森林生态系统。

（牛建中）

第二节　治理成效

一、生态环境明显改善

吕梁市相继实施退耕还林、三北防护林、天然林保护、吕梁山生态脆弱区建设等国家级和省级重点工程。"十三五"期间，以吕梁山生态脆弱区植被恢复为重点，共完成造林 28.84 万 hm²，超过预期目标，超额完成规划任务。随着生态工程的实施，吕梁市局部区域得到有效治理，生态环境得到明显改善。据统计，每年减少流入黄河泥沙 700 多万 t，文峪河、三川河等主要河流径流量显著增多，空气质量二级以上天数明显增加，近 5 年平均降水量增加 81.8 mm。《山西省生态气象监测评估分析报告》显示吕梁市生态质量改善全省最好。2019 年，吕梁市荣获"2019 年中国最具生态竞争力城市称号"。

二、绿色家园初见成效

2020 年，吕梁市森林覆盖率达到 29.6％，森林蓄积量达到 2 971 m³，净增 722 万 m³。开展了可视山体绿化、乡村绿化美化等绿化工程，使境内铁路、高速路和国道、省道绿色走廊初步形成，城郊森林公园初具规模，乡村和厂区绿化美化初显成效。境内已建立省级及以上自然保护地 31 处，生态质量改善，生态效益显现，城乡居民切身感受到绿色带来的宜居和幸福。同时为市域经济发展注入了新的发展活力，吕梁市多年招商引资名列山西省前茅，产业转型升级势头强劲，生态旅游产值增速位列全省第二。

三、生态扶贫成为名片

吕梁市坚持以脱贫攻坚统揽经济社会发展为全局，吕梁市林业局于 2016 年编制了《吕梁市生态扶贫总体规划》，着力创新生态治理与脱贫攻坚的利益联结机制，在一个战场同时打响了"两个攻坚战"，探索出购买式造林、合作社造林、贫困群众管护、党建＋造林专业合作社等一系列生态扶贫新模式，走出一条具有吕梁特色的增绿与增收双赢之路。"十三五"期间，全市有效整合退耕还林、荒山造林、经济林提质增效、森林管护、生态补偿等政策资金，把造林任务和资金向贫困乡村、贫困户倾斜，着力推进退耕奖补、造林务工、管护就业、经济林提质增效、特色林产业发展五大项目。共有 2 984 个（次）合作社通过议标参与造林绿化，承担造林任务 28.84 万 hm²，参与造林的务工人数 70 712 人次，年人均可增收 6 000 元左右；新增的管护员全部聘用建档立卡的贫困户。2021 年，全市共有森林管护员 8 071 人，其中建档立卡的贫困管护员 6 619 人，占管护员总数的 82％，年人均工资 7 000 多元。2018 年，吕梁市被国务院扶贫开发领导小组授予全国脱贫攻坚组织创新奖荣誉称号，国家发改委、国务院扶贫办、国家林草局等部门联合发文推广吕梁经验。

四、林业产业初具规模

截至 2019 年底，吕梁市已建成红枣林 10.53 万 hm²、核桃林 20.16 万 hm²、仁用杏 0.61 万 hm²，发展以沙棘、文冠果、连翘、花椒等为主的特色经济林 5.33 万 hm²。近年来，针对红枣、核桃品种退化，农民增收减少的实际情况，实施经济林提质增效 10 万 hm² 项目；大力实施特色林产品增收项目，挖掘生态潜力，培育现代功能性林产品，一批林菌、林药、林禽、林蜂产业迅速兴起。全市建成的一批特色生态旅游项目，有效地带动了群众增收。2020 年 4 月举办的第五届吕梁名特优功能食品展销会，签约项目 101 个，金额达 23 亿元，有效地促进了林产品的产销对接。"吕梁红枣""吕梁核桃""吕梁沙棘"等区域公共品牌在全国的知名度进一步提升。

五、农业面源污染治理成效显著

投入品源头控制。大力实施畜禽粪污无害化处理与资源化利用，支持引导规模养殖场发展工厂化堆肥处理、商品化有机肥生产技术和新建大型沼气工程，实现种养循环、农牧结合。自 2017 年以来，吕梁市坚持源头减量、过程控制、末端利用的治理路径，以畜禽规模养殖场、散养密集区为重点，以配套建设粪污处理设施为主要方式，以就地就近消纳为主要利用方向，深入开展了畜禽养殖固体废弃物污染治理和资源化利用工作。先后利用各类资金 1.215 5 亿元用于畜禽粪污治理和资源化利用，其中，争取中央财政粪污整治资金 2 900 万元、省级财政粪污整治资金 2 100 万元、市级财政粪污整治资金 7 155 万元，累计完成对 1 000 余个养殖场的粪污整治，扶持文水县、孝义市、兴县、汾阳市建设畜禽粪污集中收集处理中心 7 个（包括有机肥生产企业、大型粪污收集场所），有力地推进了全市畜禽粪污治理和资源化利用工作。截至 2020 年底，全市 1 407 户规模养殖场全部配套建设了粪污处理设施，规模养殖场粪污处理设施配套率达到了 100%，超额完成了国家 95% 的考核要求；全市 41 143 户养殖户（其中，规模以下 39 736 户、规模户 1 407 户）年产生畜禽粪污 602.6 万 t，年利用畜禽粪污 552.2 万 t（其中，直接还田利用 492.7 万 t、生产有机肥 59.5 万 t），畜禽粪污资源化利用率达到 91.63%，超额完成了国家 75% 的考核要求。同时，对散户养殖推广畜禽粪污无害化处理技术，从而不仅使土壤肥力提高，而且从源头上防止了重金属、有害菌虫、激素等进入农田。全市秸秆总量 160 万 t，吕梁市"十三五"期末秸秆综合利用率达到了 87%，其中肥料化利用率才 30%，秸秆还田面积达到 7.2 万 hm²，根茬还田面积约为 20 万 hm²。

大力推进农药、化肥"零增长"行动，化肥施用量从 2015 年 10.22 万 t 降至 2020 年 6.34 万 t，化肥利用率由 37.5% 提高到 40%，测土配方施肥技术覆盖率达到 90% 以上；农药使用量从 2015 年 519.44 t 降至 2020 年 403.22 t。

地膜覆盖面积达到 3.33 万 hm² 以上，从 0.008 mm 超微膜转变为 0.01 mm 地膜，地膜的宽度由单一的 80 cm 转变成 80～200 cm，地膜类型由普通地膜向渗水地膜、全生物可降解地膜、全生物可降解渗水地膜转变。

六、农村综合性改革稳步推进

放活集体林地经营权。实施集体公益林委托国有林场经营管理的机制，依靠国有林场专业性强、专业化程度高、经营技术先进的优势，积极推进精细化管护、资产化管理，全面提升集体公益林的综合效益，实现森林资源专业化管理、集约化经营、规模化管护、质量精准提升。

培育林业新型经营主体。结合林业生态扶贫工作，鼓励发展扶贫攻坚造林专业合作社，参与林业生态建设。合作社牵头人主要是具有丰富管理经验、先进技术力量、成熟管理队伍、较强经济实力和专业化机械设备的造林公司和专业队伍的法人或负责人。"十三五"期间已组建扶贫攻坚造林专业合作社数千个。

开展生态公益林保险。对生态公益林中的有林地和未成林造林地进行自然灾害保险，在保险期限内，由于火灾、病虫害、暴风、暴雨、暴雪、洪水、泥石流、冰雹、霜冻等原因造成的林木流失、掩埋、主干折断、倒伏死亡或损失的，将由保险公司按照森林保险合同的约定进行赔偿。"十三五"期间每年有超过 26.67 万 hm² 生态公益林入保。

（赵彩霞）

第三节　发展目标

一、前期目标（2021—2025 年）

吕梁市林草生态系统状况明显好转，水源涵养能力逐步提升，水土保持功能显著加强，生物多样性稳步提升，林业经济发展势头良好，休闲林业发展得以开启。

吕梁市森林覆盖率达到 35%，森林蓄积量达到 4 000 万 m³，林草综合覆盖度达到 73%；完成水土流失综合治理面积 4.2 万 hm²，新造林面积 6.56 万 hm²，退化林分改造面积 5.62 万 hm²，灌木林提质增效面积 7.53 万 hm²，国家储备林集约栽培基地面积 4.9 万 hm²，退化草地修复面积 15.91 万 hm²，经济林提质增效面积 16.7 万 hm²，木本粮油基地建设面积 1.2 万 hm²，林草（饲料）基地建设面积 2.16 万 hm²；林业总产值达到 110 亿元以上（其中，食用菌 30 亿元、沙棘工业原料林 10 亿元、红枣核桃干果经济林 40 亿元、枣芽茶 10 亿元、林下经济 20 亿元）；高等级道路彩化率达到 80%，林草火灾受害率控制在 0.3‰ 以内，主要林草有害生物成灾率控制在 3‰ 以下，种苗产地检疫率达到 100%；自然保护地体系基本形成，褐马鸡、金钱豹等濒危野生动植物及其栖息地得到有效保护，力争创建国家森林城市。

二、后期目标（2026—2030 年）

吕梁市林草生态系统状况实现根本好转，生态系统质量明显改善，水源涵养、水土保持、生物多样性保护等生态服务功能显著提高，生态稳定性明显增强，自然生态系统基本实现良性循环。吕梁市生态安全屏障体系基本建成，优质林草生态产品供给能力能满足人民群众需求，人与自然和谐共生的美丽画卷基本绘就。

吕梁市森林覆盖率达到 40%，森林蓄积量达到 4 500 万 m³，林草综合覆盖度稳定到 73%；完成水土流失综合治理面积 2.8 万 hm²，新造林面积 5.51 万 hm²，退化林分改造面积 3.77 万 hm²，灌木林提质增效面积 5.02 万 hm²，国家储备林集约栽培基地面积 4.4 万 hm²，退化草地修复面积 10.61 万 hm²，经济林提质增效面积 16.7 万 hm²，木本粮油基地建设面积 0.8 万 hm²，林草（饲料）基地建设面积 1.44 万 hm²；林业总产值达到 150 亿元以上（其中，食用菌 40 亿元、沙棘工业原料林 20 亿元、红枣核桃干果经济林 50 亿元、药茶产业 15 亿元、林下经济 25 亿元）；高等级道路彩化率达到 85%，林草火灾受害率控制在 0.03% 以内，主要林草有害生物成灾率控制在 0.3% 以下，种苗产地检疫率达到 100%；褐马鸡、金钱豹等濒危野生动植物及其栖息地得到全面保护。

吕梁市林草生态保护和高质量发展目标见表 2-2。

表 2-2　吕梁市林草生态保护和高质量发展目标

序号	指标	现状	前期	后期
1	森林覆盖率（%）	29.6	35	40
2	森林蓄积量（万 m³）	2 971	4 000	4 500
3	林草综合覆盖度（%）	72.26	73	73
4	林业总产值（亿元）	70	110	150
5	水土流失综合治理面积（万 hm²）	—	4.2	2.8
6	新造林面积（万 hm²）	—	6.56	5.51
7	中幼龄林抚育面积（万 hm²）	—	7.47	4.98
8	退化林分改造面积（万 hm²）	—	5.62	3.77
9	封山育林面积（万 hm²）	—	1.98	1.46
10	退耕还林成果巩固面积（万 hm²）	—	14.24	9.49
11	灌木林提质增效面积（万 hm²）	—	7.53	5.02
12	新建国家储备林人工林集约栽培面积（万 hm²）	—	4.9	4.4
13	禁牧面积（万 hm²）	—	83.99	55.99
14	休牧和轮牧面积（万 hm²）	—	16.10	10.74
15	退化草地修复面积（万 hm²）	—	15.91	10.61
16	经济林提质增效面积（万 hm²）	—	16.7	16.7

（续）

序号	指标	现状	前期	后期
17	新建木本粮油基地面积（万 hm²）	—	1.2	0.8
18	新建林草（饲料）基地面积（万 hm²）	—	2.16	1.44
19	新建森林康养基地（个）	—	3	3
20	新建森林村庄（个）	—	16	12
21	新建森林人家（个）	—	60	40
22	新建森林步道（km）	—	130	170
23	村庄绿化（个）	—	60	40
24	高等级道路彩化率（%）	—	＞80	＞85
25	乡土树种使用率（%）	—	＞85	＞90
26	林草火灾受害率（%）	—	＜0.3	＜0.3
27	林草有害生物成灾率（%）	—	＜0.3	＜0.3
28	无公害防治率（%）	—	＞90	＞90
29	种苗产地检疫率（%）	—	100	100

（牛建中）

第三章 以粮为纲，全面提升耕地地力

第一节 高标准农田建设工程

"十三五"期末已经建成高标准农田130万亩；"十四五"期间，按照集中统一管理，形成"一个任务清单、一个资金渠道、一套管理体系"的新模式推进高标准农田建设，实现吕梁市农田建设投资标准、技术路线、建设模式、项目实施、建设规范"五统一"，促进粮食生产稳产高产、节本增效。开展高标准农田建设专项清查，摸清高标准农田数量、质量、分布和管护利用状况。充分发挥农民主体作用，带动农民参与高标准农田建设的积极性，引导新型农业经营主体采取"先建后补"的方式开展高标准农田建设，规范有序推进农业适度规模经营。建立健全高标准农田建设投入稳定增长机制。健全农田保护机制，对建成的高标准农田，划为永久性基本农田，实行特殊保护，防止"非农化"。"十四五"时期，全市计划完成67万亩高标准农田建设。从2023年开始完成对17万亩高标准农田的提质改造，2025年，高标准农田达到110万亩。

一、高标准农田的建设标准

按照规划山区9县（区）建设重点坡改梯，平川区4县（市）重点建设高效节水灌溉高标准农田。通过高标准农田建设，实现"田地平整肥沃、水利及农电设施配套、田间道路畅通、林网建设适宜、农田生态良好、抵御自然抗灾能力强、机械化生产效率大幅提高、科技先进适用、优质高产高效"的总体目标，实现与现代农业生产和经营方式相适应的旱涝保收、高产稳产的目标。田、土、水、路、林、电、技、管要达到以下标准。

1. 田

（1）农田连片规模。山地丘陵区连片面积500亩以上，田块面积45亩以上；平川区连片面积5 000亩以上，田块面积150亩以上。

（2）田面平整及地埂修筑。田面坡度旱作农田1/800～1/500、灌溉农田1/2 000～1/1 000；地面坡度6°～25°的坡耕地，基本修筑成水平梯田，田面平整，并构成1°反坡梯田，梯田化率达到90%；修筑的田埂稳定牢固，石埂可防御20年一遇暴雨，土埂可防御5～10年一遇暴雨。

2. 土

（1）通过客土改良，消除土壤过沙、过黏、过薄等不良因素，改善土壤质地，使耕层质地为壤土；通过加厚土层，沟坝地、河滩地等土层厚度不少于60 cm、一般农田在100 cm以上，具备优良品种覆盖度达到100%水平的土壤基础条件。

（2）通过土壤培肥和改良，增加土壤团粒结构，提高土壤有机质含量，西北部耕层土壤有机质含量达到12 g/kg以上，中南部农田有机质含量达到15 g/kg以上。

（3）通过合理耕作，使耕作层厚度达25 cm以上。

（4）通过修复治理，使土壤环境质量符合《土壤环境质量 农用地土壤风险管控标准（试行）》（GB 15618）标准。

3. 水

（1）水资源利用标准。输水、配水渠系（管道）、桥、涵、闸等建筑物和田间灌溉设施配套齐全，完好率大于95%，使用年限不低于15年，性能和技术指标达到规范要求。

① 旱作农田。每20亩农田有不少于30 m³的地表径流拦蓄设施，根据地形条件，因地制宜适当修筑集雨旱井（窖）等，配套微灌设施，使自然降水利用率达到50%左右。

② 灌溉农田。灌溉保证率达50%～75%，灌水利用系数达到《节水灌溉工程技术规范》（GB/

T 50363)的要求：大型灌区不低于 0.50，中型灌区不低于 0.6，小型灌区不低于 0.70，井灌区不低于 0.8，喷灌、微灌区不低于 0.85，滴灌区不低于 0.90；灌溉水质应符合《农田灌溉水质标准》（GB 5084）的要求。

③ 盐碱区域。实施小畦灌溉，作物生育期灌溉用水量保证 150～200 m³/亩。

（2）排水标准。排水系统健全，排水出路通畅，排水渠系断面及坡度设计合理，桥、涵、闸等建筑物配套，完好率大于 95%。使用年限不低于 15 年。性能与技术指标达到《灌溉与排水工程设计标准》（GB 50288）的要求；防洪、排涝设计符合有关规定，满足农田积水不超过作物最大耐淹水深和耐淹时间，灌溉农田设计暴雨重现期不少于 10 年，旱作农田暴雨重现期采用 5～10 年一遇、1 d 排除积水；有渍害的区域采用 10 年一遇、3～5 d 排除积水，应在春季返盐季节前将地下水控制在临界深度以下。

4. 路 实施田间路（机耕路）和生产路建设，桥、涵配套，解决农田"路差、路网结构不合理"问题，因地制宜合理设计路面宽度，提高道路的荷载标准和通达度，满足农业机械通行要求。田间道路（机耕路）的路面宽为 3～6 m，路面质量因地制宜选择沙砾石、沥青、混凝土；生产路的路面宽度不超过 3 m，路面质量以素土为主。在大型机械化作业区，路面宽度可放宽，路面质量可根据实际需要进行沙砾石、沥青或混凝土硬化。田间道路通达度平原区达到 95% 以上，丘陵山区不低于 80%。田间道路使用年限不少于 15 年，完好率大于 95%。

5. 林 实施农田防护和生态环境保持工程建设，解决防护林体系不完善、防护效能不高等问题，扩大农田防护面积，提高防御风蚀能力，减少水土流失，改善农田生态环境。丘陵区沟头、沟尾普遍有防护林带，一般农田受防护的农田面积占建设区面积的比例不低于 90%，农田防护林网面积达到 3%～8%。所造林网，造林当年成活率达到 95% 以上，3 年后保存率达到 90% 以上。

6. 电 农田输配电工程布设应与田间道路、灌溉与排水等工程相结合，符合电力系统安装与运行的相关标准，保证用电质量和安全。高压输电线路宜采用钢芯铝绞线等高压电缆，一般输送 200 kV 以下的输电电压；低压输电线路宜采用低压电缆，一般输送 380 V 及以下的输电电压，采用三相五线制接法，并应设立相应标识。为满足高标准农田现代化、信息化的建设和管理要求，可合理布设弱电设施。

7. 技 高标准农田建成后，优良品种覆盖率要达到 95% 以上，商品化供种水平达到 70% 以上；测土配方施肥技术推广覆盖率要达到 95% 以上，基本形成农田监测网络，田间定位监测点覆盖率达到 50% 以上，保持土壤养分平衡，各项养分含量水平应保持在当地中等水平以上；农作物病虫害统防统治覆盖率要达到 50% 以上；耕种收综合机械化水平达到 70% 以上，秸秆综合利用率达到 80% 以上；农田节水灌溉技术应用水平达到 60% 以上。同时，加强地质灾害、土壤污染、地表沉陷等灾害防治的新技术应用，提高高标准农田的防灾减灾水平。

8. 管 依法依规进行土地权属调整，及时科学地实施地类变更管理，加强项目验收、考核、统计及信息化建设与档案管理，及时开展耕地质量和地力等级、养分含量等动态监测与绩效评价等；落实高标准农田管护主体和责任，建立奖补机制，引导和激励专业大户、家庭农场、农民合作社、农民用水合作组织、涉农企业和村集体等参与高标准农田设施的运行管护；落实管护资金，加强资金使用监管；完善监测监管系统，全面动态掌握高标准农田建设、资金投入、建后管护、土地利用及耕地质量等级变化等情况。通过明确管护责任、完善管护机制、健全管护措施、落实管护资金，确保建成的高标准农田数量不减少、用途不改变、质量有提高。

（刘志军）

二、坡改梯工程建设技术

坡耕地是指在 5°以上坡度从事作物种植的地块，由于连年翻耕，受降雨冲刷致水土流失、肥力损失而形成的耕地或撂荒地。为了提高耕地质量，建设成保水、保土、保肥的高标准农田，设计进行土地平整，修筑水平梯田，削高填注，通过田块修筑、平整土地以满足农田耕作、农作物灌排需要。

1. 工程设计原则 土地平整工程以坡耕地修筑水平梯田为主，修筑土坎梯田。水平梯田的修筑在综合规划前提下进行，按照先易后难、先近后远、先缓坡后陡坡的原则，地块沿等高线布设，并尽量做到集中连片。

土地平整工程通过挖高填低，使土地表面在满足设计坡度条件下尽可能达到较理想的平面效果。一方面要满足田块灌溉的要求，提高水肥利用率和灌水均匀度，有利于耕作、作物生长和水土保持，提高耕地质量；另一方面，通过田、路、林的重新规划和布局，改善农业生产条件，增加有效耕地面积，促进农田集约利用和规模经营，加快农田水利以及农业现代化进程，从而保证土地的可持续利用。在土地平整过程中，要充分考虑土地整理区的地形、地貌、土壤等自然因素条件，因地制宜地修整农田。

2. 梯田土地平整工程 根据现场踏勘的情况，如坡地的地形、坡度和施工道路等条件具备，可将坡耕地整理为梯田。通过坡地改梯田进行蓄水蓄肥，满足农田耕作需要。

土地平整的目的是通过平整土地，削高填低，达到田间灌溉及排水满足基本农田耕作的要求；并平整田间土地，通过改善农田灌溉条件，达到提高土地利用质量、建设高产稳产农田的根本目的。土地平整的精度不但影响到整理后的土地质量，而且关系到投资大小与效益问题。土地平整的中心任务是通过土地平整，做到田块方整、田面平整，使土地更适宜作物种植和采用农业机械操作。进行土地平整工程设计时，在满足灌排要求的基础上，合理调配土方，尽量做到挖填平衡，同时与水土保持、土壤改良相结合。土地平整应尽量依据自然地形、地势，合理设计高程，以项目区挖、填土方量基本平衡为原则，田块内部挖、填土方量也应基本平衡，使挖、填土方量合理，同时满足机械作业、灌溉、农作物耕种的要求。

根据坡地地形特点、土地利用方向、农田耕作、灌溉排水以及防治水土流失等要求：旱地坡改梯主要指对坡改梯区域进行削坡整形，田块设计按照"等高不等宽、大弯随弯、小弯取直"的原则，沿等高线修筑，同时适当修建背沟、边沟。

（1）田块平整土方量计算。在基础较好的原有土地上，采取小块并大块的方式进行平整，基本修筑成水平梯田，使田面平整、外高里低，并构成1°反坡梯田，梯田化率达到90%；修筑的田埂稳定牢固，土埂稳定可防御5～10年一遇暴雨。根据种植的农作物种类和地貌类型确定田块平整度，田块平整度一般控制为1/500～1/300。

① 断面法。一般采用断面法来计算较好地块平整的土方量，其主要过程是根据地面坡度、埂坎高度及稳定要求确定田面宽度。

田面宽度按式3-1计算：

$$B = H(\text{ctg}\theta - \text{ctg}\alpha) \tag{3-1}$$

式中，B——田面净宽（m）；

H——田坎高度（m）；

θ——原地面坡度（°）；

α——田坎外侧坡度（°）。

采取以梯田田块为平整单元的平整方案进行土方平整。其主要步骤为：根据梯田规范和实际地形确定梯田的方向及大小；计算梯田尺寸及其开挖土方量，再将此挖出的土方量运至填筑土方段；以梯田田块为单元进行平整。水平梯田土地整理断面见图3-1。

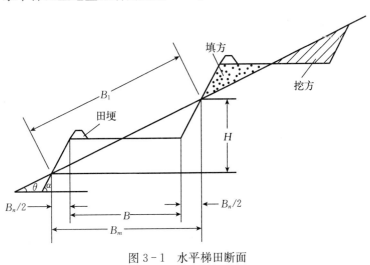

图3-1 水平梯田断面

从图 3-1 可以看出，原地面坡度（θ）、田坎外侧坡度（α）、田面净宽（B）、田坎高度（H）、埂坎占地（B_n）、田面毛宽（B_m）、原地面斜宽（B_1），可推算出各要素间关系式：

$$B_m = Hctg\theta$$
$$B_n = Hctg\alpha$$
$$B = B_m - B_n = H（ctg\theta - ctg\alpha）$$
$$B_1 = H/\sin\theta$$

在挖、填土方量相等时，梯田挖（填）土方量的断面面积（S）可由式 3-2 计算：

$$S = \frac{1}{2} \times \frac{B}{2} \times \frac{H}{2} = \frac{1}{8}BH \tag{3-2}$$

每亩田面长度：$L = \dfrac{666.7}{B}$

每亩土方量：$V = SL = \dfrac{HB}{8} \times \dfrac{666.7}{B} = 83.3H$

② 三角网平衡方法。对于长时间未耕种、内部生长有低矮灌草植物、灌草根系较深的田块需布局合理，不需要小块并大块；需先进行灌草清除，再进行内部平整，整成反坡梯田，可提高田块的蓄水、保土和保肥能力。宜采用三角网平衡方法计算该区域土方量。计算原理为利用实际测量数据建立 DTM 三角网，设定网格距离把田块分成若干个三角形，通过建立的 DTM 三角网计算出各三角形顶点位置及高程；根据三角网顶点自然高程与平均自然高程的关系，确定填方区与挖方区的分界线。在一个三角网内同时有填方或挖方时，要先计算出三角网边零点的位置，并标注在三角网上，连接零点得零线。零点位置按式 3-3、式 3-4 计算：

$$X_1 = \frac{|h_1|}{|h_1| + |h_2|} \times a \tag{3-3}$$

$$X_3 = \frac{|h_3|}{|h_1| + |h_3|} \times a \tag{3-4}$$

式中，X_1、X_3——角点至零点的距离（m）；

h_1、h_2、h_3——三个角点的挖、填高度，挖为"＋"，填为"－"（m）；

a——三角网的边长（m）。

计算挖、填方量：当 h_1、h_2、h_3 均为正值时，该三角全部为挖方；当 h_1、h_2、h_3 均为负值时，该三角全部为填方，其土方量按式 3-5 计算：

$$V = h \times S \tag{3-5}$$

式中，h——$\dfrac{h_1 + h_2 + h_3}{3}$（m）；

S——三角网水平投影面积（m²）。

当 h_1、h_2、h_3 有正有负时，三角网土方一部分为挖方，一部分为填方，其分界线为挖、填零线。其中一部分为锥形，一部分为楔形，分别按式 3-6、式 3-7 计算

$$V_{锥} = \frac{1}{3} \times S_1 \times h_1 \tag{3-6}$$

$$V_{楔} = \frac{1}{3} \times S_2 \times h_2 + \frac{1}{3} \times S_3 \times (h_2 + h_3) \tag{3-7}$$

式中，S_1、S_2、S_3——分别为各角点与零线所成三角形的水平投影面积（m²），可由各点相应的坐标计算得到。三角网法挖、填示意见图 3-2。

田块的挖、填土方可用式 3-8 计算：

$$V_{挖} = \sum V_{锥} + \sum V_+ \quad V_{填} = \sum V_{楔} + \sum V_- \tag{3-8}$$

式中，V_+、V_-——分别为挖、填方时的三角网土方量（m³）。

（2）田埂修筑。为充分利用水源，在梯田边缘修筑田埂，田埂埂高 0.3 m、顶宽 0.3 m、底宽 0.6 m，内外坡取 75°，修筑田埂采用人工修筑，修筑时土体含水量须达到 15%。先开挖基槽，开挖

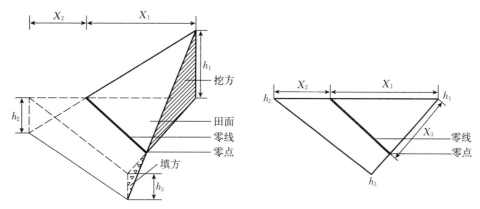

图 3-2 三角网法挖填示意

的土放至梯田内侧，以 20 cm 为一层进行夯填，田坎夯实度达到 0.93。田埂修筑土方量为 0.135 m³/m。见图 3-3。

（3）田坎修筑工艺。梯田的田坎高度必须充分考虑土壤黏性、田坎的稳定性、梯田修筑的工程量等因素进行确定，田坎高度以不超过 4.7 m 为宜。

① 田坎必须用生土填筑，土中不能夹有石砾、树根、草皮等杂物。

② 修筑时应分层夯实，每层虚土厚约 20 cm，夯实后厚约 15 cm。

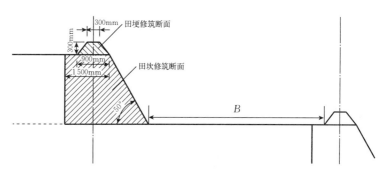

图 3-3 田埂设计断面

③ 修筑中每道埂坎应全面均匀地同时升高，不应出现参差不齐，影响接茬处质量。

④ 田坎升高过程中根据设计的田坎坡度，逐层向内收缩，并将坎面拍光。

⑤ 随着田坎升高，坎后的田面也相应升高，将坎后填实，使田面与田坎紧密地结合在一起。

（4）保留表土。为了有效确保原有耕地地表熟土资源不流失、不浪费，在土地平整之前，首先需将表层土壤剥离 30 cm，堆放至一处，在取土完成后，再平铺覆盖到原处。表土剥离的面积为土地平整的田块净面积。有以下 3 种方法进行保留表土作业。

① 表土逐台下移法。适用于坡度较陡，田面较窄（10 m 以下）的梯田。步骤如下：一是整个坡面梯田逐台从下向上修，先将最下面一台梯田修平，不保留表土；二是将第二台拟修梯田田面的表土取起，堆放至第一台田面上，均匀铺好；三是第二台梯田修平后，将第三台拟修梯田田面的表土取起，堆放至第二台田面上，均匀铺好；四是如此逐台进行，直到各台修平。见图 3-4。

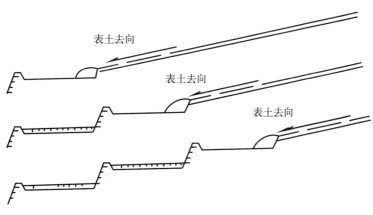

图 3-4 表土逐台下移法

② 表土逐行置换法。适用于坡度较缓，田面较宽（20～30 m）的情况。步骤如下：一是先将田面中部约 2 m 宽修平，将其上下两侧各约 1 m 宽表土取来铺上；二是挖上侧 1 m 宽田面，填下侧 1 m 宽田面，将平台扩大为 4 m 宽；三是按照上述方法，再上下两端各修为 1 m 宽，将平台扩大为 6 m；四是如此继续进行下去，直到把整个田面修平，见图 3-5。

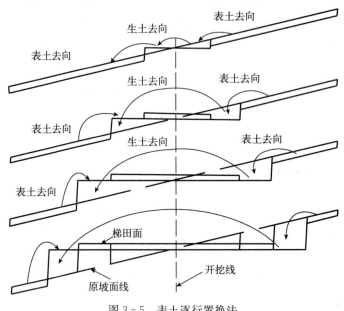

图 3-5　表土逐行置换法

③ 表土中间堆置法。适用于田面宽 10～15 m 的情况。步骤如下：一是将拟修田面的表土，全部取起，堆置在田面中心线位置，堆宽约 2 m；二是将中心线上方田面生土取起，填在下方田面，把整个田面修平；三是将堆置在中心线的表土，均匀铺运到整个田面上，见图 3-6、图 3-7。

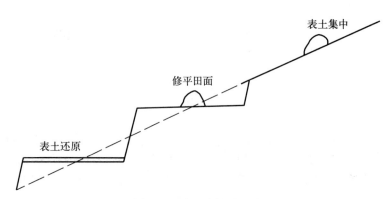

图 3-6　表土中间堆置法

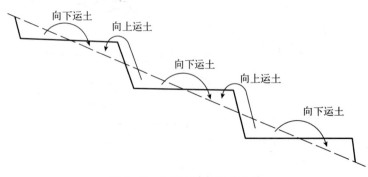

图 3-7　上挖下填与下挖上填

3. 土壤改良工程　土壤改良工程主要包括土地翻耕和土壤改良培肥。

对所有耕地进行土地翻耕和土壤改良培肥。结合土地翻耕，每亩施用 40～70 kg 的土壤改良剂（FeSO$_4$）和 200～500 kg 的精制商品有机肥。

（1）土地翻耕。采用大马力的拖拉机带三铧犁后带圆滚耙进行一次性深耕，确保耕作层厚度达到 30 cm 以上。

（2）精制有机肥（粉末状）。主要以畜禽粪便（鸡粪、羊粪）为主要原料，经过高温发酵等国家行业规范生产的达标肥料，有机质含量≥30%，氮、磷、钾总养分≥4%，其他有害物质符合国家、行业规范。

（3）土壤改良剂（FeSO$_4$）。FeSO$_4$·7H$_2$O 含量≥90%，TiO$_2$ 含量≤1.0%，水不溶物含量≤0.5%。

4. 灌溉及排洪工程　需全面了解坡改梯田地区汇水面积情况后，才可进行排洪渠设计。根据《高标准农田建设通则》和《灌溉与排水工程设计规范》中的排涝标准及项目区地域、植被条件及降雨特征，排水标准为 10 年一遇、24 h 暴雨设计，排洪渠开挖在边坡一侧的坚实土层上，与沟坡一侧连接，以保证洪水顺利进入渠道。

排洪渠采用挖掘机进行开挖，并且必须开挖在沟壑一侧坚固的土层上（本土）。渠道边坡压实，干容重不能低于 1.55 t/m^3。

（1）洪峰流量计算。根据《防洪标准》（GB 50201—2014），防洪标准采用 10 年一遇、24 h 降雨设计。洪峰流量按式 3-9 计算：

$$Q_p = 0.278kI_pF$$
$$I_p = K_pH_6 \tag{3-9}$$

式中，Q_p——频率为 P 的最大洪峰流量（m^3/s）；

k——径流系数，取 0.2；

F——沟道周边汇水面积（km^2）。

I_p——频率为 P 的平均 24 h 降雨强度（mm/h）；

K_p——频率为 P 的皮尔逊Ⅲ型曲线模比系数；

H_6——6 h 降水量（mm）；

（2）排洪渠横断面计算。排洪渠横断面（Q）按式 3-10 计算：

$$Q = AC\sqrt{Ri} \tag{3-10}$$

式中，A——过水断面面积，矩形断面采用 $A=bh$ 计算，梯形断面采用 $A=bh+mh^2$ 计算；

R——水力半径，$R=A/X$；

X——湿周，矩形断面采用 $X=b+2h$ 计算，梯形断面采用 $X=b+2(1+m^2)^{1/2}h$ 计算；

C——谢才系数，$C=1/n \times R^{1/6}$；

n——沟道糙率，混凝土渠糙率取 0.017，土渠糙率取 0.03；

i——纵坡，依地形而定；

b——底宽（m）；

h——设计水深（m）。

5. 田间道路工程　在修建田间道路的路段进行现场勘测，确定施工路线。按照路宽要求，清理路基，进行放线。做好施工需要的物料、施工场地等前期准备工作。清理好路基后，将施工用材料按设计用量沿路基堆放。清理并夯实路基后进行铺设作业，分层碾压后压实系数要达到 0.95。

上山路：路面宽 3～4 m，路肩宽不小于 30 cm，路面中心高出路肩 5 cm 左右。一般采用泥结碎石路面。泥结碎石面层厚度为 8～12 cm，泥结碎石中土的含量不应大于 15%，塑性指数宜为 18～27，石料压碎值小于 30。地面坡度较大，地质条件较差，容易水毁的地方，路面应采用混凝土或沥青混凝土硬化。

田间路：设计泥结石路 30 cm 素土、20 cm 沙砾石，设计工艺须按标准配制，田间路 20 cm 沙砾石混合路面，每 100 m^2 沙砾石路面分别用沙砾 1 769 kg、水泥 50 kg、白灰 16 kg、红黏土 340 kg，进行混合碾压，压实度 0.93。

（1）混凝土路面。对路床进行平整碾压夯实，路基内密实度达到 0.95，弯道部位布设排水管涵，水泥路每隔 50 m 布设截水坎，进行分散排水，混凝土路面 6 m 设一条伸缩缝，用切面机械进行切割。

① 施工流程。施工准备→测量放样→路床清理→地面素土打夯机夯实→压实度检验→摊铺沙砾石路基→混凝土路面施工→交工验收。

② 原有路基清理施工。由人工进行除草、清理修坡、修底等作业。

③ 素土夯实。采用轮胎式振动压路机碾压 4～6 遍，具体碾压参数届时由现场确定。在道路边角碾压机械不易压实及靠近构筑物或原有树木、电杆等障碍物 1 m 范围内不宜采用压路机压实的部位，辅以小型打夯机夯实。

④ 沙砾石路基摊铺。将小堆存放的石子拌合后的混合料先松铺一层，压实后再将剩余混合料铺平压实。宽度及厚度按设计要求进行摊铺，摊铺压实期间适当洒水抑尘。需进行分层碾压、碾压遍数不超过 3 遍（后轮压完路面全宽，即为 1 遍），以碾压至碎石无松动情况为度。

⑤ 混凝土路面施工。混凝土采用商品混凝土。

施工前需将路面工程各个工序使用的具有代表性的材料样品委托中心试验室或监理工程师确认的试验室按规定进行材料的标准试验或混合料配合比设计，试验结果提交监理工程师审批。各结构层施工前应铺筑长度为 100～200 m 的试验路段。铺筑试验路段的目的是验证混合料的质量和稳定性，检验承包人采用的机械能否满足备料、运输、摊铺、拌和及压实的要求和工作效率，以及施工组织和施工工艺的合理性和适应性。

（2）沙砾石路面。

① 施工流程。施工准备→测量放样→路床清理→地面素土打夯机夯实→压实度检验→沙砾石路面材料拌合铺填分层压实→交工验收。

② 原有路基清理施工。由人工进行除草、清理修坡、修底等作业。

③ 素土夯实。采用轮胎式振动压路机碾压 4～6 遍，具体碾压参数届时由现场确定。在道路边角碾压机械不易压实及靠近构筑物或原有树木、电杆等障碍物 1 m 范围内不宜采用压路机压实的部位，辅以小型打夯机夯实。

④ 砂砾石路面施工。按施工流程进行路床压实整形→沙砾石面层材料拌合、摊铺、分层压实。

准备工作：包括放样、运购材料并布置料堆。购买材料时要注意，石子过大或不均匀均可直接影响路面基层的强度和稳定性。

砂石面层材料摊铺：将小堆存放的石子拌合后的混合料先松铺一层，压实后再将剩余混合料铺平压实。宽度及厚度按设计要求进行摊铺，摊铺压实期间适当洒水抑尘。

碾压：分层碾压遍数不超过 3 遍（后轮压完路面全宽，即为 1 遍），以碾压至碎石无松动情况为度。

质量要求：每次铺料碾压后表面应平整、坚实，不得有松散、坑洞和严重积水等现象。用压路机碾压后，不得有明显轮迹。施工完的路面外观尺寸允许偏差应符合有关规范要求。

豆粒石路面：2 cm 厚的豆粒石作为找平层和损耗层，在砂石铺设完毕后铺设压实。

（3）素土路面。施工流程为施工准备→测量放样→路床开挖修整→路床验槽→土方回覆→碾压→交工验收。

① 应及时调整好施工层面纵、横坡度和层面平整度，保证每个施工段的长度不小于 200 m，尽量减少接头。

② 底槽处理尽可能利用原路基。路槽开挖段每 50 m 开挖排水出口。

③ 路基土回填：素土回填施工方法是采用流水作业晒土法，将开挖放在路槽两侧的土回填至路槽中，摊铺翻晒、破碎、整平、碾压。路槽外侧准备回填的土可进行下次翻晒，为路基下段的回填做好准备。这样做的好处是，土的含水量已接近最佳含水量，节约施工时间，提高机械设备利用率。

④ 路基整平：素土碾压前必须达到如下要求：摊铺宽度、厚度符合设计要求，土的颗料不大于 15 mm，纵坡、横坡以及平整度，含水量等满足设计要求。

平整路基时根据施工时的季节和气候控制好含水量，一般情况下控制在大于最佳含水量 1～2 个百分点。先用履带式推土机或 8-10T 光轮压路机稳压 1～2 遍，以暴露其潜在的不平整；其次用平地机械进行整平后，用 8 - 10T 光轮压路机预压 1～2 遍；最后用重型压路机碾压。

⑤ 路基碾压过程中严格按规定进行。路基整平后即可碾压，坚持先轻后重，先慢后快的原则，由边向中碾压，对于超面路段由内侧边缘同外侧边缘碾压，碾压宽度大于或等于路基宽度加 0.5 m；轮迹之间重叠宽度为 1/2 轮宽；碾压时坚持遍遍清、遍遍到位，做到无漏压、无死角；压实遍数根据层厚和压实机械吨位而定，保证达到足够的密实度。

⑥ 每一压实层均应自验合格后，报监理抽检。合格后，在进行下道工序的施工。

6. 农田防护与生态环境保护工程　土地平整工程沟道区田坎压实后，可防止水土流失。在下游坡面种植护坡植物，设计采用撒播草籽的方式，草种可选用紫花苜蓿，播种量为 30 kg/hm²。

三、高标准农田质量评价

按照高标准农田"建成一块、评价一块、上图入库一块"的总体原则，逐个项目开展高标准农田建设前、后耕地质量等级与产能对比评价，能及时掌握高标准农田质量现状，科学评估高标准农田建设成效，找出高标准农田与高产稳产要求的质量差距。为有针对性开展提质改造、持续发挥高标准农田对粮食安全的支撑作用，落实国家粮食安全战略和实施"藏粮于地、藏粮于技"战略打下坚实基础。

高标准农田建设项目竣工后，县级农业农村部门应依据《耕地质量等级》（GB/T 33469—2016）、《耕地质量监测技术规程》（NY/T 1119—2019）、《高标准农田耕地质量评价技术规范》（DB 14/T 2605—2022）等标准，组织开展耕地质量专项调查评价，对项目区耕地质量主要性状开展实地取样化验，在耕地质量调查点位上全面开展耕地基础信息、立地条件、剖面性状、耕层理化性状、养分状况、土壤状况、土壤管理（含工程建设指标）、农业生产情况等方面的调查，应用层次分析法确定各指标权重，应用隶属函数法确定各指标，计算耕地质量综合指数，通过建立耕地质量综合指数与耕地产能的隶属函数模型，评价高标准农田粮食生产潜力，测算粮食产能，持续跟踪耕地质量变化情况，加强高标准农田后续培肥，稳定提升地力。

耕地质量区域划分按照《耕地质量等级》标准，吕梁市分为黄土高原区、内蒙古及长城沿线区 2 个一级农业区，汾渭谷地农业区、晋陕甘黄土丘陵沟壑牧林农区和长城沿线农牧区 3 个二级农业区。其中，汾渭谷地农业区和晋陕甘黄土丘陵沟壑牧林农区属于黄土高原区，长城沿线农牧区属于内蒙古及长城沿线区。交城、文水、汾阳、孝义 4 个县（市）属于汾渭谷地农业区，兴县、临县、柳林、石楼、中阳、离石、交口 7 个县（区）属于晋陕甘黄土丘陵沟壑牧林农区，岚县、方山 2 个县属于长城沿线农牧区。

（一）耕地地力评价

1. 技术方法

（1）文字评述法。对一些概念性的评价指标（如地形部位、土壤母质、质地构型、耕层质地、梯田化水平、盐渍化程度等）进行定性描述。

（2）专家经验法（特尔菲法）。在山西省农科教系统邀请土肥界具有一定学术水平和农业生产实践经验的 34 名专家，参与评价指标和隶属度确定（包括概念型和数值型评价因子的评分），根据山西省地方标准《高标准农田耕地质量评价技术规范》，山西省各区域耕地质量指标由基础性指标和区域性补充指标组成。其中，基础性指标包括地形部位、有效土层厚度、有机质含量、耕层质地、土壤容重、质地构型、土壤养分状况、生物多样性、清洁程度、障碍因素、灌溉能力、排水能力、农田林网化率 13 个指标；区域补充性指标包括田面坡度、pH、海拔高度。根据各地条件确定适宜本地的补充评价指标。

（3）模糊综合评判法。应用数理统计的方法对数值型评价指标（如地面坡度、有效土层厚度、耕层厚度、土壤容重、有机质、有效磷、速效钾、pH、灌溉保证率等）进行定量描述，即利用专家给出的评分（隶属度）建立某一评价指标的隶属函数。

（4）层次分析法。该方法用于计算各参评指标的组合权重。本次地力评价，把耕地生产性能（即耕地地力）作为目标层（G 层），把影响耕地生产性能的立地条件、土体构型、较稳定的理化性状、易变化的化学性状、农田基础设施条件作为准则层（C 层），把影响准则层中的各因素的项目作为指标层

吕梁市有机旱作农业标准化综合生产技术

（A 层），建立耕地地力评价层次结构（表3-1）。在此基础上，由 34 名专家分别对不同层次内各参评指标的重要性作出判断，构造出不同层次间的判断矩阵。最后计算出各评价指标的组合权重。

表3-1　耕地地力评价层次结构

目标层（G层）	高标准农田耕地质量等级				
准则层（C层）	立地条件	剖面性状	耕层理化性状	养分状况	健康状况	农田管理
指标层（A层）	地形部位	有效土层厚度	耕层质地	土壤有机质	生物多样性	灌溉能力
	海拔高度	质地构型	土壤容重	养分状况	清洁程度	排水能力
	田面坡度	障碍因素	水稳性大团聚体			农田林网化程度
	地下水埋深（旱季）	pH			田块面积
	耕层厚度	盐渍化程度			田块道路通达度

（5）累加法。采用加权法计算耕地质量综合指数，即将各评价指标的组合权重与相应的指标分值（即由专家经验法或模糊综合评判法求得的隶属度）相乘后累加，按式3-11计算：

$$P = \sum C_i \times F_i (i = 1,2,3,\cdots,N,N \geqslant 13)$$ (3-11)

式中：P——耕地质量综合指数；
C_i——第 i 个评价指标的组合权重；
F_i——第 i 个评价指标的隶属度。

2. 技术流程

（1）应用叠加法确定评价单元。把基本农田保护区规划图与土地利用现状图、土壤图叠加形成的图斑作为评价单元。

（2）空间数据与属性数据的连接。用评价单元图分别与各个专题图叠加，为每个评价单元获取相应的属性数据。根据调查结果，提取属性数据进行补充。

（3）确定评价指标。根据全国耕地地力调查评价指数表，由山西省土壤肥料工作站组织专家，采用特尔菲法和模糊综合评判法确定耕地地力评价指标及其隶属度。

（4）数据标准化。计算各评价指标的隶属函数，对各评价指标的隶属度数值进行标准化。

（5）应用累加法计算每个评价单元的耕地地力综合指数。

（6）划分地力等级。分析综合地力指数分布，确定耕地地力综合指数的分级方案，划分地力等级。

（7）归入农业农村部地力等级体系。选择10%的评价单元，调查近3年粮食单产（或用基础地理信息系统中已有资料），与以粮食作物产量为引导确定的耕地基础地力等级进行相关分析，找出两者之间的对应关系，将评价的地力等级归入农业农村部确定的等级体系。

（8）采用 GIS、GPS 系统编绘各种养分图和地力等级图等图件。

（二）评价标准体系建立

1. 不同区域耕地质量等级评价指标权重　吕梁市各县分属汾渭谷地农业区、晋陕甘黄土丘陵沟壑牧林农区和长城沿线农牧区，其评价指标权重见表3-2。

表3-2　山西省不同区域耕地质量等级评价指标权重

黄土高原区						内蒙古长城沿线区	
汾渭谷地农业区		晋东豫西丘陵山地农林牧区		晋陕甘黄土丘陵沟壑牧林农区		长城沿线农牧区	
指标	权重	指标	权重	指标	权重	指标	权重
地形部位	0.135 5	地形部位	0.130 3	地形部位	0.137 5	地形部位	0.066 8
有效土层厚度	0.055 0	有效土层厚度	0.061 0	有效土层厚度	0.055 8	有效土层厚度	0.098 7
有机质	0.085 6	有机质	0.089 4	有机质	0.099 6	有机质	0.086 7
耕层质地	0.069 6	耕层质地	0.079 0	耕层质地	0.070 7	耕层质地	0.072 1
土壤容重	0.045 2	土壤容重	0.044 0	土壤容重	0.038 9	土壤容重	0.030 4
质地构型	0.072 7	质地构型	0.069 4	质地构型	0.063 9	质地构型	0.048 3

（续）

黄土高原区						内蒙古长城沿线区	
汾渭谷地农业区		晋东豫西丘陵山地农林牧区		晋陕甘黄土丘陵沟壑牧林农区		长城沿线农牧区	
指标	权重	指标	权重	指标	权重	指标	权重
有效磷	0.066 5	有效磷	0.062 6	有效磷	0.071 8	有效磷	0.060 8
速效钾	0.054 4	速效钾	0.055 6	速效钾	0.059 4	速效钾	0.048 9
生物多样性	0.027 0	生物多样性	0.030 3	生物多样性	0.028 0	生物多样性	0.037 5
清洁程度	0.021 6	清洁程度	0.025 1	清洁程度	0.023 0	清洁程度	0.026 3
障碍因素	0.041 2	障碍因素	0.042 6	障碍因素	0.040 7	障碍因素	0.074 9
灌溉能力	0.134 9	灌溉能力	0.116 5	灌溉能力	0.147 9	灌溉能力	0.113 5
排水能力	0.064 4	排水能力	0.045 0	排水能力	0.034 4	排水能力	0.113 5
农田林网化程度	0.031 8	农田林网化程度	0.038 4	农田林网化程度	0.026 7	农田林网化程度	0.026 9
pH	0.031 0	pH	0.039 6	pH	0.035 0	pH	0.060 8
海拔高度	0.063 6	海拔高度	0.071 2	海拔高度	0.066 7	海拔高度	0.033 9

2. 耕地地力要素的隶属度

（1）概念性评价指标。各评价指标的隶属度及其描述见表 3-3、表 3-4。

（2）数值型评价指标。各评价指标的隶属函数见表 3-5、表 3-6。

表 3-3　黄土高原区概念型指标隶属度

地形部位	冲积平原	河谷平原	河谷阶地	洪积平原	黄土塬	黄土台塬	河漫滩	低台地	黄土残塬	低丘陵	黄土坪	高台地
隶属度	1	1	0.9	0.85	0.8	0.7	0.7	0.7	0.65	0.65	0.65	0.65
地形部位	黄土	黄土梁	高丘陵	低山	黄土峁	固定沙地	风蚀地	中山	半固定沙地	流动沙地	高山	极高山
隶属度	0.65	0.6	0.6	0.5	0.5	0.4	0.4	0.4	0.3	0.2	0.2	0.2

耕层质地	沙土	沙壤	轻壤	中壤	重壤	黏土
隶属度	0.4	0.6	0.85	1	0.8	0.6

质地构型	薄层型	松散型	紧实型	夹层型	上紧下松型	上松下紧型	海绵型
隶属度	0.4	0.4	0.6	0.5	0.7	1	0.9

生物多样性	丰富	一般	不丰富
隶属度	1	0.7	0.4

清洁程度	清洁	尚清洁	轻度污染	中度污染	重度污染
隶属度	1	0.7	0.5	0.3	0

障碍因素	盐碱	瘠薄	酸化	溃潜	障碍层次	无
隶属度	0.4	0.6	0.7	0.5	0.5	1

灌溉能力	充分满足	满足	基本满足	不满足
隶属度	1	0.7	0.5	0.3

排水能力	充分满足	满足	基本满足	不满足
隶属度	1	0.7	0.5	0.3

农田林网化	高	中	低
隶属度	1	0.7	0.4

表 3-4　内蒙古长城沿线区概念型指标隶属度

地形部位	冲积平原	河谷平原	河谷阶地	洪积平原	黄土塬	黄土台塬	河漫滩	低台地	黄土残塬	低丘陵	黄土坪
隶属度	0.79	0.86	1	0.88	0.74	0.39	0.5	0.61	0.16	0.3	0.42
有效土层厚度（cm）	＜30	30～60	≥60								
隶属度	0.44	0.8	1								
耕层质地	沙土	沙壤	轻壤	中壤	重壤	黏土					
隶属度	0.38	0.75	0.86	1	0.77	0.49					
质地构型	薄层型	松散型	坚实型	夹层型	上紧下松型	上松下紧型	海绵型				
隶属度	0.32	0.44	0.68	0.62	0.53	1	0.91				
生物多样性	丰富	一般	不丰富								
隶属度	1	0.68	0.38								
清洁程度	清洁	尚清洁									
隶属度	1	0.6									
障碍因素	瘠薄	障碍层次	沙化	盐渍化	无						
隶属度	0.51	0.67	0.56	0.62	1						
灌溉能力	充分满足	满足	基本满足	不满足							
隶属度	1	0.85	0.65	0.38							
排水能力	充分满足	满足	基本满足	不满足							
隶属度	1	0.83	0.62	0.43							
农田林网化	高	中	低								
隶属度	1	0.74	0.39								
坡度（°）	≤2	2～6	6～10	10～15	＞15						
隶属度	1	0.84	0.67	0.52	0.29						

表 3-5　黄土高原区数值型指标隶属度函数

指标名称	函数类型	函数公式	a 值	c 值	u 的下限值	u 的上限值
pH	峰型	$y=1/[1+a(u-c)^2]$	0.225 097	6.685 037	0.4	13.0
有机质	戒上型	$y=1/[1+a(u-c)^2]$	0.006 107	27.680 348	0	27.7
速效钾	戒上型	$y=1/[1+a(u-c)^2]$	0.000 026	293.758 384	0	294
有效磷	戒上型	$y=1/[1+a(u-c)^2]$	0.001 821	38.076 968	0	38.1
土壤容重	峰型	$y=1/[1+a(u-c)^2]$	13.854 674	1.250 789	0.44	2.05
有效土厚度	戒上型	$y=1/[1+a(u-c)^2]$	0.000 232	131.349 274	0	131
海拔	戒下型	$y=1/[1+a(u-c)^2]$	0.000 001	649.407 006	649.4	3 649.4

注：y 为隶属度；a 为系数；u 为实测值；c 为标准指标。当函数类型为戒上型，u 小于等于下限值时，y 为 0；u 大于等于上限值时，y 为 1；当函数类型为戒下型，u 小于等于下限值时，y 为 1；u 大于等于上限值时，y 为 0；当函数类型为峰型，u 小于等于下限值或 u 大于等于上限值时，y 为 0。

表 3-6　内蒙古长城沿线区数值型指标隶属度函数

指标名称	函数类型	函数公式	a 值	c 值	u 的下限值	u 的上限值
pH	峰型	$y=1/[1+a(u-c)^2]$	0.474 732	7.122 609	2.8	11.5
有机质	戒上型	$y=1/[1+a(u-c)^2]$	0.003 437	29.467 952	0	29.5
速效钾	戒上型	$y=1/[1+a(u-c)^2]$	0.000 032	273.613 884	0	274
有效磷	戒上型	$y=1/[1+a(u-c)^2]$	0.007	25.24	0	25.2
土壤容重	峰型	$y=1/[1+a(u-c)^2]$	10.388 61	1.283 822	0.35	2.21

注：y 为隶属度；a 为系数；u 为实测值；c 为标准指标。当函数类型为戒上型，u 小于等于下限值时，y 为 0；u 大于等于上限值时，y 为 1；当函数类型为峰型，u 小于等于下限值或 u 大于等于上限值时，y 为 0。

（3）耕地质量综合指数。应用累加法计算耕地质量综合指数 $\sum C_i F_i$。

（4）耕地地力分级标准。不同农业区耕地质量等级划分标准见表 3-7。

表 3-7　不同农业区耕地质量等级划分标准

耕地质量等级	黄土高原区综合指数范围	内蒙古长城沿线区综合指数范围
一等	≥0.904 0	≥0.856 6
二等	0.866 0～0.904 0	0.832 3～0.856 6
三等	0.828 0～0.866 0	0.803 4～0.832 3
四等	0.790 0～0.828 0	0.772 6～0.803 4
五等	0.752 0～0.790 0	0.742 1～0.772 6
六等	0.714 0～0.752 0	0.714 0～0.742 1
七等	0.676 0～0.714 0	0.688 9～0.714 0
八等	0.638 0～0.676 0	0.663 8～0.688 9
九等	0.600 0～0.638 0	0.628 5～0.663 8
十等	＜0.600 0	＜0.628 5

（牛建中）

第二节　山水林田湖草沙综合整治工程

党中央、国务院高度重视山西省的生态文明建设。2017 年，习近平总书记在视察山西时指出："先天条件不足，是山西省生态环境建设的难点，同时，由于发展方式粗放，留下了生态破坏、环境污染的累累伤痕，使山西生态建设任务更加艰巨"。2020 年，习近平总书记再次亲临山西并指出："要坚持山水林田湖草一体化保护和修复，把加强流域生态环境保护与推进能源革命、推行绿色生产生活方式、推动经济转型发展统筹起来，坚持治山—治水—治气—治城一体推进"。全省上下牢固树立绿水青山就是金山银山的理念，全方位推进"一山一流域"生态修复，保护好"华北水塔"，发挥好京津冀生态屏障作用，持续推进重大生态治理修复工程建设，加强重要湖泊、泉域、湿地保护，建设山清水秀、天蓝地净的美丽吕梁。

黄河流域生态保护和高质量发展是重大国家战略，保护黄河是事关中华民族伟大复兴的千秋大计。全面贯彻习近平总书记在黄河流域生态保护和高质量发展座谈会上的重要讲话精神，坚定扛起黄河流域生态保护和高质量发展这一重大政治责任和历史使命，聚焦生态建设、绿色发展，实施可持续发展战略，统筹山水林田湖草沙综合治理、系统治理、源头治理，统筹上下游、干支流、左右岸，统筹黄河流经县和流域县、沿黄沿汾区域，统筹高标准保护与高质量发展，着力保障黄河长治久安，着力改善黄河生态环境，着力促进全流域高质量发展，着力改善人民群众生活，着力保护传承弘扬黄河文化，全力构建支撑高质量转型发展的生态文明建设格局，为山西省在转型发展上按照人与自然和谐发展的要求，牢固树立和践行绿水青山就是金山银山的理念，切实保护农村生态环境，统筹农村生态建设，展示农村生态特色，统筹山水林田湖草系统治理，在现有基础上实现全市域内增绿、通道增色、村庄增景，把生态文明融入经济、政治、文化、社会等各个方面，将农村生态建设、环境保护和综合治理贯彻于整个工作过程，以绿色发展引领农业农村现代化。"十四五"初期，吕梁市自然资源与规划部门与全国一样开始启动"山水林田湖草沙综合整治工程"，地处黄河流域腹地的吕梁市迎来了重大机遇。

一、黄河流域重点生态治理区

区域范围：该区域功能定位为黄河中游干流水土流失控制的核心区域，黄土高原水土流失治理的重点区域，是保障生态安全、营造山川秀美山西的主体区域。地处黄土高原东翼，范围涉及吕梁市的兴县、临县、柳林县、石楼县，总面积 9 242.29 万 km²。

生态状况：主要生态环境问题为水土流失严重、水源涵养区的生态保护修复缺乏系统性、矿区生态环境破坏严重等。引起原因包括气候不利、地貌复杂、植被减少、采矿破坏、畜牧过度。土壤疏松，土壤侵蚀模数达 1 万～1.5 万 t/km²，最高可达 2 万～3 万 t/km²，是黄河干流（山西段）泥沙的主要来源区。该区千山万壑、荒山秃岭、地形破碎、土壤贫瘠。植被主要以天然次生林和人工林为主，天然林主要有侧柏、油松、辽东栎、山杨等；阔叶树种主要是刺槐，天然灌木主要有虎榛子、黄刺玫、沙棘等，人工灌木主要是柠条。森林覆盖率低于10%，不能有效涵养水源、减轻水土流失。天然林破坏严重，单位面积蓄积量低。现有人工林树种单一，纯林较多，林分质量低、稳定性差。乡土树种的保护培育有待加强。灌木林资源丰富，经营亟待加强。植被覆盖率低、生态环境脆弱是造成水土流失的主要原因之一。

主攻方向：建立和完善沿黄生态廊道，提高生态系统完整性和连通性，以水土保持和水源涵养为主导生态功能，实施水土保持和天然林保护等建设工程，持续扩大植被覆盖，增加林草面积，增加生态承载力。加大保水固土力度，提高林草覆盖。推进天然次生林、退化次生林、人工低效纯林提质和退化防护林修复，构建结构合理、防护功能完备的水土保持林体系。积极培育生态型经济林，合理发展红枣、核桃等具有地域特色的经济林，采取山水林田湖草一体推进、综合治理措施，打造沿黄一线生态廊道和干果、水果经济林基地。

二、黄河流域重点生态带保土蓄水修复重点区

区域范围：该区涉及兴县、临县、柳林县和石楼县。

生态问题：该区属黄土高原残塬沟壑区，梁峁起伏，沟壑密度大，地形破碎，土壤多为黄绵土，土质疏松，植被稀少，是山西省水土流失最为严重的区域。一方面，降水集中，暴雨多发，水土流失严重；加之冬季风沙大，风蚀严重，与水蚀叠加，土壤侵蚀加重。另一方面，黄土疏松多孔，抗侵蚀性弱；加上植被稀疏、地面坡度大，面蚀、沟蚀以及重力侵蚀均严重，致使区域沟壑纵横，土壤贫瘠。沟道下切和沟坡崩塌致使沟壑面积快速增加，农田地块越来越小，坡度逐渐增大，土壤面蚀致使耕作层变薄，土壤养分大量流失，土壤肥力下降，不仅严重影响农业生产发展，也导致生态环境进一步恶化。

主攻方向：以黄河干流流经市（县）为主体，打造沿黄生态廊道。黄河干流重点推进水岸线以外100 m内划定生态功能保障线，建立缓冲隔离防护林带和水土保持林带。开展以淤地坝建设为主的治沟骨干工程体系，开展固沟保塬项目建设，同时加强塬面、梁峁坡平缓处耕地整治及林草植被建设。

三、强化重点流域水生态保护与修复

围绕"水量丰起来，水质好起来，风光美起来"的要求，坚持"控污、增湿、清淤、绿岸、调水"五策并举，创新生态修复治理市场化运作机制，大力实施汾河流域吕梁段、三川河流域水生态保护与修复，打造沿汾、三川河生态走廊。落实最严格的水资源管理制度，加强水资源开发利用控制、用水效率控制、水功能区限制纳污"三条红线"管理。全面落实河长制、湖长制，进一步完善市、县、乡三级河长体系，力争延伸至村一级，实现河长制、湖长制全覆盖。创新河湖管护体制机制，"一河一湖一策"推进全流域生态保护与修复。制定市管七条河流"一河一策"实施方案，形成"河长牵头、属地管理、部门负责、全民共治"的河长制管理格局。

四、推进吕梁山生态保护与修复

全面落实《太行山吕梁山生态系统保护和修复重大工程总体方案》，坚持"山上治本、身边增绿、产业富民、林业增效"的原则，按照"村村有工程、镇镇有重点、县区连成片、全市连成线"的要求，大力实施重点生态保护和修复工程。将生态建设同脱贫攻坚有机结合，把生态修复治理作为生态扶贫主战场，创新贫困群众直接参与生态建设的造林机制，打造生态扶贫"吕梁样板"，实现生态建设和脱贫攻坚互促双赢，在"一个战场"上打赢"两场攻坚战"。到 2025 年，实现宜林地全部绿化；退耕还林面实现应退尽退；每年高标准完成经济林综合管理 100 万亩；确保全市森林覆盖率达到 36% 以上。以

自然保护区为载体，加强生物多样性就地保护和迁地保护，构建生物多样性保护体系，积极防治有害生物。

五、矿山生态修复重点区

区域范围：该区涉及 13 县（市、区）。矿山类型为煤炭矿山、金属矿山、建材及其他非金属矿山、砂石矿。各类矿山地质环境问题是压占、损毁土地，采空区面积较大。

生态问题：该区因采矿造成的主要矿山环境问题包括土地损毁、植被破坏、崩塌、地裂缝和地面塌陷，煤矸石、废土石堆压占土地，露天矿山破坏地形地貌景观等。采石场废弃地，露天矿山开采剥离，各类废渣、废石、尾矿随意堆置等破坏与压占土地资源。露天采场和固体废弃物堆场对地形地貌景观及其土地资源的占用破坏最严重。

主攻方向：通过人工辅助和生态重塑措施，实施地形地貌景观重塑、植被恢复重建，恢复矿区生态系统功能。露天采场、煤矸石场、废渣堆实施土地整治、覆土、植被恢复工程；对边坡进行削坡和植被恢复；对采场梯级台面和平台进行覆土植树绿化；对采空塌陷进行土地整治和植被恢复；对地裂缝充填覆土绿化等。同时做好截排水设施，防治水土流失。根据周边生态环境景观，合理选择优势种群，形成草灌乔藤，带、片、网相结合的植物生态结构。

（李叔亮）

第三节　小流域综合整治发展沟域经济

一、沟域概况

吕梁市境内地形沟壑纵横，尤其是黄土丘陵沟壑区的沟壑密度达 5 km/km² 以上，全市较大流域有三川河、湫水河、屈产河、岚漪河、蔚汾河、文峪河、岚河等。据统计，全市共有大小沟道 91 651 条，大于 1 km 的为 10 290 条。其中，1～3 km 6 365 条，3～5 km 2 840 条，5～10 km 831 条，10～15 km 138 条，大于 15 km 的 116 条。流域面积在 10 km² 以上的有 1 000 余条。

截至 2017 年，吕梁市水土流失面积 14 519 km²，占总面积 68.8%；土壤侵蚀总量为 1.67 亿 t，占全省总侵蚀量 4.56 亿 t 的 36.6%，占黄河北干流输沙量的 10.31%。经过多年治理，截至"十二五"期末，全市完成水土保持初步治理面积 7 385 km²，占水土流失面积的 50.3%。大力实施国家、省级重点水土保持治理项目，并整合有关部门水土保持项目，动员社会力量共同治理，综合治理步伐加快，经济效益、生态效益、社会效益显著。"十三五"期间水土流失治理面积 366.2 万亩，淤地坝除险加固 108 座，坡改梯 5.37 万亩，小流域综合治理面积 371.8 km²。坡改梯项目有效提高了农作物产量，切实增加了农民收入。截至 2020 年底，全市累计水土流失治理面积达 1 458 万亩，治理率 66.4%，高于全省平均水平。吕梁市在淤地坝安全运用及建设管理方面改革创新、勇于实践，探索形成了切合实际的顶管穿戴法修复水毁涵洞等淤地坝除险加固新模式。

二、沟域经济发展情况

1. 发展背景　多年来，在各级各部门和广大群众的努力下，治理工作取得了一定成效。但全市尚有近一半的水土流失面亟待开发治理，生态脆弱局面仍然没有根本改变，特别是沟域利用不充分，相当一部分处于撂荒闲置状态。2015 年初，吕梁市委、市政府针对小流域治理的现状，在推广石楼县沟域治理开发经验的基础上，学习借鉴北京等地开展沟域经济建设的经验，在全市范围内提出发展沟域经济，综合治理开发利用沟域资源，积极引导民营企业转型参与沟域治理，探索不同权属沟域承包权、经营权多种流转方式，切实加快沟域综合治理步伐，有效改善生态环境，大力发展特色产业，全方位拓展农民增收渠道，创造出一条为贫困山区农民脱贫的新路径。

2. 工作思路　贯彻"五大发展"理念，围绕"新布局、新发展、新形象"的总体要求，按照"政府引导、有序流转、民间投资、产业开发、综合治理、改善生态、促进增收"工作思路，实行"整流域推进、分年度实施"的办法，采取工程措施、生物措施与农艺措施相结合的方式，加大治理力度。发展地方特色产业，形成"山水田林路电、粮果牧草加游"全面开发的格局，提高区域生态效益和经济效益，努力实现"治理一条流域，发展一方经济，造福一方百姓"的效果。

3. 治理模式 2015 年以来，以每县（市、区）搞好 2 条以上试点沟域，全市初步治理了 33 条试点沟域，治理水土流失面积 26.07 万亩，累计投入资金 7.9 亿元。在治理中，坚持把生态治理放在首位，治理模式大体分以下 3 种类型。

（1）山区沟域型。共治理 23 条试点沟域。以沟域为单元，进行生态治理，山水田林路、梁峁坡沟川综合规划，因地制宜地布设各项水土保持措施，使整个沟域形成梁峁、坡面、沟坡、沟道、河滩五大防护体系。产业布局以改善生态、造林绿化、种养加产业开发为重点，形成内循环，实现生态与经济协调发展。如石楼县罗村镇沟域，由该县富民林牧有限责任公司为主体进行治理开发，累计投资 2 600 余万元，按相关技术标准实施生态治理面积 120 亩，采取"饲草种植＋饲料加工＋湖羊养殖"循环农业发展模式，建起了 5 500 m² 的圈舍以及配套饲料存储加工设备，种植苜蓿、饲草玉米、黑麦草 700 余亩，消化外购青贮玉米带穗秸秆 1 000 余 t，养殖湖羊 2 100 只，2015 年实现纯利润 110 万元。

（2）城郊沟域型。共治理 3 条试点沟域。以采摘体验、田园风光、休闲公园为重点，大力发展休闲农业。例如兴县蔡家崖乡宋家沟，沟域选择以生态旅游为主的沟域发展模式，发展生态旅游、休闲度假。目前已建成黄河九曲碑林，晋绥文化生态碑林，兴县民俗文化园、植物园等，完善了基础设施。同时沟域内种植谷子、大豆等农作物 510 亩，栽植经济林、生态林 3 600 亩，带动农户 76 户，吸收劳动力 23 人。

（3）旅游沟域型。共治理 7 条试点沟域。依托景点优势，通过"走廊建设＋沟域治理＋村庄带动（景点带动）"，大力发展乡村旅游产业，吸引城市居民到农村休闲、观光、度假，逐步完善建设"四个一目标"即：一个健康、安全、可持续的自然生态廊道，一个地方风貌特色的文化走廊，一条当地经济与旅游产业发展的启动带，一条市民休憩、休闲的带状空间，真正把农村的绿水青山变成金山银山。例如孝义市曹溪河沟域，流域面积 44.1 km。目前，孝义市政府制定了沟域发展总体规划，开通了旅游公路，进行了道路绿化，为吸引煤焦企业转型和社会资本投资奠定了基础。截至 2021 年，吸引占地 500 亩以上治理主体 11 个。其中，朝阳沟农场依托曹溪河沟域的文化、农业、旅游资源优势，计划投资 1 亿元，按照山、水、田、林、路、景综合治理的原则，以观光采摘、民俗展示、餐饮住宿、文化产业、种养加一体为发展目标，积极发展生态产业。已完成投资 6 700 万元，完善了休闲垂钓区、荷花观赏区等 6 个景点，建成了住宿、道路、停车场等基础设施，农田、果园和林木初具规模，该农场现处于半开业状态，生态效益、社会效益已初步显现。再如丽锦山庄通过流转土地 170 余亩、荒山荒坡 600 余亩，建设了一座天然山泉水水场，配套了观光大道和天然气管道、宾馆（8 000 多 m² 参照五星级标准建设）等基础设施，完成了庙宇、神像、文化长廊、八角茶楼等景点，养殖了野猪和散养鸡，共投资 6 000 余万元，初步建成了"采摘＋垂钓＋寺庙＋住宿＋水场"为一体的休闲旅游区。

（牛建中）

第四章　以土为本，建设农田水库蓄水

第一节　保护性耕作，加厚耕作层

土壤为植物提供根系的生长环境，为其保温、保湿，同时能够辅助根部对植株的固定作用。土壤是很好的"储藏室"，可以储存水分、空气、矿质元素，这些是植物生长所必需的，植物可直接从土壤中摄取。另外土壤内含有大量的其他生物，如微生物和无脊椎动物。微生物能够分解有机质（植物无法直接吸收有机物）使之变成植物能够直接利用的无机物，为植物的生长提供营养；无脊椎动物如蚯蚓，能够通过其生理作用（运动等）达到翻土的目的，使土壤空隙加大，增大空气的含量，同时蚯蚓粪便能够为植物提供直接营养。美国等发达国家耕地土层厚度达到 200 cm，耕作层厚度达到 50 cm，极大地提高了土壤的蓄水保墒能力。吕梁市近 10 年来在耕地项目上严格执行了国家标准、行业标准，土层厚度由 60 cm 增加到了 80 cm，新建的高标准农田中梯田的土层厚度在 100 cm 以上，为营造土壤水库奠定坚实的基础。

吕梁山山麓东西区域的主要问题是：水土流失严重，干旱缺水，有机质下降等。而保护性耕作是在地表有作物秸秆或根茬覆盖情况下，通过免耕或少耕方式播种的一项先进农业技术。保护性耕作的主要目的：一是改善土壤结构，提高土壤肥力，增加土壤蓄水、保水能力，增强土壤抗旱能力，提高粮食产量；二是增强土壤抗侵蚀能力，减少土壤风蚀、水蚀，保护生态环境；三是减少作业环节，降低生产成本，提高农业生产经济效益。保护性耕作的基本特征是：不翻耕土地，地表有秸秆或根茬覆盖。建议三年一深松或一深耕打破犁底层，使耕作层达到 30 cm，其余年份进行旋耕作业，有条件的农户亦可每年深松或深耕一次。根据农业农村部制定的《保护性耕作项目实施规范》《保护性耕作关键技术要点》，积极推广该项技术。

一、关键环节技术要点

1. 休闲期

夏休闲：免耕或少耕，秸秆或根茬覆盖。可选择性进行深松，以增加蓄纳雨水的能力，深松的同时应合墒。根据土壤肥力、水分、秸秆留存量等条件，选择性采用少免耕方式种植覆盖作物，收获后，覆盖地表，不得进行翻耕掩埋。

冬休闲：免耕或少耕，秸秆或根茬覆盖。如果采用留茬覆盖，应尽量留高茬。根据土壤肥力、水分、秸秆留存量等条件，选择性地采用少免耕方式种植覆盖作物，收获后，覆盖地表，不得进行翻耕掩埋。

2. 播种期

冬前播种：少耕或免耕播种。播种前，根据地表状况，可采用机械或化学方式灭除杂草或次生麦等。

春季播种：免耕播种。如果秸秆覆盖量较大，在播种前可适当采用少耕方式，减少地表秸秆覆盖率，以提高播种质量；在极其干旱情况下，可配合采用坐水播种等措施。

3. 田间管理期　根据当地生产实际，进行间苗、追肥、病虫害草防治等。为了打破犁底层、减少土壤板结、蓄纳雨水，在不影响作物生长的情况下，可进行深松。

4. 收获期　可在收获的同时进行秸秆粉碎还田作业，粉碎后的秸秆应抛撒均匀。在风大区域，可采用适当方式固定粉碎后的秸秆。

二、推荐技术模式

1. 免耕覆盖播种　休闲期秸秆或根茬覆盖，免耕方式播种。

2. 少耕覆盖播种　根据地表秸秆覆盖量和土壤状况，选择性进行深松、耙地等少耕作业后，进行播种。

3. 带状免耕覆盖播种　针对马铃薯种植动土量大、农田裸露易风蚀等问题，可采用带状免耕覆盖播种技术。其技术要点是：马铃薯按照常规种植方式，其他作物采用免耕施肥播种机在秸秆或根茬覆盖地免耕播种。

三、CO_2 减排技术

1. 保护性耕作的推广　耕作活动将土壤中的有机质暴露在空气中，加速了土壤有机质的氧化分解。因此，有条件的地方，尽量提倡保护性耕作，推荐少耕和免耕技术，通过减少耕作和土壤扰动降低土壤有机质的分解，达到减少 CO_2 排放的目的。

2. 机械作业一次完成　常用的农业机械包括翻耕机、旋耕机、深松机、播种机、施肥机、收割机、秸秆粉碎机、翻压机等，不同机械分次进入农田不仅增加土壤有机质暴露在空气中的机会，燃油消耗也会排放 CO_2；而且机械多次进田也会把土壤压实，对作物生长有影响。为了减少土壤碳排放、降低农机能源消耗和避免土壤板结，尽量安排机械一次完成作业。市场上已有集多功能于一体的农机，如施肥播种一体机、免耕播种机等，可以减少农机进田作业次数。

3. 农业用电多来源　减少使用传统能源（煤、石油、天然气）产生的电量，增加可再生能源发电的利用。如在太阳能、风能、水能充足的地方建立相应的发电站，利用生物质能源发电，如利用农林废弃物发电、垃圾发电和沼气发电等。农业活动（如灌溉、抽水）中使用清洁能源，同样对 CO_2 减排有积极贡献。

（齐晶晶）

第二节　坡地沟坝地地埂化、台田化

一、梯田修筑蓄水埂

地面坡度为 $6°\sim25°$ 的坡耕地，基本修筑成水平梯田。田面平整，并构成 $1°$ 反坡梯田，梯田化率达到 90%；修筑的田埂稳定牢固，蓄水埂北方设计埂高 0.3 m、顶宽 0.3 m、底宽 0.6 m，内外坡取 75°，修筑蓄水埂采用人工修筑，修筑时土体含水量必须达到 15%。先开挖基槽，开挖的土放到梯田内侧，以 20 cm 为一层进行夯填，田坎夯实度达到 0.93。土埂稳定可防御 $5\sim10$ 年一遇暴雨。在坡地上修地埂，可以截短径流线，削弱土壤冲刷。同时，地埂本身有一定容量，能拦蓄一部分径流和泥土，对保持水肥有显著作用。据测定，地埂化的耕作比坡耕地可减少冲刷 60%～90%，减少水分流失 50%～70%。在收成上，地埂化的耕地比坡地一般增产 8%～20%。培地埂是一种比较省工且效果较好的农田水土保持措施，同时，又是由坡地逐步变成水平梯田的过渡形式，因此，可以作为在大面积上迅速推广的措施。

修梯田是农田水土保持的根本措施。梯田的优点主要是：能够在一定范围内完全改变坡地地形，彻底防止水、肥、土流失现象，为土壤肥力的不断提高奠定可靠基础。据测定，当坡地平均泥土流失量为 3.52 cm 时，在梯田上则仅为 0.46 cm，反映在作物产量上，稳产效果十分显著。

二、沟坝地台田边坡治理

按照毛、支、干沟顺序治理原则，对不同特点的沟道采取相应的治理措施，V 形小沟、U 形小沟采用修反坡台田。台田田块布置根据地形、地貌等因素沿等高线坡降逐级而下，在平整或合并田块的同时修筑土质田坎（设计标准参照《山西省淤地坝工程技术规范》）。田坎必须用生土填筑，土中不能有大石砾、树根、草皮等杂物；修筑时应分层夯实碾压，每层虚土厚约 20 cm，夯实碾压后 15 cm，压实度达到 93%，含水量为 10%～13%；在坎体填筑之前，必须对坎基和两岸山坡进行清理，清理范围比埂脚加宽 0.6 m，清基深度最小为 0.3 m，凡在清基范围内的地面表土、乱石、草皮、树木、腐殖质等均要清除干净，不得留在坎内做回填土用。两岸山坡应挖成斜面，其坡度土质岸坡不陡于 1∶1.5，不能削成台阶形，更不允许有反坡，以保证埂肩结合良好。修筑中每道田坎应全面均匀地同时升高，不应各段参差不齐，影响接茬质量；田坎升高过程中根据设计的田坎坡度，逐层向内收缩，并将坎面修光。随着田坎升高，坎后的田面也相应升高，将坎后填实，使田面与田坎紧密结合在一起。田面挖填任务基本完成后，应检查是否达到水平（或按设计要求的纵向比降），要求误差不超过 1%，田边 1 m 左右，应保留 10° 左右反坡，地中原有浅沟部位，填方应比水平线高出 10 cm 左右，以备填土最深部位沉陷后田面仍能保持水平，台田田坎宽度根据田坎随高度设计为 2~4 m，增加其稳定性，坝体外侧种植柠条或紫花苜蓿防止大雨冲刷坝体。

山西省耕地开发项目安全隐患防治技术要点：沟道斜坡治理工程从沟道两侧取土填地时，采取"低土低用，就近使用"的原则，若沿沟道有突出的小土丘，采取全面开挖的方式，利用推土机或装载机将开挖的土方运送到需要填土的地块。若从沟道两侧取土，应防止产生新的滑坡体。对于高度大于 4 m、坡度陡于 1.0：1.5 的边坡，宜采取削坡、开级方式。削坡：削掉非稳定体的部分，减缓坡度，削减助滑力；开级：通过开挖边坡，修筑阶梯或平台，达到相对截短坡长，改变坡型、坡度、坡比，降低荷载重心，维持边坡稳定。土质坡面削坡开级工程可分为直线形、折线形、阶梯形、大平台形等形式。应根据边坡的土质与暴雨径流条件，确定每一个小平台的宽度与 2 个平台间的高差，削坡后应保证土坡的稳定。小平台宽可取 1.5~2 m，2 个平台间高差可取 6 m（干旱、半干旱地区 2 个平台间高差宜大些，湿润、半湿润地区 2 个平台间高差宜小些）。小平台种植柠条，防止水土流失与滑坡。

（高晓勋）

第五章　以肥为粮，提高土壤肥力调水

肥料是农作物生产粮食中的"粮食"。通过增施有机肥改善土壤结构、增加土壤孔隙度、调节土壤水分，增强了抗旱保墒能力；通过施用配方肥使单产提高，北方肥料对粮食生产的贡献率为40%（农业农村部统计分析）。长期不施肥，土壤有机质含量下降10%～20%；平衡施化肥，大部分地区土壤有机碳维持平衡或略有增加；有机无机配合，土壤有机碳增加明显，增加60%～120%。

第一节　高产肥沃土壤的特征

高产肥沃土壤的特征，农业利用土壤方式十分复杂，因此，高产稳产肥沃土壤的性状也不尽相同。肥沃土壤的性状既有共性，也可因土壤类型不同而各有其特殊性。高产肥沃土壤与同地区一般土壤相比，具有以下特征。

一、良好的土体构造

土体构造是指土壤在1 m深度内上下土层的垂直结构，它包括土层厚度、质地和层次组合。高产肥沃的旱地土壤一般都具有上虚下实的土体构造，即耕作层疏松、深厚（一般在30 cm左右），质地疏松；心土层较紧实，质地较黏。既有利于通气、透水、增温、促进养分分解，又有利于保水保肥。上下土层密切配合，使整个土体成为能协调供应作物高产所需要的水、肥、气、热等条件的良好构型。

二、适量协调的土壤养分

肥沃土壤的养分含量不是越多越好，而是要适量协调。北方高产旱作土壤，有机质含量一般在15～20 g/kg、全氮含量在1～1.5 g/kg、有效磷含量在15～25 g/kg、阳离子交换量在20 cmol/kg以上、速效钾含量在150～200 mg/kg。

三、良好的物理性质

肥沃土壤一般都具有良好的物理性质，诸如质地适中、耕性好、有较多的水稳性团聚体、大小孔隙比1∶（2～4）、土壤容重1.10～1.25 g/cm³、土壤孔隙度为50%或稍大于50%，其中通气孔隙度一般在10%以上，有良好的水、气、热状况。

（牛建中）

第二节　土壤碳汇增加技术

作物增产增加外源有机碳输入，促进土壤有机质含量提升，增加产量，提高土壤有机质含量是培育土壤肥力、保障国家粮食安全（高产稳产、藏粮于土）的根本。据研究，北方旱区土壤有机质含量每增加1 g/kg，相当于0.6 t/hm²的粮食生产地力，即土壤有机质含量提高1 g/kg，粮食产量的稳产性提高10%～20%。

一、畜禽粪便的无害化处理技术

畜禽粪便不处理直接还田会造成土壤污染，还会造成病虫草害发生趋势加重，需加大各方面整治力度改变这一陋习。应按照《畜禽粪便无害化处理技术规范》（NY/T 1168—2006）的标准执行。

1. 处理原则　畜禽养殖场或养殖小区应采用先进的工艺、技术与设备，改善管理，综合利用等措施，从源头削减污染量。畜禽粪便处理应坚持综合利用的原则，实现粪便的资源化。畜禽养殖场和养殖小区必须建立配套的粪便无害化处理设施或处理（置）机制。畜禽养殖场、养殖小区或畜禽粪便处理场应严格执行国家有关的法律、法规和标准，畜禽粪便经过处理达到无害化指标或有关排放标准后才能施用和排放。发生重大疫情畜禽养殖场粪便必须按照国家兽医防疫有关规定处置。

2. 处理场地的要求　新建、扩建和改建畜禽养殖场或养殖小区必须配置畜禽粪便处理设施或畜禽粪便处理场。已建的畜禽养殖场没有处理设施或处理场的，应及时补上。畜禽养殖场（畜禽粪便处理场）的选址禁止在下列区域内建设：生活饮用水水源保护区、风景名胜区、自然保护区的核心区及缓冲区；城市和城镇居民区，包括文教科研区、医疗区、商业区、工业区、游览区等人口集中的地区。

3. 粪便的收集　新建、扩建和改建畜禽养殖场和养殖小区应采用先进的清粪工艺，避免畜禽粪便与冲洗等其他污水混合，减少污染物排放量，已建的养殖场和养殖小区要逐步改进清粪工艺。畜禽粪便收集、运输过程中必须采取防扬散、防流失、防渗漏等环境污染防止措施。

4. 粪便的储存　畜禽养殖场产生的畜禽粪便应设置专门的储存设施。畜禽养殖场、养殖小区或畜禽粪便处理场应分别设置液体和固体废弃物储存设施，畜禽粪便储存设施位置必须距离地表水体 400 m 以上。畜禽粪便储存设施应设置明显标志和围栏等防护措施，保证人畜安全。储存设施必须有足够的空间来储存粪便。在满足下列最小储存体积条件下设置预留空间，一般在能够满足最小容量的前提下将深度或高度增加 0.5 m 以上。对固体粪便储存设施其最小容积为储存期内粪便产生总量和垫料体积总和。对液体粪便储存设施最小容积为储存期内粪便产生量和储存期内污水排放量总和。对于露天液体粪便储存时，必须考虑储存期内降水量。在农田利用时，畜禽粪便储存设施最小容量不能小于当地农业生产使用间隔最长时期内养殖场粪便产生总量。

5. 粪便的处理　禁止未经无害化处理的畜禽粪便直接施入农田。畜禽粪便经过堆肥处理后必须达到表 5-1 的要求。

表 5-1　粪便堆肥无害化卫生标准

项　目	卫生标准
蛔虫卵	死亡率≥95%
粪大肠菌群数	≤10^5 个/kg
苍蝇	有效地控制苍蝇孳生，堆体周围没有活的蛆、蛹或新羽化的成蝇

畜禽固体粪便宜采用条垛式、机械强化槽式和密闭仓式堆肥等技术进行无害化处理，养殖场、养殖小区和畜禽粪便处理场可根据资金、占地等实际情况选用。采用条垛式堆肥，发酵温度在 45 ℃以上的时间不少于 14 d。采用机械强化槽式和密闭仓式堆肥时，保持发酵温度在 50 ℃以上时间不少于 7 d，或发酵温度在 45 ℃以上的时间不少于 14 d。

液态畜禽粪便可以选用沼气发酵、高效厌氧、好氧、自然生物处理等技术进行无害化处理。处理后的上清液和沉淀物应实现农业综合利用，避免产生二次污染。处理后的上清液、沉淀物作为肥料在农业利用时须达到表 5-2 的要求。

表 5-2　液态畜禽粪便厌氧无害化卫生标准

项　目	卫生标准
寄生虫卵	死亡率≥95%
血吸虫卵	在使用粪液中不得检出活的血吸虫卵
粪大肠菌群数	常温沼气发酵≤10 000 个/L，高温沼气发酵≤100 个/L
蚊子、苍蝇	有效地控制蚊蝇孳生，粪液中无孑孓，池的周围无活的蛆、蛹或新羽化的成蝇
沼气池粪渣	达到表 5-1 的要求后方可用作农家肥

二、玉米、高粱、小麦秸秆还田技术

秸秆还田技术是有效提高秸秆肥料化利用、减少温室气体排放、增加碳汇、实现农业资源循环高效利用的一条很好的途径，而且是一项投资少、见效快、效益高的生态农业项目，在国际、国内有着广阔的市场和发展潜力，可改善土壤结构，提升有机质、速效养分含量及代换量等。

根据山西省农业科学院试验，吕梁市土壤有机质矿化率平均为 3.12%。根据目前吕梁市作物产量、地力水平、施肥状况和有机物料供应状况，山西省旱地培肥目标：平川地区和塬坪旱地中高产地，土壤有机质含量以 16～20 g/kg 为宜；梁坡地高中低产地块，土壤有机质含量应该提高到 10～15 g/kg（表 5-3）。

表 5-3　山西省旱地不同目标有机质的施肥量（周怀平）

土壤起始 有机质含量 （g/kg）	维持起始土壤有机质含量一年 需还田的有机物料量（kg/hm²）			3 年后土壤有机质含量提高 1 g/kg， 需每年还田的有机物料量（kg/hm²）		
	各类秸秆（风干）	骡马牛粪（风干）	普通堆肥	各类秸秆（风干）	骡马牛粪（风干）	普通堆肥
10	1 461	1 680	9 045	6 317	8 685	44 880
12	1 905	2 190	11 805	6 761	9 195	47 640
14	2 636	3 015	16 320	7 491	10 035	52 155
16	2 982	3 420	18 480	7 838	10 425	54 315
18	3 333	3 800	20 640	8 189	10 830	56 475
20	3 492	4 005	21 630	8 349	11 010	57 465

不同年份秸秆还田后土壤各养分含量见图 5-1，小麦-玉米秸秆两茬还田对土壤肥力的影响见图 5-2，玉米秸秆还田后对土壤肥力的影响见图 5-3。

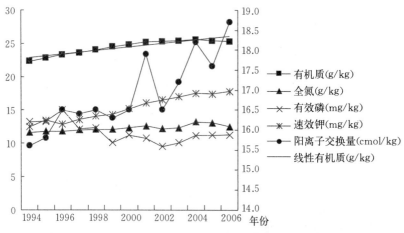

图 5-1　不同年份秸秆还田后土壤各养分含量

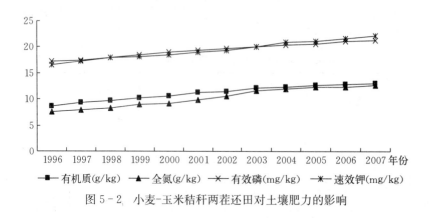

图 5-2　小麦-玉米秸秆两茬还田对土壤肥力的影响

1. 玉米、高粱秸秆机械粉碎旋耕混埋还田技术

（1）作业条件。作物品种应统一。凡是使用玉米、高粱联合收获机收获的地块，种植玉米、高粱的品种应统一，种植行距应统一，以利于机械收获作业。在项目规划区域种植玉米时，根据玉米收获机的

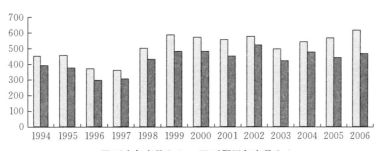

（以上试验数据来自中国农业科学院土肥所徐明岗）

图 5-3　玉米秸秆还田后对土壤肥力的影响

性能特点，应在 55～65 cm 等行距种植，便于机械作业。种植方式应统一。在同一地块内，平作、垄作不交叉，以提高作业质量。

待收玉米、高粱应满足下列要求。玉米、高粱籽粒含水量小于 30％、茎秆含水量在 70％左右、植株倒伏率小于 5％、最低结穗高度大于 60 cm、果穗下垂率小于 15％；收获地块不得有树桩、水沟、石块等障碍物，土壤含水率应适中（以不陷车为宜），并对机组有足够的承载能力；地面坡度不大于 8°。

（2）技术流程。玉米、高粱秸秆机械粉碎旋耕混埋还田技术主要包括以下作业环节：玉米人工摘穗（或机械收获同步粉碎直接还田）→秸秆机械粉碎→撒施底肥和杀菌剂杀虫→旋耕两遍→圆盘播种机进行小麦机械条播。

（3）技术要点。

① 玉米、高粱秸秆粉碎与旋耕。玉米、高粱秸秆粉碎长度应在 5～10 cm、切碎长度合格率达 90％以上、抛撒不均匀率≤20％，地面无明显集堆现象。以 3 年为周期对土地进行翻耕，一年深耕、两年深旋。使用大功率旋耕机旋耕，旋耕深度达 15 cm 左右。采用大功率深耕机深耕，深耕深度在 30 cm 以上，作业最大宽度不超过 60 cm，来回作业间距最大不超过 60 cm。

② 撒施腐熟剂。根据土壤、气候条件（土壤温度在 12 ℃以上、且土壤含水率能保证在 40％以上时），特别是无霜期在 160 d 以下区域准备适时适量施用秸秆腐熟剂，推荐每亩均匀撒施 4 kg 的有机物料腐熟剂，或按 1 kg 秸秆施用 2 亿个以上有效活菌数（CFU）来计算确定秸秆腐熟剂量。撒施腐熟剂要选无风天气作业，可以掺细土撒施，不能与肥料掺在一起撒施。

③ 增施氮肥。秸秆还田初期往往会发生微生物与农作物争夺速效养分的现象，使农作物黄苗不发，应补施一定量的氮肥，促进秸秆腐烂分解。可选择增施尿素等氮肥以调节碳氮比，施用量要根据配方施肥建议和还田秸秆有效养分量确定，酌情减少磷肥、钾肥和中微量元素肥料，适量增加氮肥基施比例，将碳氮比调至（20～40）∶1。一般每亩还田 500 kg 秸秆时，需补施 4.5 kg 纯氮和 1.5 kg 纯磷。

2. 麦豆两熟小麦秸秆机械粉碎（或直接还田）旋耕混埋还田技术

（1）技术流程。麦豆两熟小麦秸秆机械粉碎旋耕混埋还田技术主要包括以下作业环节：小麦机收→秸秆粉碎＋均匀抛撒→旋耕机旋耕还田→平整土地→后茬作物。

（2）技术要点。

① 采用小麦联合收割机自带粉碎装置对秸秆直接切碎，并均匀抛撒覆盖于地表，割茬高度≤15 cm，小麦秸秆切碎长度≤10 cm，切断长度合格率≥95％，抛撒不均匀率≤20％，漏切率≤1.5％，旋耕深度≥12 cm。

② 机具配备。小麦联合收割机的发动机应满足自带粉碎装置对动力的需求；小麦播种机的性能应满足当地农艺要求；旋耕机和小麦播种机作业时应配套适宜动力的拖拉机。

（3）适宜耕作制度。该技术适于平川小麦收获后种植豆类（绿豆、黄豆等）作物的区域，以及小麦一熟地区。

三、商品有机肥生产加工技术

有机肥的分类：精制有机肥、生物有机肥、复合微生物肥料。

有机肥形态：颗粒状（圆柱形、圆形）、粉状。

生物有机肥制造基料：各种畜禽粪便、作物秸秆、生活垃圾等。

精制有机肥制造基料：羊粪或鸡粪 70%、菌棒或醋渣占 20%、腐植酸钾残渣（含量 3.3%）10%。

辅料：添加剂、防臭剂及各类有益菌等。

肥料是作物生长不可或缺的投入品。然而，肥料原料中可能含有部分有毒有害物质，若不充分无害化处理，施用后则可能危害土壤健康，甚至威胁农产品质量安全。肥料中潜在的安全隐患包括 3 个方面：致病生物污染、重金属污染和抗生素污染。

（一）常见制造有机肥的有机废弃物种类

1. 畜粪 畜粪指猪粪、牛粪、马粪、羊粪等。猪粪含氮素较多，牛粪的养分含量在各种家畜中最低，马粪成分中以纤维素、半纤维素含量较多，羊粪有机质含量比其他畜粪多。畜粪须发酵腐熟后才能使用。

2. 禽粪 禽粪是鸡粪、鸭粪、鹅粪、鸽粪等的总称。禽粪是容易腐熟的有机肥料。禽粪中的氮素以尿酸态为主，尿酸不能直接被作物吸收利用，而且对作物根系生长有害。同时，新鲜禽粪容易招引地下害虫。因此，禽粪作肥料必须发酵腐熟后才能施用。腐熟的禽粪可作基肥、追肥、种肥。

3. 作物秸秆 主要是玉米秸秆和小麦秸秆。玉米秸秆平均养分含量为：粗有机物 871.0 g/kg（烘干基）、有机碳 444.0 g/kg、全氮（N）9.0 g/kg、全磷（P）1 500 mg/kg、全钾（K）11 800 mg/kg。小麦秸秆平均养分含量为：粗有机物 830.0 g/kg（烘干基）、有机碳 399.0 g/kg、全氮（N）6.5 g/kg、全磷（P）800 mg/kg、全钾（K）10 500 mg/kg。

4. 饼肥 饼肥是油料的种子经榨油后剩下的残渣，这些残渣可作肥料施用。饼肥是含氮量比较多的有机肥料，饼肥要经过发酵腐熟才能施用。饼肥可作基肥和追肥。

（二）畜禽粪便发酵腐熟注意的几个问题

1. 碳氮比（C/N）碳氮比对微生物的生长代谢起着重要的作用。若碳氮比低，则微生物分解速度快，温度上升迅速，堆肥周期短；若碳氮比过高，则微生物分解速度缓慢，温度上升慢，堆肥周期长。不同碳氮比对猪粪堆肥 NH_3 挥发和腐熟度的影响：低碳氮比的 NH_3 挥发明显大于高碳氮比处理，说明碳氮比越低，其氮素损失越大；低碳氮比堆肥盐分过高，会抑制种子发芽率，而高碳氮比会导致堆肥肥料养分含量不达标。综合考虑各方面因素，堆肥的碳氮比控制在（25～30）:1 为宜。在禽畜粪便堆肥过程中，碳源被消耗，转化为 CO_2 和腐殖质，氮则主要以 NH_3 的形态散失，或者转化为硝酸盐和亚硝酸盐，或为微生物生长代谢所吸收。因此，碳和氮的变化是反映堆肥发酵过程变化的重要特征，总碳含量和总氮含量均呈下降趋势，且总碳含量下降速度大于总氮含量。而碳氮比，则是用来判断堆肥反应是否达到腐熟的重要指标，C/N 变化在总体上呈现出缓慢下降趋势。从腐熟堆肥理论上讲应趋于微生物菌体的碳氮比，即 16:1 左右。一般认为，C/N 从最初的（25～30）:1 或更高降低到（15～20）:1，表示堆肥已经腐熟，达到稳定程度。

2. 水分 水分是影响有机物料腐熟剂中特定微生物活动和物料腐熟快慢的重要因素。水分有利于特定微生物和养分在料堆内的流动，调节料堆内的通气条件。对含有大量作物秸秆的物料，适宜的含水量能使物料吸水膨胀而软化，有利于特定微生物的分解。但水分过高影响料堆的通气性，极易造成厌氧状态，抑制特定微生物的活性。适宜的含水量为原料湿重的 45%～55%，就是用手紧握时以稍有液体挤出而不下滴为宜。若物料水分达不到有机物料腐熟剂处理要求时，必须进行水分调节。水分含量低于 45% 的畜禽粪便，可使其与含水量相对高的粪便混合堆置 4～8 h，使其含水量调节在适宜范围后添加有机物料腐熟剂。水分含量高于 55% 的物料，则需要加入锯末、秸秆粉等干燥物料调节水分。水分含量高于 80% 的物料，需要采用固液分离系统等机械方法减少含水量。

3. 温度 微生物是一种活的生物体，各种微生物都有其自身生长繁殖的最适宜温度范围。嫌气性微生物适宜温度为 25～35 ℃，好气性微生物适宜温度为 40～50 ℃，好热性微生物适宜温度为 60～65 ℃。有机物料腐熟剂含有能分别适应各温区的特定微生物，在发酵过程中，有机物料腐熟剂中特定微生物的适宜温度为 20～60 ℃，过高或过低都会影响发酵效果。冬季环境温度较低，必须通过人工加温等措施来提高发酵环境温度，同时适当加大料堆体积以利保温。当料堆温度超过 70 ℃，低温区微生物就会死亡，而高温区微生物也会降低活性，必须通过翻堆来进行调节。环境温度对物料堆置初期的起始升温影响不大，但对有机物料腐熟剂中特定微生物的活动至关重要。一般环境温度在 10 ℃左右时，特定微生物的活动减慢。当温度持续下降到 5 ℃以下时，特定微生物基本停止生长。此时如果不通过人为方法提高环境温度，有机物料腐熟剂就不会分解有机物料。

4. 添加腐熟剂　有机物料腐熟剂的基本类型及特点。目前，国内外有机物料腐熟剂产品很多，主要分为好氧性和厌氧性有机物料腐熟剂两大类型。好氧性有机物料腐熟剂在使用中必须使空气流通，满足对氧气的需求；而厌氧性有机物料腐熟剂在使用中必须创造密闭条件，使空气不能流通，没有氧气供给。由于两大类型产品性质不同，因而在使用中的条件、技术及工艺也截然不同。

每一种有机物料腐熟剂都有它的一些特性，现以山西农业大学研发的有机物料腐熟剂为例，介绍畜禽粪便腐熟方法。该产品属于有机物料腐熟剂，腐菌酵素使用该腐熟剂对作物秸秆、畜禽粪便等有机物料进行发酵腐熟，具有杀菌、杀虫、稳定、除臭等功能。该腐熟剂具有启动快、温度高的特点，发酵温度可达 60～80 ℃，高温期维持 7 d 以上。可以高效杀灭大肠杆菌、青枯假单胞菌、立枯丝核菌、镰刀菌、赤星病等土传性病害以及蛔虫卵、线虫卵、杂草种子等，杀灭率达到 99％以上，有效减轻了各种植物病虫害的危害，充分实现有机物料的无害化处理。腐熟剂中有针对畜禽粪便中臭气物质的发酵除臭菌剂，光合细菌可以迅速消除物料中的氨气、硫化氢、腐胺等恶臭物质，净化环境。

腐熟剂中的有益微生物类群可以分泌生物酶、活性肽，充分腐熟有机养分，降解纤维素、木质素等高分子有机物，稳定有机物料中的糖以及小分子的含氮化合物，形成养分释放的长效机制，彻底解决生鸡粪烧苗、病害严重等问题。经过菌剂充分腐熟的生物有机肥，可以激活土壤的生物活性，形成使土地肥沃的腐植酸、微量元素等多种营养物质，改善土壤的团粒结构，形成土壤生物有机缓冲体系，增强作物的抗逆性，提高产量，改善品质。该腐熟剂含有多种芽孢杆菌、细黄链霉菌、黑曲霉、木霉菌、光合细菌、乳酸菌、醋酸菌等活性菌种，同时还含有苏云金芽孢杆菌和阿维菌素放线菌，能快速杀灭幼虫和卵，具有一定的灭虫、灭蝇功效，该产品属于好氧和厌氧兼备的混合型发酵腐熟类型。有效活菌数高可达 20 亿/g，可有效发酵腐熟鸡、牛、羊、猪等畜禽粪便以及玉米秸、麦秸等，适用范围广。

5. 肥料中生物污染控制　肥料的致病生物包括肠道菌、病毒及寄生虫三大类。肠道菌以粪大肠菌群为主，包括肠球菌、肠杆菌，来自人畜消化道，残留于新鲜人畜粪便。病毒包括人畜感染的禽流感、戊型肝炎、口蹄疫、马立克氏病等 30 余种。寄生虫主要指人畜体内排出的蛔虫、隐孢子虫、弓形虫等数十种。

上述致病生物大多可交叉感染人畜，具有很强的致病性，残存于未经腐熟或未充分腐熟的有机肥中。随着施肥致病生物进入农田土壤，在灌溉或降水时向地表、地下水体输入，或通过空气对流释放到大气中，引发农田近水域或近地面的次生生物污染；并且可在作物根部残留，向地上部迁移，在作物的可食部位积累，造成生物污染。除了致病生物，畜禽粪肥中还可能残留根肿菌休眠孢子，进入农田后感染十字花科植物根部，引起严重的土传性病害。

（1）肥料中生物污染的控制技术。人畜粪便中的致病生物在不经任何处理的情况下可长期存在，自然堆肥也需要数月才可有效控制。因此，以含致病生物的人畜粪便为原料进行有机肥生产时，需要采用高温好氧堆肥、厌氧发酵、化学杀菌、生物技术和田间消毒等技术措施，强化致病生物的无害化处理，确保有机肥的生物安全。各种技术方法见表 5-4。

表 5-4　生物污染控制技术要点及优缺点

技术类型	技术要点	优缺点
高温好氧堆肥	环境温度在 0 ℃以上，物料碳氮比为（25～30）∶1，含水量控制在 60％左右。露天堆肥必须保持 55 ℃以上高温至少 15 d，且至少翻堆 5 次；室内封闭堆肥 55 ℃以上高温连续保持 3 d 以上	效果显著、比较耗时、耗力
厌氧发酵	杀灭不同类别致病生物所需时间相差很大，对虫卵的效果最为缓慢，通常需要 40 d 左右才可达到 90％的去除率；建议密闭厌氧发酵技术保持厌氧发酵 40 d 以上	效果缓慢，耗时

（续）

技术类型	技术要点	优缺点
化学杀菌	石灰氮处理技术：2.5%～3.0%的石灰氮反应48 h；酸碱快速升温处理技术：3%石灰石粉＋4%浓硫酸；尿素处理技术：添加尿素可有效杀死绝大多数大肠杆菌、沙门氏菌和肠球菌	省时、省力、效果显著，但是会延缓有机质的腐熟进程
田间消毒	施用石灰调节土壤pH，可有效抑制土壤中休眠孢子萌发；用石灰氮消灭土壤中病原微生物，未经堆制处理的粪便施用期与作物收获期应间隔4个月以上	可能危害土壤中的土著微生物

我国发布了一系列国家标准和行业标准，严格限定了商品肥料中粪大肠菌群和蛔虫卵死亡率的数量，规定商品有机肥、有机-无机复混肥、复合微生物肥、生物有机肥中粪大肠菌群数应在100个/g以内，蛔虫卵死亡率达到95%以上（表5-5）。

表5-5 不同类别肥料中生物污染源指标控制标准

肥料种类	粪大肠菌样数（个/g）	蛔虫卵死亡率（%）	依据标准
有机肥	≤100	≥95	NY/T 525—2021
有机-无机复混肥	≤I00	≥95	GB 18877—2009
复合微生物肥	≤100	≥95	NY/T 798—2015
生物有机肥	≤100	≥95	NY 884—2012

（2）肥料中重金属污染控制技术。

① 肥料中重金属的来源及其危害。肥料中重金属主要来源于生产原料，化肥中重金属主要来源于磷、钾矿石。磷矿石中重金属含量相对较高，以铜和锌为主，部分矿石中镍和镉含量也较高。有机肥中重金属主要来源于畜禽粪便中微量金属和类金属饲料添加剂的残留，或者污水处理厂的污泥（国家不允许其作为有机肥原料进入农田）。污泥中细菌吸收、细菌和矿物颗粒表面吸附，以及无机盐（磷酸盐、硫酸盐）的沉淀等，常使污泥中含有大量重金属。

② 长期施用重金属含量超标的肥料产生的危害。增加土壤重金属总量；肥料可与土壤中金属络合或螯合形成水溶性化合物或胶体，增加重金属的可溶性；影响作物生长和质量安全。土壤中的重金属可转化为水溶态、变成作物可利用的形态，增加重金属在农产品中积累的风险。肥料中重金属输入土壤的迁移过程：添加剂→残留于畜禽粪污直接还田粪污→好氧堆肥后还田厌氧发酵后还田→向作物传递→餐桌→人体肥料化→危害农田土壤生物与土壤健康。

③ 化肥中重金属污染的控制技术。化肥需要根据矿石原料中的重金属含量进行工艺筛选甚至重金属预处理。需要对矿石原料的重金属含量进行初步测试，并根据原料中重金属含量确定生产工艺。对重金属含量较低的矿石，考虑运用酸法生产钙镁磷肥；对重金属含量中等的矿石，则推荐运用热法生产过磷酸钙类磷肥；对重金属含量较高的矿石，则需要进行重金属预处理后才能制作化肥。目前，比较看好的重金属处理技术是溶剂萃取法和无水硫酸钙共结晶法，但这两种方法成本较高。近年来，离子交换法逐渐被关注和重视。

④ 有机肥中重金属污染的控制技术。有机肥中重金属污染的控制技术包括生物发酵、生物吸附、化学活化去除、电化学法和钝化技术，见表5-6。

表5-6 重金属污染控制技术要点及优缺点

技术类型	技术要点	优缺点
生物发酵	无论好氧还是厌氧，均需促进腐殖质形成，促使重金属由可移动态向更加稳定的低生物有效性形态转变，对有机肥原料中的重金属进行钝化固定	难以降低重金属总量
生物吸附	利用芽孢杆菌、啤酒酵母菌、藻类等微生物制备生物吸附剂，吸附肥料加工原料中的重金属	仍处于研究阶段，多离子共吸附效果不确定

（续）

技术类型	技术要点	优缺点
化学活化	肥料加工原料中加入酸（盐酸、硫酸、硝酸）、表面活性剂、有机络合剂（EDTA、柠檬酸等），促使原料中重金属向可溶态转化，然后进一步化学淋洗去除重金属	成本比较高
电化学法	将电极插入粪便，施加微弱直流电形成直流电场，粪便内部的矿物质颗粒、重金属离子及其化合物、有机物等在直流电场的作用下，发生一系列复杂的反应，通过电迁移、对流、自由扩散等方式发生迁移，富集到电极两端	对可交换态或溶解态的重金属去除效果较好，但对不溶态的重金属首先需改变其存在状态，使其溶解才能将其去除
钝化技术	钝化剂种类有碳酸钙、沸石、海泡石、膨润土、粉煤灰、生物炭、腐植酸、泥炭等；用量：2.5%沸石与2.5%粉煤灰同时添加，可钝化70%~80%的砷、铜、锌；7.5%海泡石或2.5%煤灰与5%磷矿石同时添加，可钝化猪粪中大多数重金属	钝化成本较低，还可以提供给作物钙、镁等其他养分；缺点是钝化的重金属仍在有机肥中，并未从有机肥中去除。如果施入土壤后，还会增加土壤重金属的含量，且很难消除

⑤ 重金属控制标准。为了控制肥料原料中重金属向农业生态系统的输入，我国1987年制定了城镇生活垃圾农用时砷、镉、铅、铬、汞5种重金属元素的限量标准，随后制定了有机肥料、有机-无机复混肥、复合微生物肥、生物有机肥、水溶肥5种类型肥料中重金属限量值，并不断修改完善控制指标。主要重金属控制指标见表5-7。

表5-7　不同类型肥料的重金属控制标准

单位：mg/kg

肥料种类	砷及其化合物（以As计）	镉及其化合物（以Cd计）	铅及其化合物（以Pb计）	铬及其化合物（以Cri计）	汞及其化合物（以Hg计）	依据标准
有机肥	≤15（干基）	≤3（干基）	≤50（干基）	≤150（干基）	≤2（干基）	NY/T 525—2021
有机-无机复混肥	≤50	≤10	≤150	≤500	≤5	GB 18877—2009
复合微生物肥	≤75	≤10	≤100	≤150	≤5	NY/T 798—2015
生物有机肥	≤15（干基）	≤3（干基）	≤50（干基）	≤150（干基）	≤2（干基）	NY 884—2012
水溶性肥	≤10	≤10	≤50	≤50	≤5	NY 1110—2010

（3）肥料中抗生素污染的控制技术。

肥料中抗生素污染导致的危害。一是污染土壤。抗生素与黏土矿物、铁锰氧化物发生界面化学作用，或者与有机质通过氢键、疏水性分配或者静电结合而被吸附固定，在土壤中残留。二是影响土壤健康。抗生素抑制土壤细菌生长，降低微生物对碳源的利用能力，抑制土壤酶活性，影响土壤呼吸，影响固氮菌、解磷菌、放线菌等土著微生物活动。三是引发抗性菌和抗性基因污染。肥料中抗生素引起抗性菌和抗性基因向农出传输，土壤微生物持续暴露于抗生素中会产生抗性基因。四是影响作物生长和农产品质量安全。抗生素会降低种子发芽率，影响作物根系生长，向作物的根部迁移，并向作物地上部运输。

鉴于集约化养殖场粪污抗生素和抗药微生物污染形势十分严峻，有必要加强肥料中抗生素在源头的控制与无害化处理。常用的处理方式包括：源头减抗、好氧堆肥和厌氧发酵。畜禽粪污中抗生素污染控制技术见表5-8。

表5-8　畜禽粪污中抗生素污染控制技术

技术类型	效果	技术要点
源头减抗	尚处于研究阶段	一是开发酶制剂、益生素等新型生物产品，用以替代抗生素的促生长作用 二是改善养殖场环境，降低疾病预防对抗生素的依赖 三是规范兽药抗生素使用办法，加强使用监管

（续）

技术类型	效果	技术要点
好氧堆肥	去除效果与药物类别有关，磺胺嘧啶经过3 d的堆肥可全部去除，金霉素经过21 d堆肥可以全部去除，环丙沙星堆肥21 d的去除率为69%～83%，泰乐菌素堆肥35 d以后降解率为76%，而磺胺二甲基嘧啶在整个堆肥过程中无法被降解	分解程度受堆肥温度、碳氮比、氧气含量的影响 建议尽量提高堆肥温度，延长堆肥时间。对大多数抗生素而言，碳氮比为25：1的降解率最高，碳氮比为30：1的次之，碳氮比为20：1的最小，因此，建议畜禽粪便堆肥中将初始碳氮比调节在25：1左右。翻堆和机械通风有利于这些抗生素药物的降解，建议堆肥过程中视温度变化适当进行翻堆2～3次
厌氧发酵	效果不如高温好氧堆肥，而且不同类别药物在粪污厌氧发酵中的降解程度差异很大，四环素、金霉素、土霉素在粪污厌氧发酵过程的半衰期分别为2～105 d、18 d和56 d。粪污中磺胺嘧啶、磺胺甲基嘧啶、磺胺甲恶唑、磺胺地拖辛、甲氧苄啶、磺胺甲氧二嗪厌氧发酵15 d左右几乎可以完全去除，而磺胺噻唑、磺胺二甲基嘧啶和磺胺氯哒嗪几乎无法被降解	建议不断补充挥发性固体，提高温度进行高温发酵，延长发酵时间至60 d左右

6. 有机肥制作方法

（1）备料。

① 粪便。人、畜、禽等粪便都可以用于发酵，可根据当地具体情况选择使用。在使用之前需要进行筛分，去除大块的颗粒物质，如铁器、石头等。

② 辅料。辅料的功能是调节发酵物料的碳氮比及水分含量，增强物料的透气性和松散性。辅料的合理使用，可以增强发酵效果，还可以有效降低氮损失，减少臭气的产生。各种作物秸秆，包括玉米秸、麦秸、花生壳、玉米芯、青草粉等均可作为辅料进行发酵腐熟。

根据发酵腐熟的目的要求，需要对秸秆进行粉碎使用。如直接作为底肥施用的，秸秆可以适当长一些；如发酵后需要进一步造粒的，对辅料粒度的要求高，一般为1～2 mm。

③ 菌剂。有机物料腐熟剂应根据需要处理的粪便和秸秆的类型和数量，确定用量。对于纤维素、木质素或者果胶等非淀粉多糖含量高的辅料，尽量选择专门设计的且有针对性的发酵菌剂。

（2）预混。

① 比例。将粪便与辅料混合的原则是两者混合后，混合物料达到适宜腐熟发酵的碳氮比，一般碳氮比控制在（25～30）：1为宜，这样有助于促进发酵，保存氮素营养。

② 水分。固体物料的水分含量在45%～55%的时候，最适合于微生物生长和发酵腐熟。一般根据粪便的含水量添加适当的辅料，使含水量达到上述范围。如果粪便水分含量过低，则要适当补水。水分含量在45%左右时，物料呈松散状，用手握即可成团，用力捏会有水滴，松手团块可保持形状，轻轻摇晃即可均匀散开。水分含量过大，则物料的黏度增大，透气性降低，供氧气不足。轻者影响发酵菌剂的活性，可表现出发酵启动慢、不升温、延长发酵周期；重者抑制腐熟功能菌剂的活性，导致厌氧微生物的大量繁殖，造成物料的厌氧腐败，产生恶臭，有机养分损失严重，发酵失败。因此，应严格控制水分不过量。水分含量太低，则微生物生长和发酵所需要的水分基质不足，导致微生物菌剂的活性不足、菌数少，无法形成优势菌群，物料发酵不彻底。直接表现是升温慢，发酵温度不高，一般不超过60 ℃，杀菌、除臭、稳定等功能不能发挥，物料腐熟程度低，存在严重的使用安全隐患。

③ 菌剂。菌剂用量为每1 000 kg物料（干重）添加1 000 g，按照鲜料计算，则每1 000 kg物料加300～500 g菌剂即可。菌剂用量可根据需要适当扩大，用量越多，发酵速度越快，腐熟效果越好；菌剂用量过少则达不到应有的发酵效果，升温慢、温度低，会导致发酵失败。在拌料前，先将腐熟剂与温水（30 ℃左右）按照1：10的比例搅拌混匀，活化2～4 h。腐熟剂中的有益微生物会被激活，进入快速生长和繁殖状态，有益菌数呈几何级数增加，可增加10～100倍。将活化好的菌剂先与辅料充分混匀，然后按照搅拌次数分成几份，与粪便充分搅拌混匀，使之分散均匀，再与物料充分接触。该腐熟剂也可直接与有机质混合使用，不需进行活化扩增。用量为每2～3 m³ 有机物，配腐菌酵素2 kg即可。菌剂与

物料的充分混匀是发酵成功的关键。

④ 温度。在春、夏、秋三季都可以迅速启动发酵，而在冬季气温很低的情况下，启动速度会慢一些（温度达到 50 ℃所需要的时间会晚 1~2 d）。建议在冬季用温水活化菌种，调节物料水分和温度，会有效启动发酵，缩短发酵周期。

（3）发酵。

① 将混合均匀的物料堆积成高 0.8~1.2 m、宽 2~3 m，长度不限、松散的梯形条垛，一般料堆体积不小于 2.0 m³。

② 料堆体积过小会导致散热过快，不利于积温，无法达到高温腐熟，杀菌、杀虫的目的。

③ 料堆要保持松散通气，不要拍实。

④ 露天堆腐的时候要注意避免雨淋，否则会造成养分的流失。

⑤ 在发酵后期，水分降低，对于直接使用者，可以适当补水以增强腐熟效果。

（4）过程控制。

① 发酵前期为中低温阶段，菌剂开始生长繁殖。此阶段夏季 1~2 d、冬季 2~4 d，臭气较重，发酵物料温度会慢慢上升到 50 ℃以上。

② 发酵中期是高温阶段，菌剂快速增殖，温度迅速上升到 50 ℃以上，最高温度可达 60~70 ℃，并可维持 7~10 d。此阶段菌剂数量达到最大，发酵效果剧烈，病菌害虫被杀灭，速效养分被固定，大分子物质被降解，腐殖质形成，臭气慢慢降低。建议温度达到 60 ℃，开始翻堆一次；当温度再次达到 60 ℃，再进行翻堆；温度最好不超过 60 ℃，直至有机物料均匀腐熟。

③ 发酵后期是降温阶段。经过高温阶段，绝大多数微生物和病虫害都已经被杀灭，只有腐熟剂中特定的高温功能菌剂存活下来。温度呈缓慢下降趋势，微生物菌剂数量也急剧下降。当温度降低到 40 ℃以下，可视为到达发酵终点，进入下一步加工环节。

④ 充分腐熟的有机肥，物料松散、黑褐色、无氨味、无异臭，有肥沃土壤的泥腥味，发酵效果好的略带酒香味。

⑤ 整个发酵过程夏季 10~15 d、冬季 40~60 d，要达到育苗标准，腐熟时间不能低于 30 d。

⑥ 精细的有机肥料生产需要严格的过程参数控制，若是户型发酵有机肥自用则可以适当放宽条件。

⑦ 生物有机肥加入需要的功能菌剂，复合微生物有机肥加入复合菌剂混匀进行造粒制作工艺，就可制成有机肥。一是有机质含量：有机肥有机质含量要求（≥30%）、生物有机肥有机质含量要求（≥40%）均对有机质的含量做了明确的规定，而微生物菌剂则没有明确规定；二是有效活菌数：生物有机肥（2 000 万个/g）和微生物菌剂对有效活菌数做了明确规定，微生物菌剂的数量要求更高，而有机肥因为生产过程中没有特别要求添加功能微生物，故没有要求；三是有效期：生物有机肥和微生物菌剂明确规定了有效期，主要原因是产品中添加的功能微生物具有特定的有效时间，如果微生物失活，将不具备或降低相应产品具有的功能和效果。

⑧ 三种肥料的主要功能。一是有机肥侧重增加土壤有机质含量，改善土壤肥力；二是微生物菌剂侧重的是微生物，本身并不具备或者具备少量营养成分，且主要用于作为微生物的载体，通过依靠微生物的生理代谢活动，促进土壤中有机肥、化肥、矿物质养分的释放，微生物的次生代谢物含有较多的氨基酸、激素类等物质，可以有效地改善作物的品质，提高作物的抗性，同时还可以抑制土壤中有害菌的滋生，调节土壤理化性状；三是生物有机肥是兼具微生物肥和有机肥效应的产品，既含有功能微生物，也含有一定量的有机质及营养物质。

（牛建中）

第三节　配方肥及使用技术

在作物需要的所有营养成分中，氮、磷、钾三种养分需要量最大，对作物生长及产量影响最大，所以称为作物营养的三要素。但是，不同作物对各养分所需要的数量也不相同，具有选择性吸收的特点，如小麦、玉米、谷子、高粱等是生产淀粉和蛋白质为主的禾谷类作物，这类作物对氮的需要量较大，磷、钾次之；甘薯、马铃薯等作物为了促进地下块根、块茎中糖类的积累合成，对磷、钾需要量较大，氮次之；大豆等豆科作物对磷的需要量比一般作物多，因为磷能促进根瘤的生长繁殖，提高根瘤的固氮能力；而蔬菜类作物是以生产叶为主的，对氮的需要量比任何作物都大。作物的需肥特性告诉我们，对于不同的作物要选择不同的肥料搭配施用。微量元素虽然在作物体内只占干物重的万分之几，但缺少它们与缺少氮、磷、钾一样，会严重影响作物生长发育，降低产量。例如，玉米缺锌就会出现"白苗症"；小麦缺硼会产生"花而不实"，造成减产甚至绝产；大豆缺钼，植株生长矮小。不同的作物对不同的微量元素敏感程度不同，因此在施用大量元素肥料的同时，还要根据不同的作物配合施用不同的微量元素肥料。

一、养分平衡法

1. 基本原理与计算方法 根据作物目标产量需肥量与土壤供肥量之差估算施肥量，计算方法为：

$$施肥量（kg/亩）=\frac{目标产量所需养分总量（kg/亩）-土壤供肥量（kg/亩）}{肥料中养分含量（\%）×肥料当季利用率（\%）}$$

养分平衡法涉及目标产量、作物需肥量、土壤供肥量、肥料利用率和肥料中有效养分含量五大参数。目标产量确定后因土壤供肥量的确定方法不同，形成了地力差减法和土壤有效养分校正系数法两种。

地力差减法是根据作物目标产量与基础产量之差来计算施肥量的一种方法。其计算方法为：

$$施肥量（kg/亩）=\frac{目标产量所需养分吸收量（kg/亩）-缺素区土壤供肥量（kg/亩）}{肥料中养分含量（\%）×肥料利用率（\%）}$$

土壤有效养分校正系数法是通过测定土壤有效养分含量来计算施肥量。其计算方法为：

$$施肥量（kg/亩）=\frac{作物单位产量养分吸收量×目标产量-土壤测试值×0.15×土壤有效养分校正系数}{肥料中养分含量×肥料利用率}$$

2. 有关参数的确定

（1）目标产量。目标产量可采用平均单产法来确定。平均单产法是利用施肥区前3年平均单产和年递增率为基础确定目标产量，一般粮食作物的递增率为10%～15%。其计算方法为：

$$目标产量（kg/亩）=[1+递增率（\%）]×前3年平均单产（kg/亩）$$

（2）作物需肥量。通过对正常成熟的农作物全株养分的分析，测定各种作物100 kg经济产量所需养分量，乘以目标常量即可获得作物需肥量。

$$作物目标产量所需养分量（kg）=\frac{目标产量（kg）}{100}×100\ kg产量所需养分量（kg）$$

（3）土壤供肥量。土壤供肥量可以通过测定基础产量、土壤有效养分校正系数两种方法估算。

通过基础产量估算（处理1产量）：不施肥区作物所吸收的养分量作为土壤供肥量。

$$土壤供肥量（kg）=\frac{不施养分区农作物产量（kg）}{100}×100\ kg产量所需养分量（kg）$$

（4）肥料利用率。一般通过差减法来计算：利用施肥区作物吸收的养分量减去不施肥区农作物吸收的养分量，其差值视为肥料供应的养分量，再除以所用肥料养分量就是肥料利用率。

$$肥料利用率（\%）=\frac{施肥区农作物吸收养分量（kg/亩）-缺素区农作物吸收养分量（kg/亩）}{肥料施用量（kg/亩）×肥料中养分含量（\%）}×100$$

二、主要作物审定的配方

1. 玉米

推荐配方1：$N-P_2O_5-K_2O$ 为22-15-5适用于土壤速效钾含量小于100 mg/kg的地块；配方 $N-P_2O_5-K_2O$ 为20-15-0适用于土壤速效钾含量大于100 mg/kg的地块。

在秸秆粉碎还田、亩施充分腐熟农家肥2～3 m³ 或精制有机肥200～300 kg的基础上，亩产300～400 kg田亩施30～35 kg配方肥，亩产400～500 kg田亩施35～40 kg配方肥，亩产500 kg以上田亩施40～50 kg配方肥。

推荐配方 2：有机-无机复混肥 $N-P_2O_5-K_2O$ 为 18-7-5，有机质≥15％（或相近配方），适用于亩产 400～500 kg 的地块，在秸秆粉碎还田、亩施充分腐熟农家肥 2～3 m³ 或精制有机肥 200～300 kg 的基础上，亩施有机-无机复混肥 40 kg、大喇叭口期随降雨追施尿素 8～10 kg/亩。

推荐配方 3：$N-P_2O_5-K_2O$ 为 22-12-5 或相近配方，适用于亩产 500～700 kg 的地块。在秸秆粉碎还田、亩施充分腐熟农家肥 3～4 m³ 或精制有机肥 300～350 kg 的基础上，亩施配方肥 40 kg、大喇叭口期随降雨追施尿素 8～10 kg/亩。

推荐配方 4：$N-P_2O_5-K_2O$ 为 25-13-6 或相近配方，适用于亩产 700 kg 以上的地块。在秸秆粉碎还田、亩施充分腐熟农家肥 3～4 m³ 或精制有机肥 300～350 kg 的基础上，亩施配方肥 40 kg、大喇叭口期随降雨或灌溉追施尿素 10～13 kg。

2. 谷子

推荐配方：$N-P_2O_5-K_2O$ 为 22-15-6，掺混肥含 30％缓释尿素或相近配方，在亩施充分腐熟农家肥 2～3 m³ 或精制有机肥 200～300 kg 的基础上，亩产 200 kg 以下的地块亩施配方肥 30 kg，亩产 200～250 kg 的地块亩施配方肥 30～40 kg，亩产 250～300 kg 的地块亩施配方肥 40～45 kg，亩产 300 kg 以上的地块亩施配方肥 50 kg。

3. 大豆

推荐配方：$N-P_2O_5-K_2O$ 为 15-18-5 或相近配方，亩产 60 kg 以下的地块施配方肥 15 kg，亩产 60～90 kg 的地块亩施配方肥 15～20 kg，亩产 90～120 kg 的地块亩施配方肥 20～25 kg，亩产 120 kg 以上的地块亩施配方肥 30 kg。

4. 高粱

推荐配方 1：$N-P_2O_5-K_2O$ 为 26-13-6 或相近配方，适用于亩产 600 kg 以上的地块。在秸秆粉碎还田、亩施充分腐熟农家肥 3～4 m³ 或精制有机肥 300～350 kg 的基础上，亩施配方肥 40 kg、孕穗期随降雨或灌溉追施尿素 8～12 kg/亩。

推荐配方 2：有机-无机复混肥 $N-P_2O_5-K_2O$ 为 18-7-5（有机质≥15％）或相近配方，适用于亩产 400～600 kg 的地块，在秸秆粉碎还田、亩施充分腐熟农家肥 2～3 m³ 或精制有机肥 200～300 kg 的基础上，亩施有机-无机复混肥 40 kg，孕穗期随降雨或灌溉追施尿素 8～12 kg/亩。

5. 马铃薯

推荐配方 1：$N-P_2O_5-K_2O$ 为 20-10-15 或相近配方，在亩施充分腐熟农家肥 2～3 m³ 或精制有机肥 200～300 kg 的基础上，亩产 1 500 kg 以下的块地亩施配方肥 35 kg，亩产 1 500～2 000 kg 的地块施配方肥 40 kg，亩产 2 000～2 500 kg 的地块施配方肥 45 kg，亩产 2 500 kg 以上的地块亩施配方肥 50 kg。

推荐配方 2：$N-P_2O_5-K_2O$ 为 18-9-18 或相近配方，适用于亩产 1 500～2 000 kg 的地块，在亩施充分腐熟农家肥 3～4 m³ 或精制有机肥 200～300 kg 的基础上，亩施配方肥 40～50 kg 做底肥。

6. 核桃

推荐配方 1：$N-P_2O_5-K_2O$ 为 18-12-10 或相近配方，适用于 4 年以下树龄，在亩施充分腐熟农家肥 2～3 m³ 或精制有机肥 200～300 kg 的基础上，亩施配方肥 30～40 kg。

推荐配方 2：$N-P_2O_5-K_2O$ 为 25-15-11 或相近配方，适用于 4～8 年树龄，在亩施充分腐熟农家肥 3～4 m³ 或精制有机肥 300～500 kg 的基础上，亩施配方肥 40～50 kg。

推荐配方 3：$N-P_2O_5-K_2O$ 为 22-12-17 或相近配方，适用于 9 年以上树龄，在亩施充分腐熟农家肥 3～4 m³ 或精制有机肥 300～500 kg 的基础上，亩施配方肥 50～60 kg。

7. 红枣

推荐配方：$N-P_2O_5-K_2O$ 为 20-10-15 或相近配方，在亩施充分腐熟农家肥 2～3 m³ 或精制有机肥 200～300 kg 的基础上，亩产鲜枣 250 kg 以下的地块亩施配方肥 25～30 kg，亩产鲜枣 250～350 kg 的地块亩施配方肥 30～35 kg，亩产鲜枣 350～450 kg 的地块亩施配方肥 35～40 kg，亩产鲜枣 450 kg 以上的地块亩施配方肥 40～50 kg。

三、化肥减量增效

化肥减量不单纯是一个使用数量的减少，更应坚持保障粮食安全和主要农产品有效供给目标不动摇，以全新的理念、科学的思路、强力的措施，着力转变生产发展方式，努力提高化肥的利用率，走出一条高产高效、节本增效、环境友好的可持续发展之路。具体的措施如下：

1. 调优结构减量　重点是"两优化"：优化氮磷钾配比，促进大量元素与中微量元素的配合。优化肥料结构，加快推广配方肥、缓释肥（配方肥中尿素进行硫包衣或与硝化抑制剂或脲酶抑制剂复配，可有效减少氮素流失，提高肥料中氮的利用率，亦可减少追肥）、有机-无机复混肥、水溶性肥、生物肥等新型肥料。

2. 精准施肥减量　重点是两个方面：一是提高配方肥到位率。深入推进测土配方施肥，扩展实施范围，由粮食作物扩展到设施农业及蔬菜、果树等经济作物和园艺作物。推进农企对接，在粮食主产区和园艺作物优势产区开展大范围的配方肥进村入户。二是推广机械深施等技术。推进农机农艺融合，因地制宜推广化肥机械深施、机械追肥、种肥同播等技术，减少养分挥发和流失。推广滴灌施肥、喷灌施肥等水肥一体化技术，提高肥料和水资源利用率。

3. 有机肥替代减量　合理利用有机养分资源，用有机肥替代部分化肥，突出抓好果菜的优势产区、秸秆资源富集区、畜禽规模化养殖区有机肥资源的利用。一是推进秸秆养分还田。推广秸秆粉碎还田、快速腐熟还田、过腹还田等技术，使秸秆来源于田、回归于田。二是推进畜禽粪便资源化利用。支持规模化养殖企业利用畜禽粪便生产有机肥和生物有机肥，推广应用商品有机肥和生物有机肥。三是因地制宜种植绿肥。充分利用秋闲田光、热和土地资源，推广种植秋绿肥，发展果园绿肥。在有条件的地区，引导农民施用根瘤菌、联合固氮菌等生物菌剂，促进豆科作物固氮肥田。

4. 新型经营主体示范带动减量　依托种植大户、家庭农场、农民合作社和农业企业等新型经营主体，示范引导耕地质量建设和科学施肥。支持新型经营主体开展科学施肥和应用有机肥，带动周边农户应用新的施肥技术和新型肥料。鼓励新型经营主体开展代耕代种代收、肥料统配统施等服务，在更大范围上带动科学施肥。利用新型经营主体流转的土地年限比较长的有利条件，引导和支持开展耕地质量建设，有效防止流转土地的掠夺经营。

（牛建中）

第六章　以水为脉，高效利用农业用水

俗话说"有收无收在于水，收多收少在于肥"，毛主席说"水利是农业的命脉"，由此可见水是一切生命之源。吕梁市与山西省其他地区一样，干旱、少雨，自然降水利用效率不高。山西省年平均降水总量为 830 亿 m^3，其中 40%～50% 被作物、林草利用，50%～60% 的雨水被蒸发、渗漏或径流损失了。山西省农业灌溉水利用系数仅为 0.4 左右，而以色列的灌溉水利用系数高达 0.9。雨水资源化利用可以从根本上缓解山西省水资源短缺的问题，是未来农业水资源可持续利用的有效途径。吕梁市农业旱地面积约占总耕地面积的 75%，1 mm 自然水生产 0.5 kg 粮食。利用现有旱作农业技术，1 mm 自然降水可生产 1 kg 粮食，因此发展雨水集蓄及高效利用技术，大有潜力可挖。

山西省水资源贫乏，是全国缺水最严重的省份之一。多年平均水资源总量为 142 亿 m^3，约占全国水资源总量的 0.5%，为全国倒数第二；人均水资源占有量仅 456 m^3，为全国人均水平的 17.6%。今后随着工业和城乡建设的发展，农业用水不可能有大的增加，只有通过节水灌溉向深度开发。山西省有 60% 左右水量在输水、配水和田间灌水过程中浪费，农业灌溉水利用系数提升潜力大。山西省农业水分生产率只有 1 kg/m^3 左右，远低于发达国家 2 kg/m^3 以上的水平，尚有较大的利用空间。

第一节　水　资　源

1. 水资源　吕梁市境内沟壑密度大、水系发达，河流以吕梁山脉为轴线向两侧延伸，分别汇入黄河与汾河，黄河水系流域面积占 65.6%，汾河水系流域面积占 34.4%。全市共有大小沟道 17.6 万条，其中沟长在 1 km 以上的沟道 1.3 万条；流域面积 1 000 km^2 以上的河流有 9 条。其中，黄河水系 5 条，分别为岚漪河、蔚汾河、湫水河、三川河、屈产河；汾河水系 4 条，分别为岚河、磁窑河、文峪河、双池河。吕梁市境内大于 100 L/s 的泉水，共有 7 处，年径流总量为 1.53 亿 m^3，包括柳林泉、吴城泉、神头泉、峡口泉、西冶泉等。吕梁市多年平均水资源总量为 14.49 亿 m^3，其中，河川径流量为 11.1 亿 m^3，地下水资源量为 8.9 亿 m^3。水资源总量中河川径流（地表水）和地下水存在重复量，重复量包括河川径流量 4.069 亿 m^3，柳林泉年径流 1.23 亿 m^3，河道渗漏、山前侧向补给地下水的地表径流 0.207 亿 m^3，共计 5.51 亿 m^3。

2. 水资源利用现状　根据 1956—2016 年水文数据，吕梁市多年平均降水量 501.7 mm，多年平均水资源总量 12.6 亿 m^3。其中，地表水资源量 8.9 亿 m^3，地下水资源与地表水资源不重复量 3.7 亿 m^3。全市人均水资源量 371.2 m^3，与山西省人均水资源量基本持平，是全国人均水平的 19%。全市属温带大陆性季风气候，四季分明、雨热同步、光照充足，降水偏枯且时空分布不均。空间上，山区降水较多，并向两翼递减；时间上，年内分配不均，6—9 月占年降水量的 65%～75%，年际变化较大，多雨年份和少雨年份降水量相差 2～3 倍。1953—1980 年的 28 年中干旱年 20 个，干旱频率为 71.4%，平均 1.4 年出现 1 次干旱。其中，春旱年 17 个，频率为 60.7%，平均 1.6 年出现一次春旱；秋旱年 3 个，频率为 10.7%，平均 9.3 年出现一次秋旱。2019 年 1—6 月降水量为 109.6 mm，比往年 142.6 mm 减少 33 mm，尤其是播种期旱情尤其严重，吕梁市大面积旱灾，农作物受灾面积 300 万亩，绝收 100 万亩；2020 年吕梁市大部分县（市、区）100 多万亩农田干土层厚度达 20～30 cm，春旱导致无法播种；2021 年 1—9 月降水量为 313.4 mm，较 2020 年同期减少 16%，且在伏天连续 40 d 无有效降雨，因干旱受灾面积约 268 万多亩。气候干旱，导致了土壤干旱，严重影响了正常的农业生产。

第二节 水资源高效利用

一、合理规划水资源利用目标

吕梁市将在"十四五"时期完成山西省下达的用水总量和用水效率考核指标（表6-1）。预期新增供水能力2.4亿 m³，农村自来水普及率稳定在92%以上，农村集中式供水人口比例稳定在95%以上，新增和改善水土流失治理面积472.5万亩。

表6-1 吕梁市"十四五"时期水安全保障主要指标

序号	指标	现状	到2025年	备注
1	用水总量（亿 m³）	5.9	≤9.54*	约束性
2	万元 GDP 用水量下降**（%）	—	≥12%*	约束性
3	农田灌溉水有效利用系数	0.549	≥0.56*	预期性
4	水利工程新增年供水能力**（亿 m³）	—	≥2.4	预期性
5	农村自来水普及率（%）	91.7	≥92	预期性
6	农村集中式供水人口比例（%）	96.4	≥95	预期性
7	新增和改善水土流失治理面积**（万亩）	—	≥472.5	预期性

* 此类控制指标值将待山西省正式下达考核指标后修订一致。

** 此类指标值为2025年相对现状的变化量。

贯彻落实中共中央关于"十四五"时期推进国家水网建设的有关精神，按照山西省委、省政府"珍惜节约水、建好大水网、用足黄河水、修复水生态、确保水安全"的治水方略和全力推进大水网供水体系配套工程建设的要求，以中部引黄工程为引领，全力推进吕梁市供水骨干网络建设，打造多源互济、互联互通、统筹调配的水资源配置格局，提升全市水资源承载能力。

依托中部引黄工程，全力推进兴县、临县、离石、柳林、石楼、中阳、交口、孝义、汾阳9个县（市、区）的配套水网建设。新建老虎沟等调蓄水库17座，总库容0.76亿 m³，配套建设泵站、调压池、输水隧洞和供水管线等。推进中部8座调蓄水库引黄工程的前期工作。

巩固提升引横（横泉水库）入柳（柳林县）工程，统筹调配三川河水资源，打造方山、柳林供水干线。巩固提升引文（文峪河水库）入川（平川四县）、龙门引水工程，构建文水、交城骨干水网。巩固提升引汾（汾河水库）入岚（岚县）工程，加强岚县水网建设。将已建供水网络巩固提升工程与中部引黄工程县域供水网络相结合，打造全市供水骨干网络。

二、中部引黄工程县域供水网络建设

1. 兴县 新建贝塔调蓄水库、王家峁调蓄水库，配套建设泵站、调节池、供水管线，新增供水能力0.327亿 m³。推进1座调蓄水库前期工作。

2. 临县 新建老虎沟调蓄水库、赵家沟调蓄水库，配套建设泵站、供水管线，新增供水能力0.226亿 m³。推进1座调蓄水库前期工作。

3. 离石区 新建阳石调蓄水库，配套建设泵站、供水管线，新增供水能力0.277亿 m³。推进2座调蓄水库前期工作。

4. 柳林县 新建成家庄调蓄水库、康家庄调蓄水库、复兴调蓄水库，配套建设泵站、输水隧洞、供水管线，新增供水能力0.478亿 m³。

5. 中阳县 新建后师峪调蓄水库，配套建设泵站、供水管线，新增供水能力0.190亿 m³。推进1座调蓄水库前期工作。

6. 石楼县 新建薛朱沟调蓄水库，配套建设泵站、供水管线，新增供水能力0.131亿 m³。

7. 交口县 新建南河调蓄水库，配套建设泵站、输水隧洞、供水管线，新增供水能力0.210亿 m³。推进1座调蓄水库前期工作。

8. 孝义市　新建寺家庄调蓄水库、东许调蓄水库、仁坊调蓄水库，配套建设泵站、调节池、供水管线，新增供水能力 0.184 亿 m³。推进 1 座调蓄水库前期工作。

9. 汾阳市　新建北榆苑调蓄水库一库、河北调蓄水库、花枝调蓄水库，配套建设泵站、供水管线，新增供水能力 0.287 亿 m³。推进 1 座调蓄水库前期工作。

三、已建供水网络巩固提升工程

1. 方山县　巩固提升横泉水库供水工程，加强供水网络干线建设。

2. 文水县　巩固提升引文入川工程，加强供水网络干线建设。

3. 交城县　巩固提升龙门引水工程，加强供水网络干线建设。

4. 岚县　结合中部引黄与汾河连通工程，巩固提升引汾入岚工程，加强供水网络干线建设。

四、推进小型水利基础设施建设

新时期围绕打造高标准农田建设的升级版，突出节约高效利用水土资源，大力普及喷灌、滴灌、水肥一体化等节水灌溉技术和农艺，推进高效节水灌溉示范区建设。坚持以水定地、以水定产，完善灌排体系，深化水权改革，着力完善水利工程建设，发挥农业节水整体效应。继续推进农田水利"五小"（小水窖、小水池、小泵站、小塘坝、小水渠）工程建设，提高"三防"（防灾、防洪、防汛）能力建设，最大限度减少灾害损失，进一步打牢农业水利基础。探索建立农田水利工程运行管护监管机制。

（牛建中）

第三节　用足天上水　保住地里墒

一、主要作物的需水规律

（一）谷子需水规律

谷子是具有较强抗旱能力的耐旱作物，全生育期需水量为 130～300 m³/亩，蒸腾系数在 142～310。谷子一生对水分的要求可概括为"早期宜旱，中期宜湿，后期怕涝"。谷子出苗期耗水约占全生育期需水量的 6.1%，拔节至抽穗期约占 43.1%，开花期约占 22.1%，灌浆期约占 19.3%，成熟期约占 9.4%。

1. 苗期　谷子的抗旱性在苗期表现最为突出。谷子种子发芽时需要水分不多，只需吸收相当于本身重量 25% 的水分。因此，只要土壤相对含水量达到 50%～60%，就能满足谷子发芽出苗的需要。在土壤相对含水量低于 45% 时，仍能维持其生长。苗期适当的干旱锻炼、蹲苗，能促使根多发、深扎，为中后期的健壮发育奠定基础，这是获得谷子高产的重要措施之一。

2. 拔节孕穗期　谷子拔节孕穗期对水分的需求急剧增加，此时正是幼穗分化时期，同时也是营养器官生长最快、需要大量水分且最不耐旱的时期，土壤相对含水量以 70%～80% 较为适宜。如果穗分化前期受旱，则分枝数和小穗数减少；如果穗分化后期受旱，使花器发育不良，特别是在花粉母细胞形成四分体时，对水分特别敏感，此时受旱，将形成大量秕粒或造成秃尖而严重减产。

3. 抽穗结实期　谷子抽穗时需要足够量的水分，土壤相对含水量以 40%～80% 较为适宜。抽穗时土壤含水量不足，会使抽穗困难，并影响花粉粒的发育。开花期除了有足够的土壤水分外，还要求田间空气湿度达到 80%～90%。

4. 灌浆期　谷子灌浆期的耗水量占全生育期耗水量的 19.3%，土壤相对含水量以 60%～70% 较为适宜。同时，灌浆期除要有适宜的土壤含水量外，还需要有晴朗的天气。

5. 成熟期　灌浆后，籽粒成熟期对水分的需求降低，土壤相对含水量以 55%～65% 较为适宜。土壤水分过多易造成谷子贪青晚熟。

（二）夏玉米需水规律

我国华北地区种植的玉米主要为夏玉米，在玉米生育期内，天气高温多雨，蒸发量大，但在玉米播种期天气炎热少雨，秋旱和秋涝灾害时有发生。玉米是需水量较大的作物，不同的生育期对水分的要求不同。发芽出苗阶段和苗期阶段生长慢，需水量小；拔节孕穗期生长旺盛，叶面积增大，温度升高，需水量增多，特别是在抽雄前后，是玉米一生中需水量最多、耗水量最大时期，是水分"临界期"，此期缺水造成"卡脖旱"；灌浆期至成熟期仍需要较多水分，促进灌浆，增加粒重。各生育阶段对水分的需求差异较大。

1. 播种期 6 月上中旬为玉米适宜播种期，土壤相对含水量在 75％～85％比较适宜。在适宜播种期的 6 月中上旬如遇干旱或土壤含水量低于田间持水量的 75％时，应及时灌溉，保证足墒播种。

2. 幼苗期 玉米在播种后需要吸取相当于本身绝对干重 40％～50％的水分，才能膨胀发芽，适宜的土壤相对含水量在 65％～80％。玉米苗期耐旱、不耐涝渍，当土壤水分过多时，种子会霉烂造成缺苗。幼苗期玉米需水量相对较少，耗水量只占总耗水量的 16％～18％，此阶段要控制土壤含水量。土壤含水量为田间持水量的 60％左右则有利于促进根系下扎，增强耐旱能力。

3. 拔节期 该期玉米耗水量大，对水分的要求也比较高，耗水量占全生育期耗水量的 23％～30％，适宜土壤的含水量为田间持水量的 70％～90％。

4. 抽雄开花期 抽雄期是玉米新陈代谢最旺盛的时期，对水分十分敏感，是玉米需水的临界期。如果水分不足、空气干燥、气温高就不能正常抽雄，适宜的土壤含水量为田间持水量的 65％～90％。此阶段玉米的耗水量占总耗水量的 14％～28％。

5. 灌浆期 灌浆阶段是夏玉米生长期灌溉次数最多、灌溉增产效果最大的时期。因为这一时期需水强度大，是争取穗大、粒多、粒重的关键时期。适宜的土壤含水量为田间持水量的 65％～85％，如土壤水分不足，0～50 cm 土层含水量低于田间持水量的 65％时，应及时进行灌溉。

6. 成熟期 成熟阶段适宜的土壤含水量为田间持水量的 60％～70％。玉米处于成熟期时，也常因在高温多雨条件下根际缺氧而窒息坏死，造成植株加速衰退，甚至青枯死亡，严重影响产量。因此，玉米播种前整地时必须做好畦田沟，以利雨量过大时清沟沥水。

（三）马铃薯需水规律

马铃薯是需水较多的农作物，它的茎叶含水量约占 90％，块茎中含水量也达 80％左右。据测定，每生产 1 kg 鲜马铃薯块茎，需要从土壤中吸收 140 L 的水。所以，在马铃薯的生长过程中，必须有足够的水分才能获得较高的产量。

1. 幼苗期 由于苗小、叶面积小，加之气温不高，蒸腾量也不大，所以耗水量比较少。一般幼苗期耗水量占全生育期总耗水量的 10％，土壤含水量以田间持水量的 60％～70％为宜。如果这个时期水分太多，反而会妨碍根系发育，降低后期的抗旱能力；如果水分不足，地上部分的发育受到阻碍，植株就会生长缓慢，发棵不旺，棵矮叶子小，花蕾易脱落。

2. 现蕾期 马铃薯现蕾期是由发棵阶段向结薯阶段过渡的转折期，体内养分的分配也从茎叶生长转向块茎的迅速膨大，不需太多的水分和养分，土壤含水量以田间持水量的 70％～80％为宜。

3. 块茎形成期 马铃薯植株的地上茎叶逐渐开始旺盛生长，根系和叶面积生长逐日激增，植株蒸腾量迅速增大，植株需要充足的水分和营养，土壤含水量以田间持水量的 70％～80％为宜。此时期耗水量占全生育期总耗水量的 30％左右。该期如果水分不足，植株生长迟缓，块茎数减少，会对产量造成严重影响。

4. 块茎膨大期 即从开始开花到落花后 1 周，是马铃薯需水最敏感的时期，也是需水量最多的时期。此时期植株体内的营养分配由以供应茎叶迅速生长为主，转变为以满足块茎迅速膨大为主，这时茎叶的生长速度明显减缓。据测定，此阶段的需水量占全生育期需水总量的 50％以上。块茎膨大期应使土壤含水量维持在田间持水量的 70％～85％，如果这个时期缺水干旱，块茎就会停止生长。以后即使再降雨或有水分供应，植株和块茎恢复生长后，块茎容易出现二次生长，形成串薯等畸形薯块，降低产品质量。但水分也不能过多，如果水分过多，茎叶就易出现疯长的现象。这不仅大量消耗了营养，而且会使茎叶细嫩、倒伏，为病害的侵染创造有利的条件。

5. 成熟期 该阶段需要适量的水分供应，以保证植株叶面积的寿命和养分向块茎转移。此期耗水量占全生育期需水量的 10％左右，土壤含水量以田间持水量的 60％～70％为宜。切忌水分过多。因为如果水分太多，土壤过于潮湿，块茎的气孔开裂外翻，就会造成薯皮粗糙。收获前10 d停止浇水，以利于收获、储藏。

吕梁市6种作物的需水量和历年各月份平均降水量的对比见表6-2。

表6-2　吕梁市6种作物的需水量和历年各月份平均降水量的对比

项目	1月	2月	3月	4月	5月	6月	7月	8月	9月	10月	11月
西瓜（mm/亩）				45	84	144	126	90			
甜瓜（mm/亩）				50	45	209.1	246.9	166.5	98.1		
马铃薯（mm/亩）					59.2	62	69.6	140	56		
白菜（mm/亩）						60.1	122.5	84.4	132		
玉米（mm/亩）						10.9	82.8	109.6	62.6	61.3	
西葫芦（mm/亩）						72.4	130.6	112.5	161	60.2	
降水量（mm）	3.2	5.1	12.9	22	31.5	58.8	102.5	112.3	61	30.5	12.4

吕梁市6种作物的需水量和降水量规律性变化的对比见图6-1。

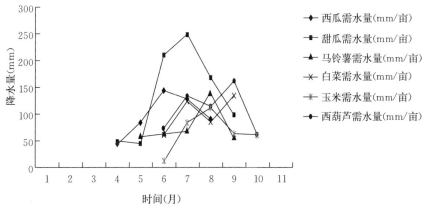

图6-1　吕梁市6种作物的需水量和降水量规律性变化的对比

（四）基地建成后农业需水量的分析过程

1. 夏玉米的需水特性及需水量　园区夏玉米在整个生育期中，发芽出苗期需水量少，拔节后大大增加，抽穗开花期达到高峰，灌浆期仍需较多的水分，蜡熟期以后显著减少，抽雄前10 d和后20 d左右是玉米需水的临界期，如果此时缺水，会对产量造成严重的影响。各生育阶段的需水量见表6-3。

表6-3　夏玉米生育期需水量

生育期 （月.日）	6.10至7.2 （出苗—五叶）	7.2至7.22 （五叶—拔节）	7.22至8.20 （拔节—抽穗）	8.20至8.26 （抽穗—吐丝）	8.26至9.16 （吐丝—乳熟）	9.16至10.6 （乳熟—蜡熟）	10.6至10.27 （蜡熟—收获）	合计
天数（d）	22	21	29	6	21	20	21	140
阶段需水量（m³/hm²）	418	739	1 156	369	977	733	700	5 092
日需水量（m³/hm²）	19	35.19	39.86	61.5	46.52	36.65	33.33	272.05
占总需水量的比例（%）	8.2	14.5	22.7	7.2	19.2	14.4	13.7	100

2. 夏玉米的耗水量　园区新增0.22万亩灌溉面积。种植比例为夏玉米0.22万亩，占100%。夏玉米生育期为6月10日至10月27日。夏玉米单产与田间耗水量见表6-4，夏玉米生育期各月耗水量，见表6-5。

表6-4 夏玉米单产与田间耗水量

名称	单位	小麦	夏玉米
产量	kg/亩	280	250
田间耗水量	m³/亩	280	320

表6-5 夏玉米生育期各月耗水量

单位：m³/亩

月份	1	2	3	4	5	6	7	8	9	10	11	12	合计
夏玉米	—	—	—	—	—	37	85	88	40	30	—	—	280

3. 降水量 采用吕梁市气象局30年的降水量资料进行频率计算，降水量频率分析成果见表6-6。

表6-6 吕梁市气象局降水量频率分析成果

均值	线型	c_v	c_s/c_v	P（%）			
				20	50	75	95
554 mm	P-Ⅲ	0.23	2.0	657.3 mm	544.3 mm	463.7 mm	362.4 mm

注：c_o 为径流变异系数，c_s 为流域经济系数，P 为设计频率；c_s/c_v 具体取值范围因地区而异，3.5 为洪水、3.5～4.0 为暴雨。

二、大力推广软体集雨窖

针对近些年我国农村干旱地区日益广泛的水窖建设需求，利用新材料、领域的研究成果和优势，开辟集雨节水新模式，全国有关单位率先开发了以环保的高分子 EPVC 织物涂层材料为膜材、专利设计、无缝接合的雨水集储一体化的"软体集雨窖"。软体集雨窖采用高分子"合金"复合新材料——织物增强柔性复合材料，它是用涤纶等长丝编织成的基布作为增强材料，复合工艺大都采用织物直接涂敷高聚物的形式，也被称为涂层织物，原材料遵循并高于《自洁型聚氯乙烯涂覆织物建筑膜材》（QB/T 4397—2012）标准。本技术适用于年降水在 400 mm 以上的地区。

1. 软体集雨窖的特性

（1）高强度，高牢度。拉伸强度（经纬）640～760 N/cm，撕裂强度（经纬）380～420 N/cm。也就是说每 5 cm 的长度上能够承受 400 kg，相当于 5 个成年人重量的拉力。

（2）高稳定性。按照《建筑材料及制品燃烧性能分级》（GB 8624—2012）的规定执行，阻燃等级可达 B1 级；耐酸碱范围为 pH 为 1～12，几乎可在任何酸碱盐环境下使用。

（3）耐候性。在热带高温环境、阳光暴晒下不会软化、开裂，最高可耐 70 ℃的高温；在北方的严寒地带不会发硬、发脆和冰裂，可耐-45 ℃的低温环境，适用地域广泛。

（4）经济环保。成本低，使用寿命至少 10 年，对环境无污染。

（5）水质安全。产品存储水质无绿苔，无异味，水质透亮安全。

（6）改善水质。收集的雨水，杂质少、含盐量低，水质明显优于浅层地下水和地表河水，甚至优于深层地下水。

2. 软体集雨窖安装

（1）施工步骤。土石方开挖→降水处理及边坡→基础处理→基础垫层→防水工程→附属设施施工→周边加固。

水窖底板整体落地，基础采用反铲挖掘机开挖。根据设计图，水窖顶须覆土 1 m，根据结构层计算，挖掘机须进入坑内作业，需开挖上下车道。机械开挖坑底预留 30 cm 土方采用人工开挖至坑底标高，以免扰动原土层。所挖土石方全部用挖掘机装、自卸汽车外运至场内指定弃土点，装载机配合作业。

为了降低塌方的可能性，应采取放坡措施，放坡系数 2∶1。必要时进行边坡保护，以保证不出现塌方。

（2）基础开挖质量控制。建筑物位置的标准轴线桩、构筑物的定位控制桩，标准水平桩及灰线尺寸，必须先经过检查，并办理预检手续。开挖时，合理确定开挖顺序和分层开挖深度。在挖至接近基础底标高时，用尺或事先量好的 50 cm 标准尺杆，随时用小木撅上平校核基底标高。最后由两端轴线（中心线）引桩拉通线，检查距基边尺寸，确定基础宽度标准，据此修整边坡，最后清除基底土石方，修底铲平。

基坑周边除挖掘机上下坡道侧外，其余边坡放坡系数拟定为 2∶1。基坑开挖后，坑上部边缘设钢管防护栏杆，挂密目式安全网，夜间设红色警示灯，禁止随意拆除。

水窖的进水口应设闸板、拦污栅，用于沉降并拦截雨水中的泥沙和杂物，并布置泄水道，在正常蓄水位处设置泄水管。

软体集雨窖供水工程的运行应保持完好状态，发现问题及时维修。每年降雨水前应清除沉沙池、沉淀池、储水池的沉淀物和其他污物，平时应经常清扫树叶等杂物，保持集水场、汇流沟的清洁卫生。为防止水池底部开裂，运行时应保留深度不小于 20 cm 的底水。为保证水质符合规定要求，每次降雨时，应摒弃初期降雨受污染的径流后再将集水引入净水构筑物。储水池内的水要定期进行水质检验，发现异常情况及时分析处理。

3. 集雨窖效果分析　以 300 m³ 软体集雨窖为例，主要种植作物为樱桃，灌溉面积 200 亩，3 月种植，5 月中旬收获，配套滴灌水肥一体化建设，作物生育期一次灌水定额为 12 m³/亩，软体集雨窖绝对储水量为 300 m³，集雨窖有效集雨 338 m³，由此可见集雨水窖可作为应急水源满足作物 1～2 次灌溉需水要求。

4. 有效集雨量测算　集雨窖面集雨 154 m³，有效集雨 90%，有效集雨量 138 m³；棚膜面集雨 434 m³，有效集雨 50%，有效集雨量 217 m³。盖棚膜时间为 10 月至翌年 5 月，雨季半揭膜，降雨集中在 6—9 月，理论集雨量 588 m³，实际集雨量 355 m³。

图 6-2　集雨窖示意图

集雨窖示意见图 6-2。

集雨窖面：36 m×9 m＝324 m²；

棚膜集雨：15 m×61 m＝915 m²；

年平均降水量：474.4 mm；

则理论集雨量：（324 m²＋915 m²）×0.474 4 m＝587.78 m³；

集雨窖面集雨：0.474 4 mm×324 m²＝153.71 m³；

棚膜面集雨：0.474 4 mm×915 m²＝434.07 m³；

集雨窖绝对储水量：30 m×5 m×2 m＝300 m³。

5. 集雨补灌技术模式　在适宜集雨补灌的区域，安装采用新材料、新工艺制作的软体集雨窖，配套农民自备的小型水泵，解决丘陵山区经济作物关键季节用水问题。

（1）适宜区域。丘陵山区干旱少雨、水资源紧缺、立地条件差，降雨多在夏季，降水量不足，年际间变化大，而且降水时空分布不均，与作物生长严重错位。针对这些干旱特点，采取集雨补灌技术，通过修建设施，拦截降雨和地面径流，达到集蓄降水的目的，发展节水补灌。

（2）技术内容。集雨补灌是高效利用自然降水、缓解水资源紧缺形势、促进农业绿色可持续发展的重要节水农业技术。

在干旱缺水山地丘陵区，以蓄积和高效利用自然降水为核心，配置新型软体集雨窖，利用窖面、设施棚面及园区道路等作为集雨面，蓄积自然降水，采用滴灌、穴灌、膜上补灌、水肥一体化等技术高效利用自然降水。

（3）技术模式。一是"软体集雨窖＋设施膜面集雨＋滴灌＋水肥一体化高效利用"等技术模式，蓄积自然降水，创新雨水蓄集积用新模式，保障设施农业用水需求；二是以干旱半干旱地区为重点，"软体集雨窖＋路面屋面集雨＋喷滴灌＋水肥一体化高效利用"等技术模式，发展补充灌溉旱作农业；三是以季节性干旱地区为重点,"软体集雨窖池＋集引水＋喷滴灌＋水肥一体化高效利用"等技术模式,解决丘陵山区经济作物关键季节用水问题。

吕梁市在柳林县旱塬地推广集雨窖 625 个,共计 6 250 m³。2020 年,柳林县石西乡龙王山种植 1 000 亩西瓜、甜瓜,以 10～50 m³ 的软体水包(图 6-3)为主要蓄水方法,将秋季无效降雨蓄积起来,在春季移栽和夏季干旱时利用自然落差或机械提水顺沟补灌、滴灌,每亩每次补水仅 3 m³,2 次补水 6 m³,达到了大旱之年亩产旱瓜 3 000 kg 的生产指标。回茬大豆亩产达到 150 kg。2021 年,根据柳林县历史种植条件,选择了一个以宽膜集成技术为支撑的引进韩国旱地朝天椒品种,利用柳林县处于北纬 37°世界农产品最佳优生带的独有优势,种植 2 万亩旱地宽膜朝天椒,在贵州贵椒、河南三樱椒、山东菜椒和新疆铁板椒四大辣椒品系之外,培育崛起中国第五大椒系——柳林旱椒。该

图 6-3 10 m³ 集雨软体水包

品种为满天星系列,兼具高辣、高香、中油和靓丽 4 个火锅辣椒特点,由贵州伴农农业有限责任公司提供水培种苗,可承受 1 500 km 运输,无限生长,苗期 20 d 不蔫萎,生长期可抗 3 个月持续干旱,秋季连续半个月阴雨不裂果,鲜椒收购价格在 2021 年秋季由 4 元/kg 合同价飙升到 6 元/kg,在其他品种烂价烂果的情况下,成为北方鲜货市场抢手货。大旱之年,在柳林玉米、高粱、谷子大面积减产绝收的情况下,5 000 亩管护较好的地块鲜椒收入超过每亩 7 000 元,普遍收入每亩在 2 000 元以上。

(杨景泉)

第七章　以种为魂，优选抗旱品种节水

推广和普及抗旱节水和省肥省药品种，用适宜良种牵引有机旱作农业发展，这是有机旱作农业技术体系的灵魂所在。

第一节　旱作良种繁育推广工程现状

1. 良种现状　根据吕梁市区域资源和产业基础，建立了玉米、谷子、大豆、马铃薯等一批农作物制种基地，区域性特色作物良种繁育基地。截至 2020 年底，优质谷子良种繁育基地 3 万亩，马铃薯良种繁育基地 5 万亩，玉米制种基地 1.7 万亩。区域性特色作物良种繁育基地面积逐年扩大，并逐步吸引外流的玉米制种基地回归吕梁。

2. 良种供应能力稳步提升　选育、引进和示范推广了紧凑型玉米、谷子、大豆、马铃薯等一批专用化、特色化农作物优良品种，良种供应能力显著提高。杂交玉米全部实现商品化供种，农作物良种覆盖率超过 92%；康农薯业有限公司建成了微型薯→原种→一级种完整的马铃薯良种繁育体系，同时坚持开展新品种试验示范和推广应用，不断提升良种覆盖率。积极开展农作物品种展示示范，如岚县岚城镇南关村核心示范田和汾阳市贾家庄辐射示范点，示范 3 种作物 14 个新品种（系），筛选出了 8 个适宜品种（4 个玉米品种、2 个高粱品种、2 个甘薯品种）。

3. 种业企业实力逐步增强　目前，吕梁市种业企业达到 5 家，诚信种业有限公司是山西省首家良种育繁推广一体化现代化种业企业，现有 20 余个品种。其中国审、登记品种 9 个，在省内外分别建立了 0.14 万亩、1.3 万亩育种基地及 23 亩国家南繁科研育种基地，并取得农业农村部首批"育繁推一体化"亿元种子经营许可证，规模、档次和市场集中度进一步提高。山西康农薯业有限公司立足吕梁实际，建成全省一流、吕梁最大的脱毒马铃薯良种繁育基地，并带动发展良种繁育合作社 10 多个，形成了从微型薯、原种到一级种的马铃薯良种繁育体系；同时坚持开展新品种试验示范和推广应用，不断提升良种覆盖率。山花烂漫农业综合开发有限公司是山西省农业产业化重点龙头企业，常年布局谷子提纯复壮基地 5 万亩，选育和筛选适于兴县种植并易于开发的抗除草剂优质、高产、谷子新品种和豌豆、鹰嘴豆新品种，在山西省内建立制种基地 0.55 万亩。

4. 存在问题　吕梁市农业种业经过长时间的发展，取得了一定成效，但仍存在许多短板和弱项。一是种业企业综合实力偏弱。全市种业企业数量少、规模小，科技创新和综合竞争能力较弱，缺乏具有省内外竞争优势的大中型种业企业，产品市场占有率不高，品牌影响力不强。二是品种选育能力不强。吕梁市种业源头创新力量薄弱，基础条件滞后，种质资源库、鉴定评价平台缺失，技术手段较落后，以常规育种和扩繁为主，品种选育能力不强，适应农业绿色发展的优质抗逆、节肥节药、适宜机械化生产、轻简化栽培的品种供给不足。三是种业管理服务队伍建设有待加强。新一轮机构改革后，原种子管理部门拆分、整合，管理机构和队伍"瘦身"，造成一些专业人员流失，行业管理队伍建设有待进一步加强。四是种业创新机制有待优化。种质资源分散使用的状况未从根本上扭转，交流共享平台和机制有待完善；科企协同不够紧密，产学研用未能实现高效结合。五是支持现代种业发展的投入不足。现有的种业项目资金投向主要集中于面向农民的强农惠农普惠政策、国家级制种基地建设、品种联合攻关等方面，在企业发展投入、管理体系和能力建设等方面并没有新增投入，开展市场监管、质量检测、新品种试验展示示范十分困难。六是种子质量监管力度偏小。市、县级种子质量监督抽查受当地检测能力有限、工作经费不足等因素影响，存在抽样后无法检测并出具结果的问题，无法为净化种子市场提供强有力的技术支撑。

（牛建中）

第二节　实施种业振兴战略

1. 实施种质资源保护利用行动　加强种质资源普查收集。摸清吕梁市作物、畜禽、水产和农业微生物种质资源种类、数量、分布等底数，抢救性收集古老、珍稀、濒危、地方特色品种，健全种质资源保护体系。建立市级农业种质资源库和实验室，不断丰富种质资源内容，形成完整的农业种质资源研究和利用体系。鼓励有条件的优势企业，结合自身需要建立种质资源保护设施。制定出台吕梁农业资源地方保护条例，引导全社会参与地方种质资源保护。

2. 组织实施种质资源创制与应用行动　完善创新技术"十二体系"，规模化创制新种质。加快构建种质资源大数据平台，建立健全种质资源交流共享机制，推动资源及信息充分共享、高效利用。深入推进种业科研人才和科研成果权益改革，鼓励种业企业成为种质创新利用主体，开展种质资源收集、保存、鉴定和创制，参与地方特色品种开发，推动特色资源优势转化为创新优势、产业优势。

3. 推动种业联合攻关　加强与科研单位、高等院校的合作，打造中国（兴县）优质杂粮研究院、杂粮博物馆、临县红枣品种园等种业创新平台。设立吕梁种业院士工作站、博士工作站，提高种业研发水平。加强基础性研究和关键技术攻关。以杂粮育种为重点，加强种质资源保护基础理论、资源挖掘与创新利用、重大品种和骨干亲本遗传规律等基础性研究。开展高效基因编辑、合成生物学、人工智能设计等技术研究，突破生物育种、数字育种、智慧种业等关键育种技术，形成精准高效育种技术体系。发挥杂粮、食用菌、中药材、特色畜禽品种等优势，积极推进和争取国家科技创新农业生物育种重大项目。开展以高产、抗旱、宜机为主攻方向，以玉米、马铃薯、谷子、大豆、高粱等为重点的主要农作物新品种选育；以优质、抗逆、适于轻简化栽培为主攻方向，以苹果、梨、葡萄等为重点，开展果树新品种选育；以优质抗病、丰产、耐寒、耐弱光为主攻方向，以辣椒、番茄、西葫芦、大白菜等为重点，开展蔬菜新品种选育；以高产、优质、适口性好为主攻方向，以党参、远志、黄芪、连翘等为重点，开展道地药材选育。

4. 实施种业企业扶优行动　围绕粮食和重要农产品稳产保供要求，按照"保数量、保质量、保多样"要求，突出重点品种、重点领域、重点环节，加快构建强优势、补短板、破难题的种业企业发展阵型。支持企业继续做强优势、做大规模，不断巩固提升市场占有率。支持企业加强育种创新攻关，提高种源质量，加快提升产能效益。支持企业聚力研发攻关，聚焦解决"卡脖子"问题，逐步实现种源国产化替代。鼓励龙头企业实施兼并重组、整合资源、优化配置，培育具有较强研发能力、产业带动力的领军企业。支持企业发挥特有资源、特色品种、独特模式等差异化竞争优势，培育以玉米、谷子、马铃薯、大豆、食用菌等地方资源开发为主的特色优势种业企业。到2030年，打造1～2个种业龙头领军企业，10个特色优势企业，基本形成种业龙头领军企业、有市场竞争力的特色企业和专业化服务的平台企业协同发展的企业集群。强化企业创新主体地位，整合资金、项目、技术、人才等创新要素，构建规模化技术集成应用平台。推动科企合作，支持科研单位与优势企业对接，建立多种形式的创新联合体，支持企业牵头承担科研攻关任务，引导企业加大研发投入。落实科技人员到企业兼职兼薪等政策，鼓励企业通过利益联结机制吸纳创新人才。鼓励金融机构与优势企业对接，加大中长期投资力度。推动种业基地与优势企业对接，完善育种研发、生产加工等配套设施和专业服务，支持企业牵头承担基地建设项目。

5. 实施种业基地提升行动　依托产业基础和发展需求，合理布局种业基地。立足区域资源和产业优势，建设玉米、谷子、大豆、马铃薯等一批农作物制种基地，区域性特色作物良种繁育基地。布局建设畜禽水产核心育种场、种公畜站和苗种繁育基地，保障优质种源供应。

6. 开展新品种展示示范　加大新品种展示筛选推广力度，建设品种展示示范基地，组织开展农作物新品种试验示范和展示筛选。由企业（合作社）承担实施，建立大豆、马铃薯、谷子、高粱等优质杂粮新品种筛选示范点，展示示范新品种。每年争取示范点3～5个，展示示范新品种40～50个。

安排玉米新品种、大豆新品种区域性试验，开展品种适应性鉴定试验，筛选适宜不同生态环境的优质、高产、高抗、广适新品种，与吕梁市品种实现优势互补，引导农民正确认识和使用优良品种。

（牛建中）

第三节 "十四五"期间主推品种

一、粮食

1. 玉米

（1）籽粒玉米。春播早熟玉米区宜种植瑞丰168、君实618、大丰1407等品种；春播中晚熟玉米区宜种植瑞普909、太育9号、龙生19、潞玉1403、强盛192、并单72等品种。夏播玉米选择赛博173、大槐99等品种。

（2）鲜食玉米。选用晋糯系列［晋单（糯）41、晋糯8号、晋鲜糯6号、晋糯18、晋糯10号、晋糯20、晋糯1号］、迪甜系列（迪甜6号、迪甜10号）、甜糯系列（甜糯182、白甜糯102、彩甜糯1958、黑甜糯631、黑甜糯2号、晋甜糯28）、晋超甜1号、玉糯1号等品种。

2. 小麦

（1）旱地主推品种。推荐选用临丰3号、运旱20410、品育8161、长6878、长6359、长6990和临旱8号等，强筋、中强筋品种推荐选用运旱618、晋麦92、运旱805、运旱115、晋麦100等。同时，要加快优质专用品种，特别是山西省本地品种的示范和应用，提高强筋、中强筋小麦品种和高品质中筋小麦品种的应用率。晚熟冬麦区可积极示范太714、长麦3809、长麦3897、长麦6197、长5553、长6794和长7170等高品质中筋品种。

（2）水地主推品种。推荐选用京冬22、长麦251、太412和中麦175等。

3. 谷子 宜选用晋谷系列（晋谷21、晋谷29、晋谷34、晋谷36、晋谷40、晋谷54、晋谷56、晋谷57、晋谷59、晋谷61）、长农系列（长农35、长农36）、长生系列（长生7号、长生13）、沁黄2号等品种。

4. 高粱

（1）食用高粱。宜选择晋杂系列（晋杂22、晋杂23、晋杂28、晋杂41、晋杂12、晋杂18、晋杂34、晋杂31、晋杂15、晋杂101、晋杂102、晋杂103）、晋中405、红糯16、晋粱111、晋糯3号、晋糯102、红糯16等品种。

（2）饲用高粱。宜选用晋牧1号、晋牧3号、晋牧4号等。

5. 马铃薯 春播旱作区应选择同薯系列（同薯20、同薯22、同薯23、同薯24、同薯28）、晋薯系列（晋薯16、晋薯24、晋薯27）、青薯9号等中晚熟品种；有灌溉条件的平川区可选择夏波蒂、大西洋、麦肯1号、布尔班克、康尼贝克等加工型品种；城郊地区可选择冀张薯12、希森6号、荷兰15、中薯5号、早大白等早熟品种。

6. 燕麦

（1）燕麦米。推荐选用坝莜1号、晋燕15、晋燕17、品燕6号等品种。

（2）燕麦粉。推荐选用坝莜1号、坝莜6号、坝莜8号、晋燕8号、品燕4号等品种。

（3）燕麦片。推荐选用坝莜1号、晋燕12等品种。

7. 荞麦 甜荞宜选择红山荞麦、并甜荞1号、晋荞麦（甜）1号、晋荞麦（甜）3号、榆荞2号、晋荞麦（甜）7号、晋荞麦（甜）8号等品种；苦荞宜选择九江苦荞、晋荞麦（苦）2号、晋荞麦（苦）4号、晋荞麦（苦）5号、晋荞麦（苦）6号、黑丰（苦）1号、西农9940等品种。

二、油料

大豆 选用晋豆21、汾豆62、汾豆56、汾豆79、运豆101、晋豆50、长豆35号等品种。牧草大豆品种有汾豆牧绿2号和汾豆牧绿9号，鲜食大豆品种有晋豆39、晋科2号、晋科8号等品种。

三、蔬菜

1. 大白菜 选用晋青2号、晋青3号、晋白2号、晋白3号等秋播品种和晋春1号、晋春2号等春秋两季品种。

2. 辣椒 选用晋尖椒 3 号、晋椒 101、晋椒红星、晋椒 401 等品种。

3. 番茄 选用晋番茄 4 号、晋番茄 8 号、晋番茄 9 号等品种。

4. 茄子 晋紫长茄、晋茄早 1 号、黑茄王等品种。

5. 西葫芦 选用合玉青、寒丽等品种。

6. 架豆 选用晋菜豆 2 号、晋菜豆 3 号、中华四季架芸豆、泰国架豆王等品种。

7. 黄瓜 选用津优 409、金牌 618、中农 48 等品种。

8. 生菜 选用结球生菜、玻璃生菜、皱叶生菜等品种。

四、干鲜果

1. 红枣 选用吕梁木枣、交城骏枣、金谷大枣、金昌 1 号、冷白玉、临黄 1 号等品种。鲜食品种有冬枣、早脆蜜等。

2. 核桃 选用晋龙系列（晋龙 1 号、晋龙 2 号）、金薄香系列、晋香、晋丰、汾南 3 号等品种。

（牛建中）

第四节　完善农技推广体系

完善以公益性农技推广机构为主体，市场化服务力量为重要补充，高等院校、科研机构等广泛参与，分工协作、充满活力的农技推广体系。

1. 强化农技推广机构公益性职责履行 将农技推广责任制度建设、农业主推技术到位率、农业科技示范主体培育、服务对象满意度等纳入农技推广机构绩效考评，促使其强化主责主业履行。实施好基层农技推广体系改革与建设补助项目，支持农技推广机构开展关键适用技术试验示范、动植物疫病监测防控、农产品质量安全技术服务、农业防灾减灾、农业农村生态环境保护等工作，引导各级农技推广机构找准职能定位，履行好公益性职责。支持农技推广机构联合科研单位和生产经营主体，示范推广一批引领性技术、主推技术。创建一批基础条件好、产业代表性强、技术支撑有力的农业技术试验示范基地，推进全要素、全过程、全链条重大关键技术集成，提高科技成果转化效率。

2. 创建专家包联推广服务模式 凝聚吕梁市农业系统全部力量，聚焦乡村全面振兴，围绕"十稳十提"，全覆盖开展农技服务，全过程推进项目建设，全方位强化市场营销，提升包联匹配度、服务精准度、群众满意度，在全市 13 个专家团队基础上，通过包县包乡包村、联企联户联田，抓典型搞示范、推科技强动力、抓项目增后劲、促销售提效益，切实为农业、农村、农民办实事、解难题，把专家包联服务打造成"我为群众办实事"的特色载体，为全方位推动农业农村高质量发展提供强力支撑。专家团队聚焦农技推广精准服务，围绕全市农业主导品种和主推技术，采取良种良法、农技农艺、病虫害防治等技术，精准匹配农业产业需求；紧跟农时节令，开展送政策、送技术、送信息、送农资活动，突出有机旱作种植等技术示范推广，精准培育典型辐射全局。

3. 壮大社会化科技服务力量 通过购买服务、公开招标、定向委托等形式，支持社会化农业科技服务力量承担可量化、易监管的农技服务。建设种植业和农机农业示范展示基地，着力打造集示范展示、培训指导、科普教育等多功能、一体化的农业科技服务平台。遴选示范作用好、辐射带动强的新型经营主体带头人、种养大户等作为示范主体，农技人员通过指导服务、技术培训等方式，为示范主体推广技术，提高示范主体的自我发展能力和对周边农户的辐射带动能力。加快政策扶持、项目带动、示范引领等协同推动，培育一批专业化、社会化农业科技服务公司。继续全面实施农技推广服务特聘计划，从新型农业经营主体、农业企业和社会化服务组织中招募一批特聘农技员，承担公益性服务任务。

4. 构建多样化高素质农民培育体系 坚持"需求导向、产业主线、分层实施、全程培育"，精准对接乡村振兴人才需求，推动"培训持证一体、产业就业融合、增效增收同步"，构建公益性机构和社会资源各展所长、优势互补的农民教育培训体系。一是强化高素质农民培育管理程序，通过个人申报、组织推荐和实地考察相结合的方法，对"乡村能工巧匠、致富带头人、土专家、田秀才"摸底筛选，详细掌握其基本信息，把真正有能力、有技术的人才挖掘出来，培育其成为带动乡村发展的"领头人"，为乡村振兴贡献力量。二是严格把关培训环节，规范培训程序、认定管理、培训内容、经费使用和培训考核等环节，针对不同培育主体建立目标、内容、形式、跟踪服务等各环节规范要求，实现精细化管理。坚持阶段培训与长期培养相结合，在轮训基础上，通过考核划分层次，选择综合素质高的农民，开展更高层次的培训。三是采取科技化和多样性的培育方式。建设高素质农民培育在线课程平台，邀请省内外知名行业专家、种植养殖能手等传授技艺，实现优质课程全国共享。利用移动互联网优势，开设云课堂，实现云教学，让广大农民在田间地头就能更加便捷地接受培训，让技术与知识更快实现转化。四是积极动员社会力量参与高素质农民培育。发挥涉农院校、农技推广机构等公益教育培训机构作用，吸引农业龙头企业、农民合作社等市场主体积极参与。推介一批乡村振兴人才培养优质校。建立由涉农部门、院校的专家教授、农技推广人员、乡土人才等组成的师资队伍，建立授课效果考核评价机制。

5. 构建农业科普体系　建立健全农业农村科普制度体系，强化知识产权保护，加大宣传普及力度，提高民众科学文化素质。积极与科学技术部、科技日报社、全国技术转移公共服务平台沟通对接，持续开展"百家院校科技成果走基层进吕梁"活动。着力建设宣传部门与农业农村部门协同、线上与线下互动、主流媒体与新媒体联动的生物育种科普体系。创新科普宣传方式，组织企业家、科研人员、经营者介绍农业生物技术产品生产消费情况，积极打造各种农业科普线上线下平台，强化科普说服力。全力推进农技推广在线服务，引导广大农技人员、专家、教授等，通过微信群、QQ 群、直播平台等网络媒介，在线开展问题解答、咨询指导、互动交流、技术普及等服务。引导各类农业科协、农业科研院所、高校、企业、农村基层组织，积极主动参与、协同配合、优势互补，聚焦农民、青少年等重点人群，建立常态性农业科普活动机制，并针对科普活动的相关方案制定合理的评价与考核机制。构建以农业科普画廊为特色，社区科技馆、科普教育基地、农村科普示范基地、科普惠农中心服务站、科普示范社区为主的农村基层科普宣传阵地。

6. 打造农业农村科技人才队伍　全面加强农业农村科技人才队伍建设，扩大人才队伍规模，提升人才队伍素质能力，分层、分类打造以产业技术体系专家为"头雁"的农林牧渔业科研攻关人才队伍、以农技人员为主体的推广人才队伍、以高素质农民为主体的实用人才队伍。

（杜完锁）

第八章　以机为效，农机农艺结合保水

　　吕梁地区降水量少、植被无法充分发挥涵养水源的作用，且传统耕作方法易破坏耕地，致使农业的发展受到影响。但是，应用机械化旱作节水技术，就能很好地解决这一问题。为适应现代化农业发展需要，在吕梁地区广泛利用旱作农业机械代替手工劳作，采取农艺与农机相结合的技术，以此来达到节水的效果，减少对水资源的浪费。

第一节　农机农艺融合一体化技术

　　1. 宽膜多沟旱作节水技术　该技术是吕梁市农业专家刘笑经过 30 年不断探索、试验总结出的适用于旱地耕作的一项集成技术，且拥有 9 项自主发明专利。通过与宽膜集成技术相匹配的宽膜多沟一体机，等行距开沟 10 cm、沟距 60 cm，采用可回收的 2 m 宽幅特种地膜进行全地面连幅、多沟、封闭性集雨覆盖，集根茬还田、施肥、铺滴灌带、覆膜、播种一体化作业，具有保墒、保肥、保温、集雨、锄草、防虫 6 种功能。地膜每亩需投入 100 元左右（6.5 kg/亩、15 元/kg），一体机作业费 80 元/亩。近 3 年来，吕梁市累计推广 3 万亩次，取得了良好的经济效益，以旱地玉米为例，亩产可达到 900 kg。该技术适宜在吕梁市山区旱塬地、宽幅梯田、平川旱地等大面积地块推广。宽膜多沟一体机田间作业见图 8-1。

　　2. 渗水地膜（或全生物可降解）**覆盖种植技术**　该技术是全国人大代表、山西省农业科学院农业资源与经济研究所姚建民研究员多年来的科技攻关成果。渗水地膜表面布有双层微米级小孔，具有渗水、保水、增温、调温、微通气、耐老化等多种功能，可提高天然降水的利用率，提高表土层肥料利用率，利于作物根系呼吸，促进作物生长发育进程，大幅度提高农作物单位面积产量。2016 年，吕梁市石楼县、岚县在谷子（晋谷 21）上进行了渗水地膜覆盖种植技术的试验，采用 80 cm 宽、0.01 mm 厚的渗水地膜与配套机械进行全覆盖，地膜每亩费用 75 元（5 kg/亩、15 元/kg），机械作业费每亩需 50 元，石楼县试验亩产可达 600 kg，岚县试验亩产可达 400～500 kg，取得了可观的经济效益。2017 年，在孝义市、石楼县、岚县分别推广渗水地膜覆盖种植谷子 1 万亩、1 万亩和 1.5 万亩。该技术在吕梁市旱平地均适宜推广（图 8-2）。

图 8-1　宽膜多沟一体机田间作业　　　　　　图 8-2　渗水地膜覆盖种植

　　3. 水肥一体化膜下滴灌技术　该技术是一种结合了以色列滴灌技术和国内覆膜技术优点的新型节水技术，就是在滴灌带或滴灌毛管上覆盖一层地膜。这种技术是通过可控管道系统供水，将加压的水经过过滤设施滤"清"后，和水溶性肥料充分融合，形成肥水溶液，进入输水干管-支管-毛管（铺设在地膜下方的灌溉带），再由毛管上的滴水器一滴一滴地均匀、定时、定量浸润作物根系发育区，供根系吸收。该技术可使水分利用率达到 50%，水分生产率达到 0.7 kg/m³，肥料的利用率由 30%～40% 提高到 50%～60%。试验结果表明，温室生菜亩增产 624 kg、亩增收 1 248 元。适宜在吕梁市平川水浇地、山区可灌溉地及温室大棚推广。水肥一体化智能控制滴灌系统见图 8-3。

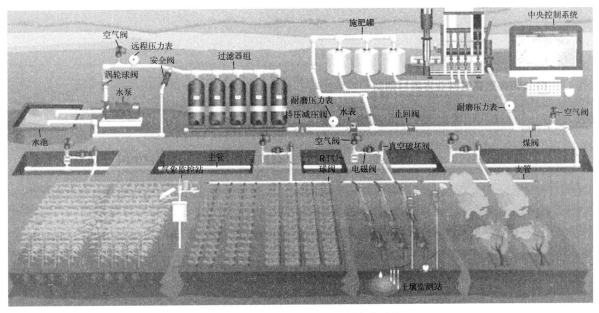

图 8-3　水肥一体化智能控制滴灌系统

4. 少耕穴灌聚肥节水技术　该技术由大同市土壤肥料工作站原站长、推广研究员张登继研究发明，通过配套机械根据种植密度沿种植带开穴，穴直径 30 cm 左右、穴深 5～8 cm，每穴灌水 1.5～2.5 kg。实行宽窄行种植，大行距 110～130 cm，小行距 30 cm，穴距 70 cm；玉米每亩开穴 800～900 个，在穴内集中种植（穴内株距 30 cm），每穴 4 株，每亩 3 200～3 600 株。播后沿种植带在灌水穴上铺膜，压实压紧。该技术可有效解决春播作物出苗难的问题，增强作物幼苗抗逆性，大幅度提高旱地产量。地膜每亩需投入 40 元左右（3 kg/亩、14 元/kg），机械作业费每亩需 50 元。试验表明，旱地玉米应用少耕穴灌聚肥节水种植技术比常规地膜覆盖亩增产 95.5 kg，经济效益明显。该项技术适宜在吕梁市春旱严重的地区推广应用。

（牛建中）

第二节　保护性耕地作业

针对吕梁地区缺水贫瘠、产量低而不稳、水土流失严重、难以持续发展的局面，采取机械化保护性耕作，可达到保水保土、增产增收的成效。机械化保护性耕作将大量作物秸秆残渣覆盖在地表，采取免耕或少耕的方式，减少对土壤的破坏，降低了水土流失，减少了水分蒸发，还可有效保护农田减少风蚀。保护性耕作是一种适宜旱地农业的耕作方法，具有良好的生产效益、经济效益与生态效益。在吕梁北部高寒区域秸秆覆盖会降低地温，需地膜覆盖来提高地温，方山县、岚县等畜牧区还需协调好秸秆用作饲料的问题。

一、保护性耕作特点

1. 保护性机械耕作工艺流程　包括：深松及表土作业、免耕施肥播种、杂草及病虫害防治、秸秆处理等。

（1）深松与表土作业。使用深松机深松能打破犁底层，增加蓄水能力（2～3 年 1 次），必要时进行表土作业整备种床，需结合机械除草。

（2）免耕播种施肥。在有残茬覆盖的少耕、免耕地表，用免耕施肥播种机实现开沟、播种、施肥、覆土镇压。

（3）杂草与病虫害控制。喷洒除草剂、机械表土作业或人工控制杂草，实时观察、发现问题，及时处理农药拌种。

（4）秸秆残茬管理。收获后将作物秸秆残茬留在地表，用秸秆盖土、根茬固土，减少风蚀、水蚀和水分无效蒸发，培肥地力。覆盖方式有整秆、粉碎、留高茬、带状等。

2. 保护性耕作措施　针对吕梁地区玉米、谷物种植面积大，可采取如下保护性耕作：

（1）玉米免耕碎秆覆盖。适合于平川玉米产量较高的地区。在秸秆太多或地表不平时，可以用圆盘耙进行表土作业，平整农田。春季地温低，可采用浅松作业。

（2）玉米免耕倒秆覆盖。适合于冬季风大的地区，以免碎秸秆被风吹走，或机械化程度较低的地区。秸秆可用机器压倒，也可以人工踩倒。

（3）玉米深松碎秆覆盖。适合于山区土地比较贫瘠的地区，保护性耕作初期需要定期深松。耕作时一般先将秸秆粉碎再进行深松。

（4）谷物免耕碎秆覆盖。适合于联合收获机收获，土地比较肥沃、疏松的平川地区。地表不平或杂草较多时可用浅松作业，秸秆太长太多时可用粉碎机或旋耕机处理。

（5）谷物碎秆覆盖。适合于联合收获机收获、土壤较贫瘠的地区。保护性耕作初期，应每1~2年深松1次，以利于蓄水和作物生长发育。

3. 保护性耕作相较于传统耕作法主要优点　降低地表径流60%左右，减少土壤流失80%，减少河流浑浊；减少大风扬沙60%左右，抑制沙尘，保护生态环境；增加休闲期土壤储水量，提高水分利用效率17%~25%；增加产量，干旱年增产多，丰水年增产少，春玉米平均增产可达17%；改善土壤物理性状，主要表现在土壤毛管孔度、土壤团聚体数量会有所增加，土壤中有机质、速效钾、速效氮等含量增加；减少生产作业工序2~4道，节约人畜用工50%~60%；提高经济效益，农民收入可增加20%~30%。

二、深松耕作

深松作业可以改变土壤结构，达到节水保墒的作用。用无壁犁或松土铲只松土而不翻转，可以创造中部虚、表层和下层实的耕层结构。虚的部位透气性强，可提高地温，可接纳大量雨水存于根系生长的土壤层，增加了土壤入渗能力；表层较实可防止冲刷，减少土壤流失。如图8-4为悬挂式行间深松机，可以调节深松铲的角度来控制松地的深度，圆盘可对杂草进行切除。

图8-4　悬挂式行间深松机

1. 深松作业操作要点　农田的深松作业并不是无时间限制的，过于频繁或者深度过大反而无法促进农作物的成长。在实际操作中需要把控好农机深松整地作业技术的实际运用时间。一般情况下，深松整地作业要在耕地使用后的2年左右。吕梁地区农作物普遍为一年一熟，农作物成熟之后进行深松，可同时疏松土壤并处理农作物剩余的秸秆。秋熟时，可对土地进行局部的深松，全面深松要等到农作物全部收获后才进行。在秋末，深松整地作业的效果更加明显，通过整松土壤，土壤能够吸收秋冬时期的大量余雪融水，做好地下水的储备，为初春时期农作物播种做准备。

在进行深松作业时，深松机已经将犁刀刺入地面，在不影响农机性能的情况下，可以适当加深犁刀的深入长度，对更深层的土壤进行翻松作业，然后保持匀速前行达到对田地进行深耕的目的。在农机需要倒退或者转弯时，需先将刀具从地里抽出，提高到不会受到农机运行影响的高度，才能进行转弯或是倒退。如果农机在进行转弯或者倒退时，刀具仍然处于田中，很可能会对刀具造成损坏，影响深松作业的进程。在深松作业完成后，及时对农机进行清洁整理，将农机上可能存在的泥土杂物去除，保证农机的整洁程度，延长使用寿命，为下一次的深耕深松作业做好准备。

2. 农机进行深松的优势

（1）改善土壤的透气性。在传统耕作中，生土层与空气直接接触后，水分易蒸发流失，导致农田中存在生土层结块问题，进而影响作物生长扎根。而农机深松整地能够打破耕地的犁底层，将土壤的疏松程度控制在 30 cm 左右，可以使土壤的透气性更高，有利于土壤中的水循环，使农作物在生长阶段更加容易吸收地下水分。深松也会使表土下土壤更加蓬松，促进农作物根系的生长，吸收土壤中的各种养分，使作物根系更加坚固，抗倒伏能力增强。

（2）提高土壤的蓄水蓄养能力。在传统的农耕作业中，农作物对土壤的要求比较高，土壤的养分供给负担较大，为促进农作物良好生长需要增加肥料供给，增加了农业生产成本。而农机深松整地作业技术可以改善土壤的蓄水能力。通过深松整地作业对土壤翻层，疏松土层使土壤能够更好地接收降水，并利用土壤的保存能力将其储存起来，使土壤中的营养物质和有机物能够得到改善，并提高土壤中的一些水分和营养物质的循环能力和储存能力，减少了农业生产对肥料的需求量。这既利于在种植时期给予农作物充分的水分，又能够让土壤在干旱时期进行保水。

（3）促进耕地的可持续使用。进行农机深松整地作业是对耕地进行保护的措施。对深松机进行简单调整，就可以实现不同区域的土壤翻松作业。促进种植地区土壤肥力的提高，可满足不同农作物的养分吸收需求。土地的翻松使得土壤中的一些水分和土壤不会过度流失，可避免由于水分问题形成盐碱化和沙漠化等问题。尤其是对干旱地区的耕地来说，进行土地的深松可以有效防止土地的水土流失，保持植被的覆盖率，促进生态环境的保护和耕地的可持续使用。

三、整地作业

1. 旋耕作业 旋耕机是吕梁市在农业生产中广泛使用的耕整地机械，其具备良好的适应能力，且能够高效地完成细碎土壤、优化耕层结构的作业目的，能够保证一次作业就使耕地达到待播种状态。旋耕机工作原理：刀片在动力的驱动下一边旋转，一边随机组直线前进，在旋转中切入土壤，并将切下的土块向后抛掷，与挡土板撞击后进一步破碎并落向地表，然后被拖板拖平。按刀轴安置方向分为横轴式和立轴式旋耕机（图 8-5）。其具有如下特点。

（1）旋耕机旋耕后的土层碎土充分，地面松软平整。一次旋耕作业可达到铧式犁与耙多次作业的碎土效果，提高了拖拉机的使用效率和使用经济性，有利于抢住季节、不误农时。

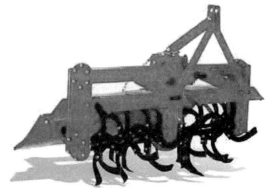

图 8-5 旋耕机

（2）旋耕机切碎杂草、混合土肥能力强。在有较深杂草的土地工作时，旋耕机的刀片能将杂草切碎，并使之与土肥混合，可避免铧式犁的堵草、拖堆现象。

（3）旋耕机的刀轴由拖拉机的动力输出轴直接驱动。工作中土壤对刀片产生一个向前的推力，较好地解决了拖拉机在水田和潮湿地作业时易打滑、功率不易充分发挥的问题。

（4）旋耕机工作深度较浅，容易破坏土壤结构。连续 3 年旋耕作业的地块，易出现平滑的犁底层，引起土壤板结，影响作物发育，需深松 1 次；对杂草、残茬的覆盖性能不如铧式犁。

旋耕机上使用的旋耕刀主要有三大类：凿形刀、直角刀、弯形刀。使旋耕机在作业时避免漏耕和堵塞，刀轴受力均匀。刀片在刀轴上的配置应满足以下要求：一是各刀片之间的转角应相等（平均角＝

360°/刀片数），做到有次序入土，以保证工作稳定和刀轴负荷均匀；二是相继入土的刀片在轴上的轴向距离越大越好，以免夹土和缠草；三是左右弯刀要尽量做到相继交错入土，使刀滚上的轴向推力均匀，一般刀片按螺旋线规则排列；四是在同一回转平面内工作的两把刀片切土量应相等，以达到碎土质量好，耕后沟底平整。

2. 平整耕地 耕地后土垡间存在着很多大孔隙，土壤的松碎程度与地面的平整度还不能满足播种和栽植的要求，所以必须进行整地，为作物的发芽和生长创造良好的条件。圆盘耙（图8-6）可用于犁耕后的碎土和平地，也可用于搅土、除草、混肥、浅耕，以及播种前的松土、草子撒播后盖种等作业。与铧式犁相比，圆盘耙所需动力小，作业效率高，并能"以耙代耕"，节省能源，可避免过度耕翻土壤，而且耙后土壤能充分混合，具有促进土壤中微生物的活动和化学分解作用。

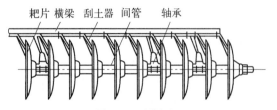

图8-6 圆盘耙

镇压是以重力作用于土壤，达到破碎土块、压紧耕层、平整地面和提墒的目的。一般镇压深度3～4 cm，重型镇压器可达9～10 cm。镇压器种类很多，简单的有木磙、石磙，大型的有机引V形镇压器、网纹形镇压器（图8-7）。较为理想的是网纹形镇压器，它既能压实耕层，又能使地面呈疏松状态，减轻水分蒸发，镇压保墒，主要应用于半干旱地区的旱地上，半湿润地区播种季节较旱也常应用。播种前如遇土块较多，则播前镇压可提高播种质量。播种后镇压使种子与土壤密接，引墒反润，及早发芽。冬小麦越冬前也常用镇压，防止漏风，引墒固根，提高越冬率。

正确镇压是一项良好的技术措施，如使用不当，也会引起水分的大量蒸发。所以，应用时应注意在土壤水分含量适宜时镇压，过湿则会使土壤过于紧实，干后结成硬块

图8-7 网纹形镇压器

或表层形成结皮。根据经验，以镇压后表土不生结皮、同时表面有一层薄的干土层最为适宜。镇压后必须进行耢地，以疏松表土，防止土壤水分从地面蒸发。在盐碱地或水分过多的黏重土壤上不宜过度镇压，应选择轻压或不镇压。

四、深松整地联合作业

在农业生产中，农业联合作业技术越来越广泛被应用，对推动农业现代化具有重要作用，是现代化农业的发展之路，是实现资源浪费和降低成本的重要方式。农业联合作业可实现多种机具多道工序在一台机具作业，将机械作业对土壤破坏大幅度降低，有助于推进农田实现保护性耕作。联合作业机具有效率高、作业成本低、农机利用率高和节约能源等多种优点，对促进农业可持续发展具有重要意义。典型的联合作业机械包括深松旋耕联合作业机、旋耕施肥播种联合作业机、谷物联合收割机等。

深松旋耕联合作业机可以完成深松、碎土、起垄、镇压作业，与传统分段作业相比，打破了过去"翻、耙、起"单一整地方式的旧格局，形成以深松为主体，松、旋、灭（茬）等相结合的耕作体制。具有一次完成整地全过程、深松打破犁底层，深松后土壤松软、碎土效果好、垄形好且耕后不散，保水保墒性好等特点，为农业的稳产、高产提供了先决条件。

深松旋耕联合作业机不仅实现单一深松、旋耕作业的功能，并具有以下优点：一是保护土壤，减少农机具进地作业次数，减少传统作业机车重复进地对土壤的压实，从而降低拖拉机对土壤的破坏，保护土壤中的团粒结构，降低土壤板结；二是作业效率提高，减小劳动强度，有利于抢农时，使整地时间相对缩短了7～10 d，相对增加作物生长周期及年有效积温；三是节省油料降低作业成本，与传统的翻、

耙、压单项依次作业工序相比可降低油耗 21.7%～40%；四是减少环境污染，联合整地机作业次数减少，从而减少了拖拉机废气排放量。

（牛建中）

第三节　精量化施肥播种

现代农业生产对施肥、播种提出了更高的要求，发展有机旱作农业更要贯彻生态、绿色、高效的理念，运用现代化农业装备，精量化施肥、播种，合理控制化肥施用量，提高播种效率。

一、精量播种作业

播种质量的好坏将直接影响作物的出苗、苗全和苗壮，因而对产量的影响很大。而播种机的功用是以一定的播量或株穴距，将其均匀地播入一定深度的种沟，并覆以适量的细湿土，同时也可施种肥并适

当镇压，有时还喷洒农药和除草剂，为种子发芽提供良好条件，以达到高产稳产，提高播种作业的劳动生产率，减轻使用者的劳动强度。播种机的类型很多，有多种分类方法。按播种方法可分为撒播机、条播机、点（穴）播机；按联合作业可分为施肥播种机、播种中耕通用机、旋耕播种机、铺地膜播种机；按牵引动力可分为畜力播种机和机引播种机，而机引播种机中，根据与拖拉机不同的连接方式，可分为牵引式、悬挂式和半悬挂式；按排种原理可分为气力式播种机（包括气吸式、气压式和气吹式播种机）和离心式播种机。气吸式精量播种机见图 8-8。

图 8-8　气吸式精量播种机

播种机关键部件是排种器，是按一定要求将种子从种箱内排出的装置，是播种机的核心部件。其种类包括离心式、窝眼轮、指夹、气吸、气吹、气压式等，农业精密播种对排种器总的要求是播量稳定可靠、排种均匀不损伤种子、通用性好、播量调节范围大，调整方便可靠等，可以大量节省种子，减少田间间苗用工，保证作物稳产高产。因此，近年来在吕梁地区广泛应用，大大提高了农业生产作业效率。精密播种机大都可以播种多种作物，通过更换不同孔径的排种盘（轮）或排种滚筒，使排种器能适应多种作物种子的播种要求。改变型孔大小或增加成穴机构，使之能达到穴播的要求；改变排种器工作转速以达到不同株距的要求。这些设计均提高了播种机的通用性。精量播种监控系统见图 8-9。

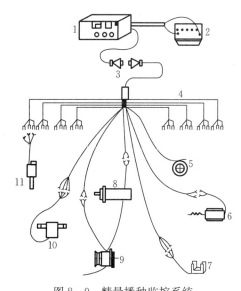

播种机的精量播种监控系统不仅可以当场显示播种作业情况，还能对每一行的播种量、每米粒数、排种器转速等进行调节控制。该监控系统基本部分构成有监控显示仪、监控线路、种子流光电传感器、测距传感器、转换器与驱动电机、播种机提升传感器及种子面高度传感器。当监控系统工作时，任一行种子流中断，或每秒只有 1 粒种子落下则发出警报声。同时，不正常的播行就显示在行显示器上。当多行播种不正常时，则以每秒循环的速度，轮流显示不正常播行。监控显示仪表盘安装在驾驶室内驾驶员易于观察和操纵的部位。

图 8-9　精量播种监控系统

1. 监控仪　2. 拖拉机 12 V 蓄电池　3. 柱塞式插头
4. 电线　5. 测距轮　6. 播种机提升传感器
7. 种子面高度传感器　8. 驱动电机　9. 交流发电机
10. 滚筒气压传感器　11. 种子流传感器

二、覆盖抗旱耕作

覆盖抗旱耕作法在吕梁市北部地区广泛应用，是一种适合旱地节水保墒的耕作方法。通过减少蒸发、增加土壤墒情、稳定地温提前播种，提高作物产量，常见于低温干旱地区。覆盖材料一般包括草肥铺盖、作物残茬覆盖和塑薄膜覆盖，塑薄膜覆盖为最典型的覆盖抗旱耕作手段。

1. 铺膜种植有以下方式

（1）先播种、后铺膜，出苗后人工在膜上打孔。

（2）铺膜、开孔、播种同时进行。

（3）先铺膜后播种，种播在膜两侧或打孔播在膜中间。

2. 覆膜耕作流程 秋季收获后残膜越冬→春季残膜回收→旋耕（深松）＋覆膜＋施肥＋喷药＋播种（一次性完成）→田间管理→收获。

3. 覆盖地膜的优势

（1）提高土壤温度，延长作物生长期。能使土壤充分吸收太阳的光能，提高地温，保墒防旱，疏松土壤、促进土壤养分转化，能使冬、春季节膜内 0～5 cm 地温提高 2～4 ℃，并使地温最低值的出现时间向后推移。

（2）提高土壤保水能力，减少水分散失。一般春季风大、气候干旱，严重地影响作物生长。农田覆盖地膜减少了土壤水分蒸发，还起到蓄水保墒的效果。

（3）改善土壤结构，提高肥料利用率。覆盖地膜后可有效地控制杂草的生长，使土壤保持疏松状态，土壤团粒之间充满水分，有利于土壤微生物的活动，加速土壤有机质的分解。

（4）促进根系生长，有利于植株生长发育。地膜覆盖可提高光能利用率，作物的干物质明显增加，且地表土壤呈湿润状态，作物水平根（浅根）显著增多。土壤理化性状的改善，垂直根系也能充分发展，根系鲜重、长度、数量明显增加。

膜侧播种机可实现施肥、播种、铺膜、覆土等作业一体完成，可分为单垄和多垄膜侧播种机，单垄膜侧播种机（图 8-10）适用于山区梯田作业，其转弯半径较小，操作灵活。多垄膜侧播种机（图 8-11，可实现全自动化作业）适用于平川区作业，覆膜宽度可达 2 m，作业效率较高。

图 8-10 双垄膜侧播种机   图 8-11 多垄膜侧播种机

4. 覆盖地膜的劣势及解决办法 塑薄膜覆盖耕作成本较高，残膜回收困难，残膜积累引起白色污染。为解决残膜污染问题，多采用倒茬的方法，即种植几年铺膜作物后，需换种粮食等不铺膜的作物，经过若干年休整清洁，再种植铺膜作物，以减小地膜对土壤环境的破坏，同时达到农田轮作土地休养的效果。还可使用可降解地膜，或使用地膜回收机进行残膜回收（图 8-12）。

图 8-12 地膜回收机

三、粉翻压播机械化旱地作业

粉翻压播机械化旱地作业包括秸秆粉碎还田、深翻、填压、机播 4 项作业，是一项适合玉米机械化旱地作业的技术。

（1）粉——秸秆粉碎还田。运用玉米联合收获机或秸秆粉碎机，将含有较高养分和水分的鲜秸秆及时粉碎，待下道工序深翻入土，增强土壤肥力和保墒能力。

（2）翻——深耕深翻。每年伏秋两季，用东方红-75 型履带式拖拉机进行 27～30 cm 的深耕，随即平整耙耕，增厚活土层，增加蓄水容量，达到伏雨春用，春旱秋抗。

（3）压——适度镇压。用能够调整重量的滚筒式镇压器，根据土壤墒情，在玉米播前或播后进行机械镇压，提高土壤紧实度，调动深层水分向表层补给，起到提墒保种的作用。

（4）播——机播。按照作物品种，配置适宜型号的播种机，达到播量适度，佳期下种，密度均匀，深浅一致，出苗整齐。

粉翻压播机械化旱地作业可明显提高玉米产量，使土壤有机质含量逐步提高，深翻松土有利作物根系发育，机播可增加玉米株数，播种均匀度大幅提高。使用大圆筒形镇压器镇压提墒，可提供发芽需要的水分，秸秆粉碎还田可补充土壤有机质含量。秸秆还田必须深耕翻埋，土壤中的茎秆架空种子，又必须用镇压来消除，这 4 项作业相辅相成，作业方法在山西省已大面积推广。其存在的不足是铧式犁翻耕土壤，失墒严重、水分蒸发和流失较大，需进一步完善作业体系。

四、免耕施肥播种作业

免耕施肥播种作业是在地表秸秆覆盖或者留茬情况下，不耕整地或为了减少秸秆残留进行粉碎、耙、少耕后播种的一项先进作业技术。一般具有 4 个方面的优势：一是减少农田扬尘，保护环境；二是减少侵蚀，保护耕地；三是蓄水保墒，培肥地力；四是增加产量，节约成本，提高效益。免耕播种机可在秸秆残留多的情况下，减轻秸秆与残茬对机具的堵塞，采用秸秆粉碎机、圆盘耙、深松机、浅耕除草机等进行播种前作业，同时免耕播种作业后要及时进行化学除草和病虫害防治。

免耕播种机一次完成一系列作业工序，可实现清草排堵、地面仿形、破茬入土、种肥分施等功能。如玉米气吸式免耕播种机（图 8-13）。

（1）清草排堵。一般采用切草盘与拨草装置进行清草排堵，免耕覆盖播种机要在有大量秸秆残茬及杂草覆盖的地面上工作，因此除必须清走种行上的秸秆、把种子播在土里外，还要能避免秸秆、杂草缠绕机件或堵塞机体，使播种机无法运行。

（2）地面仿形。由于有秸秆覆盖和缺少平地作业，保护性耕作地面不如经过翻、耙等传统作业的地面平

图 8-13　玉米气吸式免耕播种机

整，为保证播深一致，常用的平行四边形仿形播种，可以改善播深的均匀性，提高播种精确度。

（3）破茬入土。为保证播种机在秸秆覆盖、玉米茬的耕地上正常作业，播种机前应装有破茬分禾装置。破茬装置应有足够的入土能力，需安装有较强入土能力的开沟器。能在坚硬的土层上开出一定宽度和深度的沟槽，保障免耕播种机顺利耕作。

（4）种肥分施。在播种的同时施肥，需避免肥料烧伤种子，种肥之间应隔开 4～5 cm 的距离，可以水平分施，也可以垂直分施。谷物等密植作物行距小，多数为垂直分施。免耕播种机多使用气力式排种装置，播种精度高。包括气吸式、气吹式 2 种排种方式，一般气吸式应用于小型山地机具，气吹式应用于高速精密播种机，适合平川地块作业。将电控系统应用于排种装置中可有效增加播种精度，其效果明显优于纯机械结构。

（5）覆土镇压。由于破茬开沟部件对土壤扰动少，可供覆盖种子的松土较少，土壤未经耕翻，松土颗粒较大，因而覆土镇压比传统播种要求高。用有光面镇压轮和凸面镇压轮镇压器，使种沟两侧

的土壤向种行推挤，达到覆土和镇压的效果。

五、旋耕施肥播种联合作业

旋耕施肥播种联合作业机主要用于北方保护地耕作，山西省农机研究所研制有 2BFG210 型旋耕施肥播种机。一次下地能够完成旋耕、秸秆掩埋、播种和镇压作业，从而大大减少了因机器多次进出田间而造成的对土壤的压实，提高了机器的综合作业效率，节省了土地耕作的成本，降低了作业费用，是土壤耕作机械中广泛应用机型之一。

旋耕施肥播种联合作业机在旋耕播种上增加施肥装置，包括肥料箱、排肥器、输肥管、驱动地轮（辊）和传动链等，即组成旋耕施肥播种联合作业机。化肥深施于距地表 8～10 cm 的土壤中，提高了肥效，节省了肥料成本。施肥口处于投种口下方或侧下方位置，避免了烧种，使土壤中的化肥带与种子保持 5 cm 以上的距离。另一种旋耕施肥方式是先将化肥分行撒施于未耕地面，然后用刀辊进行旋耕，将化肥分散混拌于耕层土壤中，既有较高肥效又不烧种。旋耕施肥播种联合作业机见图 8-14。

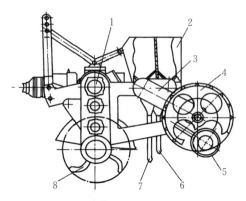

图 8-14　旋耕施肥播种联合作业机

1. 传动箱总成　2. 肥料种子箱总成　3. 链传动箱
4. 驱动地轮　5. 镇压轮　6. 输种管　7. 输肥管　8. 旋耕刀辊

（牛建中）

第四节　高效化田间管理

一、节水灌溉作业

节水灌溉采用水利、农业、工程、管理等技术措施，通过合理开发利用和田间灌溉节水技术等开源、节流方式，以最少的水资源消耗，得到最高的农作物产出。合理开发利用水资源就是对天然状态下的水（地表水、地下水、雨水等）进行有目的的干预、控制和改造，为农业生产提供一定的水资源。田间灌溉节水技术包括喷灌、滴灌、微灌、施水播种、水肥一体等技术及配水管网系统的管理维护。

在田间灌溉节水技术中，喷灌和微灌都是典型的节水灌溉方法，相较于传统浇灌等灌溉方式可以节约大量水资源，提高水资源利用率。喷灌和微灌具有较强的地形适应性，灌水均匀且不受微地形起伏的影响，最宜于对山丘区地形复杂的地方进行灌溉；灌水质量好，土表不会板结，不会造成水、土、肥的流失，且灌水工作机械化、自动化程度高，有利于科学用水、省水、省劳力、增产；两种灌溉设备还可以综合应用，如施液肥、农药等。

1. 喷灌　喷灌作业利用专用的喷灌设备对水源进行加压，再将其以小水滴的形式喷射出来，从而达到大面积范围的有效灌溉效果。喷灌设备包括大型平移喷灌机、小型分布式喷灌机组、滚移式喷灌机、纹盘式喷灌机等。平川地区适宜用泵进行加压，山区可利用水源的自然落差喷灌。喷灌设备的作业优势是适用性好、灌溉均匀，与地面灌溉相比，可节水 30%～50%。但其实际喷施效果易受到自然风力的影响，因此在风力较大的地区则不适用，且喷灌设备的初期建设成本较高。

定喷式喷灌机沿供水线的给水点定点喷洒，除喷头外，其余设施均固定不动，干、支管道常埋于土层内，喷头可进行圆形或扇形旋转喷水。其使用、操作方便，生产效率高，占地少。管道较少，其优点是用材少，投资小，结构简单，使用灵活，动力便于综合利用。适用于山丘地区的零散地块。

行喷式喷灌机组是在喷灌过程中一边喷洒一边移动，在灌水周期内灌完计划的面积。包括中心支轴式、平移式、卷盘式、滚移式喷灌机。平移式喷灌机由十几个塔架支承一根很长的喷洒支管（图 8-15），一边走一边喷洒。优点是节省水量、经济施肥、调节地面气候且不受地形限制；对山地或丘陵地区地形起伏大、地面倾斜度大，其他节水灌溉难以使用的地方均可进行喷灌；接近自然降雨的方式，可避免土地盐碱化问题；与地面灌溉相比，大田作物喷灌一般可省水 20%～30%，增产 10%～30%。滚移式喷灌机由驱动车、输水支管（兼作轮轴）、从动轮、引水软管、喷头、喷头矫正器、自动泄水阀、制动支杆等组成，具有高传动效率，能节省能源，降低运行成本，实用、先进、喷洒均匀、节能、节水等特点。滚移式喷灌机可以降低劳动力需求，提高作业效率和灌溉均匀度，最终达到增产增收的效果。

喷灌除节水功能外，还有调节田间小气候的作用，用喷雾灌溉方式进行凉爽灌溉或防霜冻。但是，设备的投资较大，运行时要消耗能量，特别是喷灌受风的影响较大，受到较强风力会降低喷灌的均匀度。在干

图 8-15 平移式喷灌机

热有风时，喷灌水的蒸发、漂移损失较大，需选择合适的喷灌时间和天气。在喷灌强度大、喷洒时间短的情况下，土壤湿润层较浅等。

2. 微灌 微灌是将压力水通过细小毛管，直接将水送至作物根部附近，由灌水器（滴头、微喷头）将水以滴出或喷出的方式，缓慢地湿润作物根区的土壤。微灌包括滴灌、微喷、涌泉灌和渗灌 4 种形式。相对于地面灌和喷灌而言，微灌属局部灌溉、精细灌溉，只以较小的流量湿润作物根区附近的部分土壤，其节水节能效果最为突出。在产量高、收益高的经济作物灌溉应用中取得了良好的成效，有利于达到水资源利用率最大化、农业生产效益增加的目的，是现代节水农业的发展方向。

微灌系统通常由水源工程、首部枢纽工程、输配水管网工程和田间灌水器 4 部分组成。一是水源，河、渠、塘、井均可作为微灌水源；二是首部枢纽，一般由加压泵、闸阀、过滤设备、施肥设备、测量和保护措施；三是输配水管网，一般分干、支、毛 3 级管道，管道和管件用于连接组装管网部件，包括各种弯头、闸阀等；四是灌水器，有滴头、微喷头、涌水器和滴灌带多种形式，还分为间接式滴头、孔口式滴头、微灌滴头、双腔毛管、折射式微喷头、射流旋转式微喷头。在微灌设备中，除了灌水器和管道，还有过滤器和施肥设备。过滤器一般采用二级过滤，稳定微灌性能，防止喷头堵塞。施肥设备则将配合比适中的农药或化肥加入施肥罐中，溶解后通过加压设备将药物或化肥输送至田间灌水器。

滴灌是利用塑料管道将水通过直径约 10 mm 毛管上的孔口或滴头送到作物根部进行局部灌溉，主要应用于宽行、经济效益高作物，如大棚作物等。滴灌设备主要包括管上滴头、滴灌带、滴灌管，可选配过滤装置和施肥装置以实现水肥一体化。与喷灌相比，滴灌更省水，灌溉效率更高，可达到 75%～90%，且省工、少占耕地和少受地形限制，方便同时施肥，但存在滴头易堵塞、维护保养费用高（滴灌带 2～3 年需更换）等问题。

微喷灌设备是针对传统的喷灌和滴灌设备进行的综合性改良，通过加压水源使水源在管道中实现输送，并在田间以合理的密度布置微喷头，微喷头以较大的压力实现灌溉水的雾化喷施，并利用空气阻力将压力转换成小水滴，洒在地面作物上。微喷灌设备主要由水源、管网和微喷头三大部分组成，微喷灌设备不仅能进行灌溉，还能实现水溶性化肥的施肥，有利于提高灌溉设备的利用效率，减少农业生产过程中的经营成本。微喷灌设备广泛应用在大棚种植中。

3. 水肥一体化 水肥一体化将灌溉与施肥融为一体，两种作业共同完成。水肥一体化借助压力灌溉系统（包括喷灌、微灌等灌溉系统），将可溶性固体肥料或液体肥料配制而成的肥液与灌溉水一起，均匀、准确地输送到作物根部土壤。灌溉施肥技术可按照作物生长需求，进行全生育期需求设计，把水分和养分定量、定时、按比例直接提供给作物。随着科技发展进步，灌溉设备信息化的水平不断提高，计算机技术、传感器技术、GIS 技术等在节水设施中的应用逐渐广泛，结合数据通信、水分动态监测、土壤检测、系统自动决策等技术，水肥一体灌溉已实现智能化控制，可实现田间信息采集、施肥决策和智能控制功能，利用土壤湿度计和养分传感器可以实时监测土壤中水分、氮、磷、钾含量，在土壤湿度、养分变低时自动开启施水设备。根据系统自行监测由系统内发出的故障信号或在一个施水程序结束时发出的信号，可以使灌溉设备自动起停，从而可以控制施肥，实现精准施肥灌溉的效果。

（1）施肥注意事项。①肥料溶解与混匀：施用液态肥料时不需要搅动或混合，一般固态肥料需要与水混合搅拌成液肥，必要时分离，避免出现沉淀等问题。②施肥量控制：施肥时要掌握剂量，注入适宜的肥液浓度，过量施用可能会使作物致死以及污染环境。③水肥耦合：应根据天气情况、土壤墒情、作物长势等，及时对灌溉施肥制度进行调整，保证水分、养分主要集中在作物主根区。④滴灌施肥则需要先选用不含肥的水湿润，然后施用肥料溶液灌溉，最后用不含肥的水清洗滴灌系统。

（2）水肥一体化灌溉的优势。①灌溉用水效率高：滴灌将水滴进土壤，滴水时地面不出现径流，减少了无数的田间水量损失，还减少了作物的棵间蒸发。②提高肥料利用率：水、肥被直接输送到作物根系最发达部位，可充分保证养分的作用和根系的快速吸收，滴灌灌溉范围仅限于根系区域，肥料利用率更高。③节省施肥用工：传统的灌溉施肥方法每次要挖穴或开浅沟，施肥后灌水，而利用水肥一体化技术，实现水、肥同步管理，可节省大量劳动力。④可方便、灵活、准确地控制施肥数量和时间：根据作物需求营养规律进行针对性施肥，实现精准施肥，从而节省肥料。⑤有利于保护环境：不合理施肥，造成肥料的极大浪费，大量肥料没有被作物吸收利用而进入环境，易造成环境污染，通过控制灌溉深度，可避免造成土壤和地下水的污染。

二、植保作业

植物保护作业是现代农业生产的重要环节之一。近年来，以"预防为主，综合防治"为理念，发挥各种防治方法和积极作用，把病、虫、草害以及其他有害生物消灭于危害之前，确保农作物不受侵害。随着植保机械不断改进发展，喷洒精准度显著提升，农药使用量、用水量大幅下降，使植物在生长过程中免受病、虫、草害的影响以及促进或调节植物正常生长，防治效果明显增强，保障了农业丰产增收目标的实现。

植保机械的农艺技术要求包括：满足农业、林业等不同作物，不同生态及不同自然条件下植物病、虫、草害的防治要求；将液体、粉剂、颗粒等各种剂型的农药均匀地分布在施用对象所要求的部位上；对所施用的农药应有较高的附着率，以及较少的飘移损失；机具应有较高的生产效率和较好的使用经济性和安全性。

1. 植保喷雾作业　植保作业包括农业技术防治、生物防治、物理防治、化学防治等方法。在实际农业生产中，化学防治应用最广泛，是通过专用设备使用化学药剂杀灭病虫害的方法。这种方法的特点是操作简便，防治效果好，生产率高，受地域和季节影响小，但对环境和生态具有一定的破坏作用。根据化学药剂施用的方法，植保机械的类型主要有喷雾机、弥雾机、超低量喷雾机、喷烟机、喷粉机等。

喷雾机通过高压泵和喷头将药液雾化成直径 $100 \sim 300\ \mu m$ 的水滴，有手动和机动两种喷雾机。在传统农业生产中，手动喷雾机特别是手动背负活塞式喷雾器使用最为广泛。机动喷雾机在汽油机启动后，通过 V 带传动三缸活塞泵曲轴旋转。曲轴通过连杆驱动活塞作往复运动。活塞运动时将水吸入泵室后再将水压入空气室。当水连续压入空气室后，空气室内的水不断增多压缩空气产生高压。高压水流经过截止阀、混药器流入喷枪。水流经混药器时将母液吸入，经混合后由喷枪喷出雾化。弥雾机可利用风机产生的高速气流将粗雾滴进一步破碎雾化成 $75 \sim 100\ \mu m$ 的雾滴，并吹送到远方。超低量喷雾机可利用高速旋转的齿盘将药液甩出，形成 $15 \sim 75\ \mu m$ 的雾滴，可不加任何稀释水，又称超低容量喷雾。

喷雾机可以将液体分散成为雾状并喷出，一般包括液力、气力和离心式喷雾机。液力式喷雾机利用液压能将药液雾化来喷施。应用较为广泛，用于大田的病虫害防治。主要由药液箱、液泵或气泵、喷头、连接管路、导向装置等组成。药液由泵加压后，经压力管路、导向装置，进入喷头高速喷出而雾化。气力式喷雾机靠气流作用进行喷雾，能进行低量和微量喷雾。其雾滴的均匀性较好，且雾滴较小，可以进行飘移式或针对式喷雾。离心式喷雾机是利用离心喷头高速旋转时的离心力，将药液分散或雾化的喷雾器械。喷出来的雾滴大小比较均匀，雾滴直径可调，离心喷头转速高，雾滴小。能喷浓度较大的农药。可用于超低容量喷雾和低容量喷雾。

为达到防治效果、降低农药使用量，低容量与超低容量喷雾得到了充分发展。低容量喷雾所喷洒的农药浓度为常量喷雾的许多倍，雾滴直径也较小，增加了药剂在植株上附着的能力，减少了流失。既具有较好的防治效果，又提高了工效。应大力推广应用，逐步取代大容量喷雾。超低容量喷雾将少量的药液（原液或加少量的水）分散成细小雾滴并大小均匀，借助风力（自然风或风机风）吹送、飘移、穿透、沉降到植株上，获得最佳覆盖密度，以达到防治目的。相对大容量喷雾经常出现的湿透叶面而逸出、流失严重、污染土壤和水源等现象，得到了极大的改善，并且大大减少了用水量。

2. 航空植保作业 当前，智能农业飞速发展，植保无人机关键适用技术不断提升，实现农业植保作业"精、高、准"，杜绝了传统植保作业"滴、漏、冒、跑"现象。植保无人机在喷洒作业前把农田里农作物特点和地块特点的 GPS 信息如实采集，输入地面站的控制系统中，并且切实预设好飞行航线、飞行速度和高度、施药量等数据，植保无人机就能人工操控或按照农业技术要求自主完成植保喷洒作业，已在吕梁市各县、市、区得到广泛应用。

植保无人机按动力模式分为油动机（燃油发动机驱动）与电动机（充电电池为动力源），按旋翼数量分单旋翼直升机与多旋翼直升机（6～24 个旋翼）。一般空机质量 10～50 kg，农药药箱容积 5～30 L，作业高度 1～5 m，作业速度小于 8 m/s。在植保药剂灭草、病虫害预防、喷施微肥、作物授粉、谷物播种方面均实现了较大突破。多旋翼植保无人机见图 8-16。

图 8-16　多旋翼植保无人机

（1）喷洒精准，节水节药效果明显。植保无人机喷洒系统采用离心雾化和超低容量变量喷洒技术，保证所有植株都能均匀覆盖，杜绝漏喷、重喷现象，生态环保且安全，至少节省 90% 的水和 50% 农药，农药有效利用率在 35% 以上。且无人机旋翼的下洗气流可有效将药液喷洒至农作物底层叶面甚至背面。

（2）作业效率高，安全系数大。药剂喷洒实行的是远距离遥感作业和自动精准灌药技术，摆脱了人为操作和农药侵害的失误。农用植保无人机每小时作业量可达 40～60 亩，作业效率是人工的 30 倍以上，还可以夜间作业，大大减少了事故的发生，安全生产工作得到了有效保障。

（3）操控便利，作业可控。无人机智能化、信息化程度高，可在田间地头垂直起降，起降需要的场地小，自动规划最佳作业航线，自主适应不规整地形。对农作物病虫害可进行实时监控，可远程监控植保作业进度和作业面积，做到每一亩地块的飞防作业都有据可查。

（4）适应性强，应用广泛。携带方便，使用优势突出，能适应平川、山区等各种复杂地形，还能满足玉米、谷物等不同作物品种植保需求。

除了化学防治外，生物防治与物理防治越来越广泛应用在植物保护作业中，是一种生态、绿色、安全的防治手段。生物防治法是利用害虫的天敌，利用生物间的寄生关系或抗生作用来防治病虫害，可减少农药残毒对农产品、空气、土壤和水的污染，故受到广泛重视。物理防治法是利用物理的方法来防治病虫害，如利用诱杀灯消灭害虫，利用温汤浸种杀死病菌，以及利用微波技术等来防治病虫害。

（牛建中）

第五节　联合化机械收获

随着我国土地流转和集约化农业生产模式的积极推行，国内收割机正逐步向功能复合化和智能化方向发展，联合收割机也快速迭代发展，对促进农业现代化有着积极的作用。

一、谷物联合收割机

谷物联合收割机是将收割、脱粒、分离茎秆、清选谷粒等工序集中在一台机器上来完成，并可将粮装袋或随车卸粮的收割机（图 8-17）。主要工作部件包括收割台、脱粒装置和分离清选装置，完成作业还需要发动机、传动系统、电气系统、液压系统、中间输送装置、底盘支架、履带行走装置、粮箱以及驾驶室等部件支持。收割台配置在机器前方，有液压操纵割台和拨禾轮升降。脱粒装置一般配置在后方，以平衡整机重量。脱粒和分离清选部件包括脱粒滚筒、清选筛、输送器等，将谷粒输送到卸粮部位。还可加配集草箱、捡拾器、茎秆切碎器等。

谷物联合收割机包括全喂入型、半喂入型和割前脱粒联合收割机。全喂入型联合收割机将割台割下的谷物全部喂入脱粒装置进行收割。作业时左、右分禾器将作物分为即割区与待割区，收割区的作物由拨禾轮拨向割刀处切割并推倒到割台上，割台输送搅龙将割倒的作物向一侧推送到伸缩拨指机构处，抛送给中间输送槽，再将作物不断地送给脱粒机构，作物在脱粒滚筒钉齿高速打击的同时沿螺旋运动不断与凹板筛产生搓擦、碰撞，使谷粒和部分短茎秆分离出来，未通过凹板的大量茎秆被排草板抛出机外。通过凹板后筛面的阻隔和清选风扇气流的作用，从筛尾抛出机外。而谷粒穿过筛孔落到集谷搅龙上，经过提升搅龙进入粮箱，完成了联合收获的

图 8-17　谷物联合收割机

全过程。半喂入型收割机多用于水稻收割，被割谷物只有穗头部分在联合收获机夹持装置的输送下进入脱粒系统参与加工处理，茎秆部分随后被粉碎或直接排出机外。割前脱粒是利用谷物在田间站立状态，直接将谷粒从穗头或茎秆上摘脱下来，然后对摘脱下来的混合物进行复脱、分离和清选，从而获得清洁的谷粒，脱掉谷粒后的茎秆仍直立于田间或割倒铺放在田间，具有半喂入的特点，但飞溅损失比较难控制。

　　联合收割机的生产率很高，一次可以完成多项作业，可以节省大量劳动力，完成收割作业时间短；谷物损失小，一般联合收获机正常工作时的总损失，而分段收获因每项作业都有损失，故其损失相对高得多；机械化程度高，因而大大减轻农民的劳动强度，改善劳动条件，并能做到大面积及时收获，为抢种下茬作物创造条件。

二、玉米联合收割机

　　玉米收割机在玉米成熟或接近成熟时，用机械来完成对玉米秸秆收割的作业，配套有收割玉米秸秆机具，摘穗型收割机与穗茎兼收型收割机。玉米收割机由割台、搅龙、升运器、剥皮装置、果穗箱、秸秆还田机、发动机、液压系统、传动系统等部分组成（图 8-18）。

　　摘穗型收割机。部分地区为了抢农时，玉米收获时含水率较高，不适宜收获、脱粒、清选同时进行，需要用摘穗型收割机将玉米穗先摘下来，运到场院，晒干后再用脱粒机进行脱粒。该收割机收割果穗的关键机构分别为摘穗装置和剥皮装置。

　　穗茎兼收型收割机。该收割机集成了玉米果穗摘穗、剥皮，茎秆捡拾、粉碎、除尘、收集、输送、打捆等多项作业与技术，一般为站秆摘穗，由分禾装置、输送装置、摘穗装置、果穗输送器、除茎器、剥皮装置、苞叶输送器、籽粒回收装置和茎秆处理装置等组

图 8-18　玉米联合收割机

成。作业时，机器沿玉米垄方向前进，割刀将玉米秆切碎还田作肥料或者收集作饲料，秸秆通过上、中、下三条输送链条右侧方向输出，并自然摆放，完成收割。适宜于畜牧养殖地区玉米收获及秸秆回收。

　　玉米联合收获机实现了玉米果穗与茎秆不落地一体化收获，克服了传统的果穗与茎秆分段收获方法的缺陷，收获损失小，落地果穗不大于3%，落粒损失不大于2%；籽粒破碎率低，剥苞叶装置可将苞叶剥除干净；秸秆还田时粉碎效果好，抛洒均匀，秸秆青贮收获时收获率高，切碎均匀；能够适应不同行距、自然高度、产量、成熟程度甚至倒伏的玉米收获，提高了作业效率，降低了劳动强度，对农业的可持续发展有重要作用。

　　作业时应注意的事项：①收获机在田间作业时，作业地的横、纵坡度均不得大于8°，转移行驶时横坡度不大于8°，纵坡度不大于11°，严禁坡地高速行驶，严禁在下坡时脱挡滑行。②玉米收获机田间作业时，要定期检查切割粉碎质量和留茬高度，根据情况随时调整割台高度。③根据抛落到地上的籽粒数量来检查摘穗装置的工作，当损失大时应检查摘穗板之间的工作缝隙是否正确。④应适当中断玉米收获机工作1~2min，让工作部件空运转，以便从工作部件中排除所有玉米穗、籽粒等余留物，不允许工

作部件堵塞。当工作部件堵塞时，应及时停机清除堵物，否则将会导致玉米收获机摩擦加大，零部件损坏。⑤清洗空气滤清器。由于田间作业环境恶劣，吸入草屑和尘土较多，使发动机功率下降，轻者冒黑烟；重则使发动机启动困难，工作中自动熄火。因此，必须经常对滤清器进行清洗，另外多准备2个滤网，每4 h更换、清洗一次或适当加高滤清器风筒。

三、马铃薯收获机

收获期的马铃薯形态与土壤、气候及马铃薯品种有关，早熟品种在收获时一般枯萎；在降水量较多的年份或施肥较多的土地上，马铃薯成熟时茎叶茂密，收获时需清除茎叶。马铃薯行距为60~70 cm、薯块分布平均宽度为30~40 cm时，薯块分布深度一般在地面下12~20 cm。收获时必须掌握适宜的挖掘深度，以免增加进入机器的土壤量。若不需先清除茎叶，则马铃薯的收获过程包括挖掘块茎、分离土壤、捡拾和清除茎叶与杂草等作业。分段收获一般将上述作业分为两段进行，挖掘块茎和分离土壤用一台挖掘铺条机完成，用卸去挖掘铲或稍加改装的收获机捡拾块茎和清除茎叶。

马铃薯收获机一般用于马铃薯收获，还可用于挖收甘薯、萝卜和洋葱等。马铃薯收获的过程有切茎、挖掘、分离、捡拾、分级和装运等工序。马铃薯收获可分为分段收获和联合收获。

马铃薯联合收获机一般采用两级输送分离链，可一次性完成挖掘、输送分离、除秧、升运、输出装车作业，具有挖掘机和分段收获的优势，降低薯块损伤，还可实现在收获作业过程中升运装车，与马铃薯运输车配套使用，大大节省了工时，提高了收获作业效率。

马铃薯联合收获机主要工作流程：拖拉机牵引马铃薯联合收获机—两侧圆盘刀切割土壤和杂草—挖掘铲满幅入土挖掘—输送带及抖动部件向后输送马铃薯，抖动分离土壤—两级除蔓机构去除马铃薯茎叶和杂草—升运链将马铃薯装进同步行驶的拖车（或者加尾箱）里。

（牛建中）

第六节　资源化秸秆利用

秸秆资源的综合利用，可将秸秆资源肥料化，以有机肥的形式回归土壤，培肥地力，发挥经济与生态上的双重效益；也可推进秸秆资源燃料化、饲料化、基料化，使大量废弃的秸秆直接变废为宝。全面解决秸秆焚烧问题，促进保护性耕作，实现农业绿色循环发展。

一、秸秆还田作业

秸秆还田机械包括秸秆粉碎还田、根茬粉碎还田、整秆翻埋还田等多种形式，是将残留田间的秸秆根茬切割粉碎后铺放或埋入土中的一种保护性耕作机械，一般由切割、破茬、粉碎、抛撒、粉碎度和破茬深度调节、动力传动等机构组成。作业时，高速转动的切刀、锤爪或甩刀切断秸秆，挑起根茬，并将之输入机壳，经定、动刀的反复剪切、搓擦、撕拉粉碎后，被均匀抛撒田间，实现对玉米、小麦、高粱等作物田间直立或铺放秸秆的粉碎还田。

秸秆机械粉碎还田时，根茬需小于30 cm，玉米作物粉碎长度小于10 cm，玉米秸秆还田数量控制在5 000 kg/hm² 以内。粉碎后的秸秆自然散布均匀，经翻耕（免耕除外）、翻旋地表土壤与碎秸秆混合均匀再埋入田间，将碎秸秆作为肥料回施到地里，秸秆掩埋率达85%以上。秸秆粉碎还田后，需根据土壤肥力状况要合理施肥，适当增加氮肥，可加施尿素100~150 kg/hm²。

秸秆直接粉碎还田，不仅能增加土壤有机质含量，提高土壤肥力，消灭病虫害，促进微生物活力和作物根系的发育，达到增产的效果，一般可增产5%~10%，同时还能抢农时，减轻劳动强度，有利于改善生活环境。悬挂式秸秆粉碎机见图8-19。

图8-19　悬挂式秸秆粉碎机

二、秸秆打捆回收作业

随着畜牧养殖业发展飞速，吕梁市各地通过机械化回收将玉米秸秆用于农业种植养殖等领域，实现了秸秆饲料化，形成了种养结合的新业态。

玉米秸秆广泛用于畜牧养殖。一般可用秸秆捡拾压捆法，由割、搂、捡拾压捆及集捆等组成。它是在割搂的基础上由捡拾压捆机进行草条捡拾和压捆；草捆捡拾装载机捡拾装车，并运至储存地点堆成草捆朵。牧草的这种收获工艺生产率高，牧草损失少，便于运输和储存；捡拾压捆法根据形成草捆大小和形状不同，分为小方捆和大圆捆两种形式，后者生产效率高，草捆可在田间存放。

秸秆搂草机将散铺于地面上的秸秆及碎屑搂集成草条，搂草的目的是使秸秆、牧草充分干燥，并便于收集。按照草条的方向与机具前进方向的关系，搂草机可分为横向和侧向两大类。

秸秆打捆机由机身、传动机构、喂料机构、密度调节机构、压草活塞机构、草捆长度控制机构及车轮行走机构组成（图 8 - 20）。由动力机通过传动机构带动连杆驱动喂料压板和活塞作往复运动；适量物料通过进料口，在喂料压板的作用下，进入储草腔内，再由压草活塞推入并被压紧前进。当达到料捆长度时，将隔离板插入储草腔内，之后随草前行，待该板走出储草腔后，即可用绳带捆绑料捆，出机待用。该机器具有较多配套功能，可直接捡拾打捆，也可先割后捡拾打捆，还可以先粉碎再打捆；工作效率高，每天可捡拾打捆 120～200 亩。

图 8 - 20　秸秆打捆机

（杨泽鹏）

第九章 以标为准，规范农业生产体系

农业标准化是农业现代化建设的一项重要内容，是科技兴农的载体和基础。农业标准化是一项系统工程，包括农业标准体系、农业质量监测体系和农产品评价认证体系。通过把先进的科学技术和成熟的经验组合起来，推广应用到农业生产和经营活动中，把科技成果转化为现实的生产力，从而取得经济、社会和生态的最佳效益，达到高产、优质、高效的目的。

农业标准化对农业生产具有重要的指导意义，根据国家与山西省农业生产标准规范，立足本地资源禀赋与农业传统，结合先进生产技术，吕梁市先后制定和修订了30个有机旱作技术规程（吕梁市地方标准），其中基础类6个、粮食类10个、蔬菜类10个、中药材4个，标准内容涵盖病虫草害防治、农机农艺一体化、粮食蔬菜和中药材生产技术等方面，基本覆盖吕梁市农业生产各个领域，构建起一套适宜本地、规范、完善的有机旱作农业技术标准体系。

这些规程融汇先进的技术、经济、管理于一体，建立健全规范化农业生产工艺流程和衡量标准，对各作物种植环境、品种选择、田间管理、采收等环节进行规范指导，全面改善农产品品质、提高农产品内在和外观质量，进一步加大吕梁特优农产品品牌的影响力，同时使农产品质量安全监管主体明确、环节清晰、依据充分，为农产品质量监管提供了标准支撑，扎实保障了农产品生产安全，大大加快了推进实现农业现代化的步伐。

第一节 秸秆根茬还田技术

1. 适用作物与地类 适用于玉米、小麦、高粱、谷子等作物；地类为能够机械化收获和耕种的所有区域。

2. 秸秆根茬还田 指秸秆离田后，将根茬及残余秸秆粉碎并与土壤均匀混合。根茬还田有效地解决了焚烧，减少了大气污染排放，增加了土壤碳汇。根据试验数据每年增加土壤有机质含量 0.18 g/kg（耕地每增加 1 g/kg 的有机质相当于 0.6 t/hm² 的粮食生产地力），亦即每亩每年增加粮食产量 7.52 kg。结合吕梁市黄土高原两大区域——平川区和山区的实际情况，制订了不同的还田模式。平川区随着养殖业的迅速发展，秸秆绝大部分作为饲料进行了粉碎或整秆离田，结合冬灌秸秆根茬还田宜在收获后进行，秸秆根茬养分多，避免了养分流失；山区结合推广免耕法，留高茬（20～30 cm）离田剩余的秸秆或地膜一起对耕地自然进行了覆盖，避免了冬、春季风蚀表层土壤。秸秆还田最好选择春播前回收地膜，采用一体机灭茬、施肥、覆膜、播种，确保土壤墒情利于出苗。

3. 机具技术要求

地类要求坡度在 5.0°以下的坡耕地、梯田、沟坝地等。

割茬高度小麦、谷子等低秆作物小于 15 cm，玉米、高粱等高秆作物小于 30 cm。

根茬的粉碎率应高于 90%，漏切率控制在 3% 以内。

根茬在粉碎之后其长度应在 10 cm 以内，并且 80% 以上的根茬长度要小于 5 cm，还应将长度大于 5 cm 的根茬量控制在根茬总量的 10% 以内。

根茬粉碎还田作业后其破土率也要高于 90%，并确保粉碎后的根茬与破碎后的土壤实现了均匀混拌。其中根茬混拌于土壤的覆盖率要高于 80%，并且还要保证其根茬碎片对土壤表面覆盖率要低于 40%。

4. 双轴灭茬旋耕机机具选择参数 1GKNBM-200 型双轴灭茬变速旋耕机（图 9-1）参数：外形尺寸（长×宽×高）为 1 820 mm×2 320 mm×1 350 mm，配套拖拉机标定功率为 58.8～73.5 kW，配套拖拉机动力输出轴转速为 540 r/min，与拖拉机连接方式为三点悬挂式，为框架式，旋耕最终传动方式为中间传动，灭茬最终传动方式为中间传动，结构质量为 810 kg，作业速度范围 2～5 m/s，工作幅宽为 2 000 mm，旋耕设计转速为 200 r/min、250 r/min、270 r/min，灭茬设计转速为 500 r/min、620 r/min、680 r/min，旋耕刀辊最大回转半径为 245 mm，灭茬刀辊最大回转半径为 195 mm，旋耕刀总安装刀数为 58 把，灭茬刀总安装刀数为 102 把，旋耕刀型号为 R245，灭茬刀型号为 R195。

图 9-1 1GKNBM-200 型双轴灭茬变速旋耕机

5. 作业质量检测

（1）灭茬深度、灭茬深度稳定性。测定时沿机组前进方向在 2 个测区内，各测定 1 个作业行程，每隔 2 m 测定 1 点，每个作业行程左、右各测 10 点。垄作时，以垄顶线为基准。按式（9-1）计算灭茬深度平均值。

$$a = \frac{\sum\limits_{i=1}^{n} a_i}{n} \qquad (9-1)$$

式中，a——灭茬深度平均值，单位为厘米（cm）；

a_i——测点灭茬深度值，单位为厘米（cm）；

n——测定点数。

按式（9-2）～式（9-4）计算灭茬深度标准差、灭茬深度变异系数和灭茬深度稳定性。

$$s = \sqrt{\frac{\sum\limits_{i=1}^{n} (a_i - a)^2}{n-1}} \qquad (9-2)$$

$$\nu = \frac{s}{a} \times 100 \qquad (9-3)$$

$$u = 1 - \nu \qquad (9-4)$$

式中，s——灭茬深度标准差，单位为厘米（cm）；

ν——灭茬深度变异系数，单位为百分率（%）；

u——灭茬深度稳定性，单位为百分率（%）。

（2）根茬粉碎率。在每个测区内，按照五点法，每个测点选取一个工作幅宽乘 1 m 的面积，测定地表和灭茬深度范围内所有根茬，测定中的根茬质量和其中合格根茬的质量（合格根茬长度不大于 50 mm，不包括须根长度），按式（9-5）计算根茬粉碎率。

$$F_g = \frac{\sum \dfrac{M_h}{M_z}}{5} \times 100 \qquad (9-5)$$

式中，F_g——根茬粉碎率，单位为百分率（%）；

M_h——合格根茬的质量，单位为克（g）；

M_z——总的根茬质量，单位为克（g）。

（牛建中）

第二节　小麦病虫草害防治技术

1. 小麦条锈病

（1）症状。主要危害小麦叶片，其次是叶鞘和茎秆，穗部、颖壳及芒上也有发生。苗期染病，叶片上产生多层轮状排列的鲜黄色夏孢子堆。成株叶片初发病时夏孢子堆为小长条状、鲜黄色、椭圆形，与叶脉平行呈虚线状排列成行，后期表皮破裂出现锈褐色粉状物。小麦近成熟时，叶鞘上出现圆形至椭圆形黑褐色夏孢子堆，散出鲜黄色粉末。后期病部产生黑色冬孢子堆，埋伏在表皮内，成熟时不开裂，区别于小麦秆锈病。

（2）发生规律。真菌病害。侵染循环可分为越夏、侵染秋苗、越冬及春季流行4个环节。遇到适宜的温湿度条件即可侵染秋苗，发病开始多在冬小麦播后1个月，发病迟早及多少与菌源距离和播期早晚有关，距越夏菌源近、播种早则发病重。翌年小麦返青后，越冬病叶中的病菌复苏扩散，当旬均气温上升至5℃时，如遇春雨或结露，病害扩展蔓延迅速，导致春季流行。如遇较长时间无雨、无露的干旱情况，病害扩展常常中断。

（3）防治方法。农业防治：选用抗病品种，做到布局合理及品种定期轮换；适当晚播，减轻秋苗期条锈病发生；提倡施用酵素菌沤制的堆肥或腐熟有机肥，增施磷钾肥，增强小麦抗病力；避免氮肥过多、过迟，防止小麦贪青晚熟，加重受害。药剂防治：用25%三唑酮可湿性粉剂15 g拌麦种15 kg或2%戊唑醇可湿性粉剂10 g拌麦种10 kg；小麦拔节至孕穗期病叶率达2%～4%时，喷洒20%三唑酮乳油1 000～2 000倍液、12.5%烯唑醇可湿性粉剂1 000～2 000倍液。

建议选用三唑酮、烯唑醇、腈菌唑、丙环唑、氟环唑、戊唑醇、咪鲜胺、醚菌酯等药剂喷雾防治，对于严重发生田块，应隔7～10 d再喷1次；用足药液量，均匀喷透，可提高防治效果；对小麦条锈病的防控要采取"带药侦查，发现一点，控制一片"的防治对策，把病害控制在发病初期。

2. 小麦白粉病

（1）症状。侵害小麦植株地上部各器官，但以叶片和叶鞘为主，发病重时颖壳和芒也可受害。初发病时，叶面出现1～2 mm的白色斑点，后逐渐扩大为近圆形至椭圆形白色霉斑，霉斑表面有一层白粉，遇有外力或振动飞散传播。后期病部霉斑变为灰白色至浅褐色，病斑上散生有针头大小的小黑点。

（2）发生规律。真菌病害。病菌借气流传播，侵入表皮生长繁殖，并随气流传播蔓延，进行多次再侵染。气温在15～20℃、相对湿度大于70%时，有可能造成病害流行。

（3）防治方法。农业防治：种植抗病品种，合理密植；提倡施用腐熟有机肥，适当增施磷钾肥。药剂防治：一是拌种法处理种子，分干拌和湿拌。干拌用15%三唑酮可湿性粉剂200 g或20%三唑酮可湿性粉剂120 g拌100 kg麦种；湿拌用20%三唑酮乳油120 g兑水4 L，稀释后用喷雾器把药液喷洒到100 kg麦种上，边喷边拌，种子晾干后播种。二是达标防治，小麦拔节期、孕穗期、抽穗期发现白粉病病株，每亩喷洒20%三唑酮乳油45～60 mL、6%戊唑醇微乳剂200 mL、20%腈菌唑三唑醇乳油25～30 mL。

3. 小麦散黑穗病

（1）症状。小麦穗部发病，病穗比健壮穗较早抽出。最初病小穗外面包一层灰色薄膜，成熟后破裂散出黑粉，黑粉吹散后只残留裸露的穗轴。病穗上的小穗全部被毁或部分被毁，仅上部残留少数健穗。

（2）发生规律。真菌病害。带菌种子传播，花器侵染，一年只侵染一次。病菌潜伏在种子内，种子萌发时病菌随植株生长向上发展，孕穗时病菌侵入穗部，使麦穗变成黑粉。黑粉随风落在扬花期的健穗上，种子成熟时侵入并潜伏其中，当年不表现症状，翌年通过种子传播发病。小麦散黑穗病发生的轻重与上年扬花期湿度有密切关系，空气湿度大、阴雨天多利于病菌侵入，带菌种子多，翌年发病重。

（3）防治方法。农业防治：采用温汤浸种、变温浸种、恒温浸种、石灰水浸种等方法处理种子。药剂防治：用2%戊唑醇干拌种剂50～75 g拌50 kg小麦种子。

4. 小麦纹枯病

（1）症状。主要危害小麦叶鞘、茎秆，发病初期在地表或近地表的叶鞘上先产生淡黄色小斑点，随后出现典型的黄褐色梭形或眼点状病斑；后期病株基部茎节腐烂，病苗枯死。

（2）防治方法。用咯菌腈拌种。小麦返青至拔节初期，病株率达10%左右时，可选用噻呋酰胺、戊唑醇、丙环唑、烯唑醇、井冈霉素、多抗霉素、木霉菌、井冈·蜡芽菌等高效、低毒杀菌剂或生物菌剂，用足药液量，对准基部，均匀喷透。

5. 小麦茎基腐病

拌种处理。发病初期，可选用氟唑菌酰羟胺、噻呋酰胺、氰烯菌酯、醚菌酯、吡唑醚菌酯、嘧菌酯·丙环唑、氰烯·戊唑醇、丙唑·戊唑醇等防治镰刀菌的药剂。要注意加大用水量，将药液喷淋在麦株茎基部，以确保防治效果。

6. 小麦蚜虫

（1）症状。以成虫和若虫在叶片正反两面或基部叶鞘内外吸食汁液，致受害株生长缓慢，分蘖减少，麦苗黄枯，严重时麦株不能正常抽穗，还可传带小麦黄矮病。小麦蚜虫主要有二叉蚜、长管蚜，属同翅目蚜科。

（2）防治方法。有条件的地区提倡释放蚜茧蜂、瓢虫等进行生物防治。当苗期田间百茎蚜量达到200头时，应进行重点挑治；当穗期田间百穗蚜量达500头时，可选用4.5%高效氯氰菊酯乳油2 000倍液、25%噻虫嗪水分散粒剂5 000倍液、20%啶虫脒乳油1 000~1 500倍液、50%吡蚜酮水分散粒剂1 500~2 000倍液均匀喷雾。

7. 麦蜘蛛

（1）症状。在小麦苗期吸食叶汁液，被害叶上初现许多细小白斑，以后麦叶变黄。属蛛形纲蜱螨目，主要有麦圆蜘蛛和麦长腿蜘蛛两种。

（2）防治方法。可通过深耕、除草、增施肥料、灌水等农业措施进行控制。有条件的地区，可采用人工释放捕食螨进行防治。在返青拔节期，当平均单垄33 cm行长螨量达200头时，可选用阿维菌素、联苯菊酯、马拉·辛硫磷、联苯·三唑磷等药剂喷雾防治，

8. 地下害虫　对于地下害虫，主要进行防治。防治方法如下。

（1）药剂拌种。地下害虫一般发生区，用40%辛硫磷乳油或50%二嗪磷乳油，按种子量的0.1%~0.2%拌种，拌后堆闷4~6 h播种；或用70%吡虫啉种子处理可分散粉剂可粉剂35 g，兑水400 mL，拌入15 kg小麦种子。地下害虫、蚜虫、纹枯病、根腐病、全蚀病等混合发生区，可用60%吡虫啉悬浮种衣剂30 mL+6%戊唑醇悬浮种衣剂10 mL，加水0.3~0.4 kg，拌种15~20 kg；或采用45%烯肟·苯·噻虫悬浮种衣剂50 g兑水150 mL拌种或包衣10 kg小麦种子，或采用27%苯醚·咯·噻虫悬浮种衣剂35 g，兑水400 mL，拌种15 kg小麦种子，待表面水分晾干后即可播种。

（2）土壤处理。地下害虫严重发生区要采用土壤处理和药剂拌种相结合，土壤处理可亩用3%辛硫磷颗粒剂3~4 kg均匀撒施于播种沟内，随后覆土。

（3）毒土或灌根处理。当麦田因地下害虫危害死苗率达到3%时，立即用40%辛硫磷乳油或40%甲基异柳磷乳油每亩200~250 mL加水2.5 kg，用细干土30~35 kg拌匀，制成毒土，顺麦垄撒施防治；或用辛硫磷等药剂灌根进行防治。

9. 麦田杂草防控技术

（1）非化学控草技术。精选麦种，剔除其中的杂草种子；清洁田园、合理密植、施用腐熟的农家肥，实行麦-油、麦-菜轮作倒茬等措施，减轻伴生杂草危害；提高整地质量，合理运筹施肥，加强苗期病虫害防治，促使小麦苗全、苗壮、苗匀，提高小麦对杂草的竞争力。小麦播种前通过旋耕整地灭除田间已经出苗的杂草，清洁和过滤灌溉水源，阻止田外杂草种子的输入。每3年深翻一次土壤，深度在30 cm左右，有效压低杂草基数。在小麦行间，用玉米秸秆进行覆盖，可有效降低杂草出苗，抑制草害发生。

（2）化学控草技术。防治时期在冬小麦苗后3~5叶期，阔叶、禾本科杂草2~4叶期（2个分蘖前），基本出齐苗；春后小麦返青后至拔节前。防治婆婆纳、猪殃殃等阔叶类杂草，每亩可选用50%吡氟酰草胺15 g或75%苯磺隆干悬浮剂1.8~2 g或10%双氟磺草胺水分散粒剂10 g，兑水30~50 kg喷雾；也可选用85% 2甲4氯钠可溶性粉每亩50 g，兑水40~50 kg喷雾。防除野燕麦等禾本科杂草，每亩用6.9%精恶唑禾草灵水乳剂40~50 mL或8%啶磺草胺可分散油悬浮剂7.5~12.5 mL或70%氟唑磺隆水分散粒剂3~4 g，兑水30 kg均匀喷施。

（3）除草剂使用注意事项。一是严格掌握用药量，禁止使用长残留除草剂，在小麦整个生长周期只允许化学除草1次；二是选择无风或微风的晴天，气温稳定在10 ℃以上，一般在10：00后、17：00时前喷药；三是在浇返青水后或雨后土壤水分充足时进行施药，土壤干燥时要适当多兑些水；四是采用二次稀释法，药水混合均匀，做到三不喷，即有露水不喷、阴雨天不喷、风大不喷；喷雾时要喷细、喷匀，要防止重喷、漏喷，防止飘移到麦田周围造成其他作物上产生药害。

10. 科学用药技术　选用"三证"齐全、质量合格的药剂，做到打准时期、用足药量、科学混配、交替用药，并注意保护蜜蜂等非靶标生物；推广使用自走式宽幅施药机械、电动喷雾器、无人机等先进施药机械喷雾防治，尽可能选用小孔径喷头喷雾，添加相应的功能助剂，保证适宜的雾滴大小和药液均匀展布，确保防治效果；植保无人机施药，每亩用水量不低于 1.5 L，并添加沉降剂。

（白秀娥）

第三节　玉米病虫草害防治技术

1. 玉米丝黑穗病

（1）症状。一般在穗期表现典型症状，主要危害雄穗和雌穗。受害雄穗花器变形，不形成雄蕊，颖片呈多叶状，或过度生长呈管状长刺头状；有部分花序被害、雄花变成黑粉。受害雌穗较短，基部粗，顶端尖，不吐花丝，除苞叶外整个果穗变成黑粉包，其内混有丝状寄主维管束组织；有的增生，变成绿色枝状物；有的苞叶变狭小，簇生畸形，黑粉极少。偶尔侵染叶片，形成长梭状斑，裂开散出黑粉或沿裂口长出丝状物。病株多矮化，分蘖多。

（2）发生规律。系统性侵染的真菌病害。病菌在土壤、粪肥或种子上越冬，成为翌年初的侵染源，种子带菌是远距离传播的主要途径。病菌可在土壤中存活 2～3 年。播种早、种子覆土过厚、墒情差的地块发病较重，高寒冷凉地块易发病。促进快速出苗，减少病菌侵染概率，可降低发病率。不同品种间的抗病性差异明显。

（3）防治方法。农业防治：优先选用抗（耐）病品种，加强栽培管理，避免早播；种子处理：选用 60 g/L 戊唑醇悬浮种衣剂或 20% 灭菌唑种子处理悬浮剂 100～200 mL 包衣 100 kg 种子，稍晾干后播种。

2. 玉米大斑病

（1）症状。主要危害叶片，严重时也危害叶鞘和苞叶。由植株下部叶片开始发病，自下而上扩展。叶片染病先出现水渍状青灰色斑点，然后沿叶脉向两端扩展，形成边缘暗褐色、中央灰褐色的长梭形大斑。发病严重时，多个病斑连片，引起叶片早枯。湿度大时病斑表面密生灰黑色霉状物。

（2）发生规律。病菌附着在病残组织内越冬，成为翌年初的侵染源，种子表面带菌率极低。玉米生长期病菌可多次进行再侵染。玉米大斑病的流行与玉米品种感病程度有关，适温、高湿有利于病害发生流行，密度大、连作地、瘠薄地、后期脱肥地块发病重，晚播比早播发病重。拔节至穗期多雨、多雾或连续阴雨天气宜导致病害发生和发展蔓延，造成严重损失。

（3）防治方法。采取以种植抗病品种为主，适期早播，增施有机肥，合理密植；秋收后及时清理田园，秸秆集中处理，或高温发酵用作堆肥等综合防治措施。发病初期，打掉底部叶片，并选用枯草芽孢杆菌、井冈霉素、苯醚甲环唑、丁香菌酯、吡唑醚菌酯、丙环·嘧菌酯等药剂进行喷雾防治；视发病情况隔 7～10 d 再喷 1 次，与芸薹素内酯等混用可提高防效。

3. 玉米小斑病

（1）症状。常和大斑病同时或混合发生，整个生育期均可发病，以抽雄灌浆期发生严重。主要危害叶片，有时也危害叶鞘、苞叶和果穗。叶片上的病斑比大斑病小得多，但病斑数量远多于大斑病，病斑呈椭圆形、圆形或长圆形，初为水浸状，后为黄褐色或红褐色，边缘颜色较深，密集时常互相连接成片，形成较大的枯斑。多从植株下部叶片先发病，后向上蔓延扩展。叶鞘和苞叶染病，病斑较大、纺锤形、黄褐色、边缘紫色不明显，并长有灰黑色霉层。果穗染病病部生不规则的灰色霉层，严重时果穗腐烂，种子发黑霉变。

（2）发生规律。真菌病害。病菌主要在病残体上越冬，翌年借风雨、气流传播，进行初侵染和再侵染。温度高（平均温度高于 25 ℃）、湿度大有利于病害发生流行。连茬种植、施肥不足、排水不良、土质黏重、播种过迟等，均利于发病。

（3）防治方法。农业防治：选用抗病品种，合理密植，科学施肥，增强植株抗病力；药剂防治：发病初期喷施丙环·嘧菌酯、代森铵、井冈霉素等药剂，视发病情况隔 7～10 d 再喷 1 次。每亩用 45% 代森铵水剂78～100 mL或18.7%丙环·嘧菌酯悬乳剂50～70 mL兑水50 kg喷雾防治，间隔7～10 d，连防2～3次。

4. 玉米纹枯病 选用抗（耐）病品种，合理密植。选用含有噻呋酰胺的种子处理剂包衣或拌种，发病初期剥除茎基部发病叶鞘，喷施井冈霉素等杀菌剂，视发病情况隔7～10 d再喷1次。

5. 玉米茎腐病

（1）症状。又称青枯病、根腐病、晚枯病，是由多种病原菌侵染产生的病害。在玉米灌浆期开始发病，乳熟末期至蜡熟期进入显症高峰。从开始出现病叶至全株显症一般在7 d左右。茎基腐病常见有3种类型。一是青枯型，又称急性型，叶片自下而上突然萎蔫，迅速枯死，叶片呈灰绿色、水烫状，乳熟至蜡熟期症状明显，田间病株可达80%以上；二是黄枯型，又称慢性型，有从上而下枯死和自下而上枯死两种，叶片逐渐变黄而死，多见于抗病品种，发病时期与青枯型相近，茎基局部软腐；三是湿腐型，植株上部仍然青枝绿叶，一般不多见。

（2）发生规律。由多种病原菌引起，其中最重要的是真菌型茎腐病。系统性侵染病为土传病害，以侵染主根部为主。病菌在种子或随病残体在土壤、肥料中越冬，翌年从植株气孔或伤口侵入。矮化品种、早熟品种易染病。抽雄至成熟期高湿、高温利于茎基腐病发生流行，尤其雨后骤晴、土壤湿度大、气温剧升，往往导致该病暴发成灾。地势低洼、栽植过密及连作地发病重，人工打叶和玉米螟等危害均能加重发病。

（3）防治方法。农业防治：选用抗病品种，药剂处理种子；调整茬口，适期晚播，合理密植，与矮秆作物间作；增施有机肥和硫酸钾肥，及时防治玉米螟等虫害。药剂防治：播种前，选用25 g/L咯菌腈悬浮种衣剂100～200 mL或11%精甲·咯·嘧菌悬浮种衣剂200～300 mL或18%吡唑醚菌酯种子处理悬浮剂27～33 mL，可包衣100 kg种子。

6. 玉米矮花叶病

（1）症状。整个生育期均可感染，7片叶前后发病最重。幼苗染病，心叶基部细胞间出现椭圆形褪绿小点，断续排列呈条点花叶状，并发展成黄绿色相间的条纹症状；后期病叶叶尖的叶缘变红紫色而干枯，发病重的叶片发黄、变脆、易折；病叶鞘、病果穗的苞叶也能出现花叶状；早期发病，病株矮化明显。

（2）发生规律。主要在田边被病毒侵染的雀麦、牛鞭草等多年生禾本科杂草上越冬，或由种子带毒。毒源主要借助于蚜虫吸食而传播，汁液摩擦也可传毒。病害的发生和流行与蚜虫介体的种类、虫口密度及自然带毒率关系密切，5—6月降雨少、气候干旱、管理粗放的地块发病重。

（3）防治方法。农业防治：选用抗病品种，田间尽早识别并拔除病株。适期播种，及时中耕除草，可减少传毒寄主。药剂防治：在传毒蚜虫迁入玉米田的始期和盛期，及时喷洒20%啶虫脒乳油或50%吡蚜酮可湿性粉剂1 500倍液进行防治。

7. 玉米粗缩病

（1）症状。病株茎节明显缩短变粗，严重矮化，仅为健株高的1/3～1/2。叶片浓绿对生，宽短硬直。顶叶簇生，心叶卷曲变小。叶背及叶鞘的叶脉上有粗细不一的蜡白色突起条斑。苗期发病，不能抽穗结实，往往提早枯死；拔节后发病，上部茎节缩短，虽能抽穗结实，但雄花轴短缩，穗小畸形；后期发病症状不明显，但千粒重有所下降。

（2）发生规律。粗缩病毒在冬小麦、多年生杂草及传毒介体灰飞虱上越冬，玉米整个生育期均可侵染发病。玉米出苗至五叶期，如与传毒昆虫迁飞高峰期相遇易发病。田间管理粗放、杂草多、灰飞虱虫口密度大，春玉米晚播、夏玉米早播，发病重。

（3）防治方法。农业防治：选用抗耐性较强的品种，调整播期，避免与小麦套播，减少苗期感染；清除田间、地边杂草，减少毒源。合理施肥、灌水，加强田间管理，缩短玉米苗期时间，减少传毒机会。结合定苗拔除病苗。药剂防治：玉米播种时用杀虫剂拌种，出苗后及时防治灰飞虱；发病初期喷洒5%氨基寡糖素或6%低聚寡糖500倍液，可减轻危害。

8. 小地老虎

（1）症状及发生规律。幼虫将玉米幼苗近地面的茎部咬断，使整株死亡；造成缺苗断垄，严重的甚至毁种，汾河、文峪河灌区常年有所发生，某些年份严重，是春播保苗的主要防治对象。幼虫3龄前在地面、杂草或寄主幼嫩部位取食，3龄后昼间潜伏表土中，夜间出来为害。幼虫危害盛期通常在5月中旬。小地老虎喜潮湿环境，一般在低洼下湿、土壤黏重、杂草较多的地块发生重。

（2）防治方法。农业防治：及时清除田内外杂草，杀灭卵和幼虫。物理防治：4月田间放置小地老虎性诱剂、糖醋液或黑光灯诱杀成虫。当田间点片为害时，可人工拨土捕捉消灭幼虫。药剂防治：播前用噻虫胺、溴氰虫酰胺种衣剂进行拌种或包衣处理。苗期小地老虎发生时，可选用氯虫苯甲酰胺、高效氯氟氰菊酯等药剂围绕作物根际喷施；对4龄以后的幼虫，可选用高效氯氟氰菊酯乳油，按1:3:4的比例加入酒、红糖、醋，把新鲜的菠菜、白菜叶切碎作饵料施于作物根际诱杀；也可用辛硫磷乳油、毒死蜱乳油加细土，配成毒土触杀。

9. 玉米螟

（1）症状及发生规律。属鳞翅目螟蛾科，俗称玉米钻心虫，多食性害虫，主要危害玉米、高粱、谷子等禾本科作物及棉花、麻、向日葵等。以幼虫危害心叶，造成花叶和排孔，玉米抽雄后钻蛀茎秆和穗柄，蛀食穗粒，引起折株或穗腐、粒腐，影响产量和质量。玉米螟在吕梁市一年发生两代，以老熟幼虫在寄主茎秆、穗轴、根茬内越冬。翌年5月中旬开始化蛹，5月下旬开始出现成虫，6月中旬为成虫盛期。一代卵始见于6月上旬，盛期在6月中下旬，末期在7月初。一代幼虫发生期在6月中旬初至7月中旬初，7月下旬一代成虫开始羽化。二代卵盛期在8月上旬至8月中旬末，二代幼虫期为8月上旬至9月，盛发期在8月中下旬。

（2）防治方法。秸秆粉碎还田，减少虫源基数；越冬代成虫化蛹前15 d进行白僵菌封垛；成虫发生期使用杀虫灯结合性诱剂诱杀；成虫产卵初期释放赤眼蜂灭卵；心叶末期喷洒苏云金杆菌、球孢白僵菌等生物制剂，或选用四氯虫酰胺、氯虫苯甲酰胺、高效氯氟氰菊酯等药剂与甲维盐复配喷施，提高防治效果，兼治蚜虫和红蜘蛛等害虫；辛硫磷颗粒剂或喇叭口期毒土撒施。

10. 黏虫

（1）症状及发生规律。属鳞翅目夜蛾科。幼虫食叶，初龄幼虫仅能啃食叶肉，3龄后可蚕食叶片成缺刻，5龄、6龄幼虫进入暴食期，成虫昼伏夜出，傍晚开始活动，黄昏时觅食，大发生时可将作物叶片全部食光。

（2）防治方法。成虫发生期，田间安置杀虫灯，集中连片使用，傍晚至次日凌晨开灯；及时清除田边杂草。幼虫3龄之前施药防治，在黏虫卵孵化初期喷施苏云金杆菌制剂，注意临近桑园的田块不能使用，低龄幼虫可用灭幼脲。当玉米田虫口密度二代达30头/百株和三代50头/百株以上时，可用甲维盐、氯虫苯甲酰胺、高效氯氟氰菊酯等杀虫剂喷雾防治。

11. 玉米叶螨

（1）症状及发生规律。又称玉米红蜘蛛，主要有截形叶螨、二斑叶螨和朱砂叶螨3种，属蛛形纲真螨目叶螨科。可危害玉米、高粱、向日葵、豆类、棉花、蔬菜、果树等多种作物。以成、若螨群聚叶片背面吸食汁液，被害处呈现失绿斑点，严重时叶片变白干枯。扩散主要靠爬行、吐丝下垂或借风力转迁。一般6月下旬至7月上旬为扩散增殖阶段，形成点片危害，7月中旬至8月中旬进入危害高峰期。干旱是其危害严重的重要条件。一般旱地重于水地，沙壤地重于其他地，早播田重于晚播田，地膜覆盖田重于露地，留苗密度大的重于密度小的田。品种间的抗螨性存在明显差异，叶片上茸毛多的品种相对较轻。

（2）防治方法。种植抗耐害品种；避免与蔬菜、豆类间套种；轮作倒茬；及时清除田边地头杂草，消灭早期叶螨栖息场所。发生初期剪除底部有螨叶片，装入袋内统一深埋。点片发生时，选用唑螨酯、螺螨酯、阿维菌素等喷雾或合理混配喷施，重点喷洒田块周边玉米植株中下部叶片背面，田边地头的杂草也要一同喷洒；加入尿素水、展着剂等可起到恢复叶片、提高防治效率的作用。

玉米喇叭口期百株螨量达1万头时，结合追肥喷药防治。药剂可选用20%唑螨酯悬浮剂、10%联苯菊酯乳油3 000～4 000倍液、15%螺螨酯乳油3 000倍液喷雾，持效期10～15 d。

12. 玉米蚜

（1）症状及发生规律。属同翅目蚜科。山西省一年发生10余代，以成、若蚜群集在植株上吸食汁液，影响植物生长发育，并传播病毒病。一般发生在 7—8 月玉米生长中后期，此间如遇干旱，易造成严重危害。玉米蚜多群集在心叶处为害，分泌蜜露，产生黑色霉状物，别于高粱蚜。

（2）防治方法。结合中耕清除田间、地边杂草。用噻虫嗪药剂拌种。当发现中心蚜株时，可及时采用溴氰菊酯等药剂进行点杀；当蚜株率达 30%～40% 时，苗期百株蚜量 5 000 头、成株期百株蚜量 1.5 万头可选用噻虫嗪、啶虫脒、吡蚜酮、氟啶虫酰胺等喷雾防治；或生物药剂苦参碱、印楝素等喷雾防治。

13. 双斑萤叶甲

（1）症状及发生规律。属鞘翅目叶甲科。双斑萤叶甲为多食性害虫，可危害玉米、高粱、谷子、棉花、豆类、马铃薯及十字花科蔬菜等多种作物。主要以成虫危害玉米叶片、雄穗和雌穗。一年发生一代，以卵在玉米根部土中越冬。6 月开始出见成虫，7—8 月进入危害盛期。一般干旱年份发生重。种植密度大、田间郁闭，也有利于虫害发生。

（2）防治方法。及时铲除田边、地埂杂草，秋季深翻灭卵。害虫盛发期，可选用高效氯氰菊酯、甲氨基阿维菌素苯甲酸盐、啶虫脒、氯虫苯甲酰胺等药剂喷雾防治。喷药时间最好选择 10:00 前和 17:00 后，避开中午高温时间，以免施药人员中暑、中毒或者对玉米产生药害，同时这两个时间段又是双斑长跗萤叶甲成虫活跃期，此时喷药可提高防治效果。

14. 草地贪夜蛾 主要防治方法为对虫口密度高、集中连片发生区域，抓住幼虫低龄期实施统防统治和联防联控；对分散发生区实施重点挑治和点杀点治。推广应用乙基多杀菌素、茚虫威、甲维盐、虫螨腈、氯虫苯甲酰胺等高效低风险农药，注重农药的交替使用、轮换使用、安全使用，延缓抗药性产生，提高防控效果。

15. 玉米田杂草防除技术

（1）非化学控草技术。杂草结实前及时清除田间、沟渠、地边和田埂生长的杂草，防止杂草种子扩散入玉米田。合理密植，抑制田间杂草发生和生长。采取玉米间作套种大豆、花生、绿豆等作物，减少伴生杂草发生。强化肥水管理，提高玉米对杂草的竞争力。在玉米苗期和中期，结合施肥，采取机械中耕培土，清除行间杂草。在玉米行与行之间，利用粉碎的小麦、大豆等作物秸秆覆盖，降低杂草出苗数量，抑制杂草植株生长。

（2）化学控草技术。土壤处理：玉米播后苗前，选用乙草胺、（精）异丙甲草胺、异丙草胺、氟噻草胺、唑嘧磺草胺、噻吩磺隆、噻酮磺隆、2,4-滴异辛酯、异噁唑草酮等药剂及其复配制剂进行土壤封闭处理。茎叶处理：在玉米 3～5 叶期、杂草 2～5 叶期，选用烟嘧磺隆、硝磺草酮、苯唑草酮、苯唑氟草酮、氨唑草酮、噻酮磺隆、甲酰氨基嘧磺隆、莠去津等药剂及其复配制剂防治稗草、马唐、狗尾草等禾本科杂草，选用氯氟吡氧乙酸、二氯吡啶酸、辛酰溴苯腈、特丁津、硝磺草酮等药剂及其复配制剂防除反枝苋、藜、苘麻等阔叶杂草。

注意事项：苗前除草剂用药量要根据土壤墒情和土壤有机质含量而定，土壤有机质含量高、含水量低用高剂量，反之用低剂量。沙壤土地块，不宜使用 2,4-滴异辛酯等药剂，以防淋溶药害。春季低温多雨、低洼易涝地块，使用含乙草胺的配方应注意施药时期和用量的选择，避免发生药害。莠去津属于长残留除草剂，使用量应控制在每亩 38 g（按有效成分含量计算）以下；使用过莠去津的玉米田，要谨慎选择下茬作物，以防产生药害。当季使用过烟嘧磺隆除草剂的地块，避免使用有机磷农药，以免发生药害。

（白育铭）

第四节　谷子病虫草害防治技术

1. 谷子白发病

（1）症状。系统性侵染病害，从发芽到穗期陆续显症，且不同时期表现不同的症状。种子萌发过程中被侵染，幼芽变色扭曲，严重时导致腐烂，可造成芽死；3 片叶到抽穗前，病叶下面出现黄白色条斑，叶背面生灰白色霉状物，称"灰背"；叶片变为黄白色，称"白尖"；后变成褐色，有时病叶不能展开呈"枪杆"状，甚至扭折卷曲呈旋心状，最后叶片组织分裂为细丝，散出大量黄褐色粉末，留下灰白色卷曲的叶脉残余，称"白发"。病株如能抽穗，病穗缩短、肥肿，小花内外颖变长、丛生、卷曲，初呈红色或绿色，后变为褐色，全穗蓬松如刺猬，称为"刺猬头"。

（2）发生规律。病菌以卵孢子在土壤、病残体和附着在种子上越冬，为翌年侵染的来源。卵孢子在土壤中可存活2～3年，用混有病株的谷草饲喂牲畜，排出的粪便中仍有多数存活的卵孢子。谷子芽长3 cm以前最易被侵染。灰背时期病菌可借气流传播进行再侵染，局部形成灰背、枯斑。土温20 ℃、相对湿度60％，最适宜病菌卵孢子萌发侵染，低温潮湿土壤中种子萌发和幼苗出土速度慢容易发病；土壤墒情差、播种深或土壤温度低时病害发生亦重；温暖潮湿气候发病多；连作发病重。

（3）防治方法。农业防治：选用抗病品种；适期晚播、浅播，促使幼苗早出土；病田实行2～3年轮作倒茬；有机肥要充分腐熟，忌用带病谷草沤肥，避免粪肥传染。及时拔除田间灰背、白尖、黑穗等病株，并带出田外集中烧毁或深埋。药剂防治：播种期用35 ％甲霜灵种子处理干粉剂按种子重量的0.2％～0.3％拌种，先用1％清水或米汤将种子湿润，再拌入药粉，拌种后及时播种；或用45％代森铵水剂180～360倍液浸种。

2. 谷子黑穗病

（1）症状。谷子黑穗病除穗部被害外，其他部分不表现明显症状，因此，在抽穗前一般不易被识别。病穗一般不畸形，抽穗稍迟，较正常穗轻。病粒、病穗刚开始为灰绿色，以后变为灰白色，通常全穗发病，少数情况下穗上有部分健粒。病粒比正常籽粒稍大，内部充满黑褐色粉末。

（2）发生规律。该病属芽期侵染的系统性病害。冬孢子附着在种子表面越冬，成为翌年初侵染源。种子萌发后，病菌的双核菌丝主要从幼苗的胚芽鞘侵入，并扩展到生长点，随寄主发育不断扩展，最后侵入穗部，形成黑穗。冬孢子在土壤温度12～25 ℃时均可萌发侵染，一般土壤墒情差、出苗缓慢的地块发病重。

（3）防治方法。农业防治：病田实行2年以上的轮作倒茬；选用抗病品种及无病田所繁育的种子；田间及早剔除病穗并销毁。药剂防治：播种时，用40％拌种双粉剂按种子量的0.2％～0.3％拌种，或50％多菌灵可湿性粉剂按种子量的0.2％拌种，或50％克菌丹可湿性粉剂按种子重量的0.3％拌种，或25％三唑酮可湿性粉剂、15％三唑醇干拌种剂、50％福美双可湿性粉剂均以种子重量的0.2％～0.3％的药量拌种，或用2％戊唑醇湿拌种剂、50％多菌灵乳油、25％三唑酮可湿性粉剂均按种子重量的0.3％拌种。

3. 谷瘟病

（1）症状。谷子各生育期均可发病，可侵害谷子叶片、叶鞘、节、穗颈、穗轴或穗梗等部位，引起叶瘟、穗颈瘟、穗瘟等不同症状。叶片染病，初现水渍状暗褐色小斑，后变为梭形，中央灰白色，边缘紫褐色，部分有黄色晕环，空气湿度大时叶背密生灰色霉层，严重时病斑融合，使叶片全部或部分枯死。叶鞘病斑长椭圆形，严重时枯黄。茎节染病，初呈黄褐色或黑褐色小病斑，逐渐扩展环绕全节，影响灌浆结实，甚至造成病节上部枯死，易倒伏。穗颈染病，初为褐色小点，逐渐上下扩展为黑褐色，受害早发展快的病斑可环绕穗颈，造成全穗枯死。穗主轴上发病，呈现半穗枯死、黄白色。小穗梗发病、变褐枯死，籽粒干瘪。

（2）发生规律。谷瘟病菌主要以病残体在田间或发病的种子上越冬，成为翌年初侵染源，田间发病后，借气流和雨水传播进行再侵染。阴雨多、露重、寡照，有利于病害发生和流行。氮肥施用过多，谷子贪青徒长田块发病重；黏土、低洼地发病重；8月是谷瘟病的发病高峰期；不同品种间抗病性差异明显。

（3）防治方法。农业防治：选用抗病品种，实行2～3年轮作；采用配方施肥，忌偏施氮肥；合理调整种植密度，及时排灌，增加植株抗病力；病田收获后及时清除病残体。药剂防治：发病初期，用2％春雷霉素水剂500～600倍液，或40％敌瘟磷乳油500～800倍液，或20％三环唑可湿性粉剂1 000倍液，或70％甲基托布津可湿性粉剂2 000倍液喷雾，每亩喷液量40～50 kg；发病严重时，抽穗前可再喷1次。

4. 谷锈病

（1）症状。主要危害叶片，叶鞘上也可发生。发病初期在叶背面、少数叶正面出现红褐色椭圆形小斑，散生或排列成行，后表皮破裂散出铁锈色粉末。发病严重时，叶面布满病斑，致使叶片早枯、籽粒秕瘦。

（2）发生规律。流行性病害，主要发生在谷子生长中后期，一般在谷子抽穗前后开始发病。病菌随谷草、肥料在干燥场所，或随病残体在田间越冬，成为翌年初侵染源。高温、多雨有利于病害发生；地势低洼，施用氮肥过多，植株生长过密，田边寄主杂草多均有利于发病；谷子品种间抗病性差异明显。

（3）防治方法。农业防治：选用抗病品种。适期早播避病，合理密植，雨季田间及时排水，忌偏施氮肥，增施磷、钾肥，提高植株抗病力。药剂防治：田间病叶率为1%～5%时，用20%三唑酮乳油1 000～1 500倍液或12.5%烯唑醇可湿性粉剂1 500～2 000倍液喷雾，间隔7～10 d再喷雾1次。病株达5%时，选用井冈霉素等生物农药，或菌核净、烯唑醇、代森锰锌等药剂在谷子茎基部喷施，7～10 d后喷施1次。

5. 地下害虫

（1）危害特点。危害谷子的地下害虫主要有蛴螬、蝼蛄、金针虫等，主要取食谷子的种子、根、茎、幼苗等，造成缺苗断垄或使幼苗生长不良。

（2）防治方法。物理防治：深耕耙耱，精耕细作，随耕拾虫，清除田间杂草，降低虫口数量。利用地下害虫成虫的趋光性，在成虫盛发期，可采用黑光灯、频振式杀虫灯进行诱杀。药剂防治：用50%辛硫磷乳油0.1 kg兑水5 kg拌种50 kg，拌种时要充分拌匀，阴干后才可以播种（重发区用40%辛硫磷乳油30 mL兑水200 mL拌种10 kg）；采用沟施毒谷防治，毒谷制作可用40%辛硫磷乳油100 mL兑水500 mL，加5 kg煮半熟的谷子，拌匀，晾干后施用，每亩施0.5 kg。毒饵诱杀，每亩用90%晶体敌百虫75 g，先用温水将其溶解，再加水1.5 kg，配成药液，喷拌在炒熟的麦麸或粉碎炒香的豆饼上，放置4～6 h，即成毒饵，撒入田间。

6. 粟灰螟

（1）危害特点。俗称谷子钻心虫，除危害谷子外，还危害糜、黍、玉米、高粱以及稗草、狗尾草等杂草。以幼虫蛀茎危害，谷子受害后，苗期造成枯心苗；成株期造成白穗、谷粒干瘪，遇风雨易倒伏折断，造成减产。

（2）发生规律。吕梁市中北部一年发生1代，南部发生2代，以老熟幼虫在谷茬和秸秆内越冬。冬温暖，春多雨，夏干旱，有利于虫害发生。5月、6月雨多湿度大，利于化蛹、羽化和产卵。该虫危害严重。

（3）防治方法。农业防治：深耕耙耱，拾烧根茬，压低虫源基数；尽可能远距离轮作；适期早播，使拔节期与粟灰螟产卵盛期错开；发现枯心苗及时拔除并带出地外深埋，防止幼虫转株危害。成虫期灯诱结合性诱剂诱杀。药剂防治：选择在卵孵化后、幼虫蛀茎之前进行防治。吕梁市平川、石楼等2代区一般在6月中下旬；吕梁山区1代发生区一般在7月上中旬。防治指标：谷田冬后百茬活虫7头。方法是用50%辛硫磷乳油100 g，加适量水后与20 kg细土搅拌均匀，每亩撒施毒土40 kg左右，撒时要对准谷苗；或用4.5%高效氯氰菊酯乳油1 500～2 000倍液、2.5%高效氯氟氰菊酯乳油、2.5%溴氰菊酯乳油或21%氰·马乳油2 000倍液喷雾防治，隔7～10 d再喷1次。也可用苏云金杆菌可湿性粉剂（100亿活芽孢/g），每亩50 g，兑水稀释2 000倍液喷雾防治。

7. 粟叶甲

（1）危害特点。粟叶甲又称黄肢细胸叶甲、谷子负泥虫、白焦虫。主要危害谷子，也危害糜、黍、大麦、小麦、高粱、玉米等。以成虫和幼虫在谷子苗期至心叶期危害叶片。成虫沿叶脉咬食叶肉，受害叶片形成白色条纹。幼虫钻入心叶内舔食叶肉，残留在叶脉及表皮，致使叶片呈现白色焦枯纵行条斑，受害严重时，造成枯心、烂叶或整株枯死。

（2）发生规律。一年发生1代。以成虫潜于杂草根际、作物残株内、谷茬地土缝中或梯田地堰石块下越冬，翌年5—6月成虫飞出活动，6月中旬至7月中旬是危害盛期。幼虫危害盛期在6月下旬至7月上旬。粟叶甲一般在山区旱地、早播田、谷苗长势好的地块发生严重。而川水地、晚播田、谷苗长势差的地块发生较轻。5—6月降雨偏多，丘陵地区发生比较严重。

（3）防治方法。农业防治：合理轮作，避免重茬。秋后或早春，结合耕地，清除田间农作物残株落叶和地头、地埂的杂草，集中销毁，破坏成虫越冬场所，减少越冬虫源。有计划地提前播种小面积的诱集田，将越冬成虫诱集在长势好的早播诱集田内，集中消灭，减少受害面积。药剂防治在粟叶甲成虫盛期或卵孵化盛期，用2.5％溴氰菊酯乳油50 mL兑水1～2 kg，拌细土20～25 kg制成毒土，撒施于植株心叶内和叶腋间，或用40％辛硫磷乳油、4.5％高效氯氰菊酯乳油或25％氰戊•辛乳油1 500～2 000倍液喷雾防治，兼治苗期谷跳甲、象鼻虫等害虫。

8. 黏虫 幼虫3龄前，选用甲维盐、氯氰菊酯、溴氰菊酯、氯虫苯甲酰胺、灭幼脲等药剂喷雾防治。20％氯虫苯甲酰胺悬浮液3 000倍液、4.5％高效氯氰菊酯乳油1 500倍液，或25％灭幼脲3号胶悬剂30～40 g，兑水40～50 kg喷雾防治。

9. 谷田化学除草技术

（1）土壤封闭。播后苗前，选择无风的晴天，用10％单嘧磺隆可湿性粉剂每亩10～20 g（30～40 g），或50％扑草净可湿性粉剂50 g，兑水40～50 kg均匀喷洒土表，防除禾本科杂草和阔叶杂草。土壤封闭处理施药后15 d内不得翻动土层。

（2）茎叶喷雾。谷苗4～5叶期，播后苗前未施用除草剂的地块，可行苗后化学除草；双子叶杂草重发区每亩用56％2甲4氯可溶性粉剂30～50 g，或85％2甲4氯异辛酯乳油15～30 mL，兑水15～30 kg喷雾；禾本科杂草重发区每亩用50％的稗草烯乳油300～400 mL，兑水15～30 kg喷雾。茎叶处理使用扇形喷头，均匀喷雾，防止重喷和漏喷，同时避免药液漂移，以防产生药害。

（白秀娥）

第五节 高粱病虫草害防治技术

1. 高粱丝黑穗病

（1）症状。病株矮于健株。发病初期病穗穗苞很紧，下部膨大，旗叶直挺，剥开可见内生白色棒状物，即乌米。乌米逐渐长大，内部组织由白变黑后开裂，乌米从苞叶内外伸，表面被覆白膜破裂，露出黑色丝状物及黑粉。叶片染病表现为在叶片上形成红紫色条状斑，扩展后呈长梭形条斑，后期条斑中部破裂，病斑上产生黑色孢子堆。

（2）发生规律。幼苗系统侵染真菌性病害，以土壤、种子、粪肥带菌传病。散落在土壤中的病菌从种子萌发至芽长1.5 cm时侵入高粱幼芽，穗期症状明显。高粱品种间抗病性差异很大。土壤温度及含水量与发病密切相关。当5 cm深的土壤温度在15 ℃左右、土壤含水量为18％～20％时，最利于侵染发病。播种时土壤温度偏低或覆土过厚，幼苗出土缓慢易发病，连作田、翻地整地粗放、墒情不好的地块发病重。

（3）防治方法。农业防治：选用抗病品种，温水浸种处理种子；实行3年以上轮作倒茬；秋季深翻灭菌；适时播种，不宜过早；避免播种过深或覆土过厚；施用不带病残组织的粪肥，有机肥充分腐熟后才可施用；在病穗灰包破裂之前及早拔除病株，集中深埋或烧毁。药剂防治：播种前，每100 kg种子用60 g/L戊唑醇悬浮种衣剂100～150 mL进行药剂拌种，拌种要均匀，阴干后播种；或用40％拌种双可湿性粉剂按药种比1∶（200～333）拌种，拌种要均匀，随拌随播，要求干拌，不宜湿拌、堆闷。

2. 高粱炭疽病

（1）症状。主要危害叶片，也可危害幼苗、叶鞘、茎和穗部。病苗根发红、腐烂，植株细弱、矮小，严重时全株枯死。多从叶片顶端开始发病，病斑初为紫褐色小点，扩大后呈纺锤形，中部褪为黄褐色，病斑中央生有许多小黑点，严重的造成叶片局部或大部分枯死。叶鞘染病后病斑较大，呈椭圆形。高粱抽穗后，病菌还可侵染幼嫩的穗颈，受害处形成较大的病斑，其上也生有小黑点，易造成病穗倒折。此外，还可危害穗轴和枝梗或茎秆，造成腐败。

（2）发生规律。病原菌在高粱病残体和染病的杂草上越冬，种子带菌是病害远距离的传播途径。田间植株发病后，病斑上产生大量的分生孢子，借风雨传播蔓延，进行多次再侵染。北方7—8月多雨寡照有利于病害流行。低洼高湿田块易发病。

（3）防治方法。农业防治：选用抗病品种；施充分腐熟的有机肥，适当追肥，做到后期不脱肥；收获后及时处理病残体，深翻土壤；重病田实行轮作。药剂防治：发病初期，选用25％溴菌腈可湿性粉剂 500 倍液，或 50％多菌灵可湿性粉剂 800 倍液，或 70％甲基托布津可湿性粉剂 1 000 倍液，或 50％苯菌灵可湿性粉剂 1 500 倍液喷雾防治，每隔 5～7 d 喷 1 次，视病情防治 1～2 次。

3. 高粱顶腐病

（1）症状。成株高粱顶部叶片染病失绿、畸形、皱褶或扭曲，边缘出现许多横向刀切状缺刻。病叶上生褐色斑点，严重的顶部 4～5 片叶的叶尖或整个叶片枯烂。后期叶片短小或残存基部部分组织，呈撕裂状。部分品种顶部叶片扭曲或互相卷裹，呈长鞭弯垂状。叶鞘、茎秆染病致叶鞘干枯，茎秆变软或倒伏。花序染病穗头短小，轻的部分小花败育，重的整穗不结实。主穗染病早的，造成侧枝发育，形成多头穗，分蘖穗发育不良。湿度大时，病部产生一层粉红色霉状物，致穗部腐烂。

（2）发生规律。病菌以菌丝、分生孢子在病株、种子、病残体上及土壤中越冬。苗期、成株期均可染病。发病适温 22～28 ℃；发病期间降雨多、相对湿度大易加重病情。

（3）防治方法。农业防治：实行 3～4 年轮作；合理密植，增加田间通风透气性；及时排除田间积水；对心叶已扭曲腐烂的较重病株，可剪去包裹穗部的叶片，以利于高粱正常吐穗，挑开的叶片在通风和日晒条件下，发病组织会很快干枯，可有效控制病害的发展。药剂防治：7 月中下旬发病初期，每亩用 70％甲基硫菌灵可湿性粉剂 100 g，或 20％苯醚甲环唑水乳剂 30～40 mL，兑水 30 kg，喷雾防治，视发病情况隔 7～10 d 再喷 1 次。

4. 地下害虫　高粱田常见地下害虫有蛴螬、金针虫、地老虎、蝼蛄等。主要在作物苗期危害，导致缺苗断垄、出苗不齐，前中期可能出现苗弱、发黄、生长矮小等症状。

防治方法。农业防治：深耕细作，清除田间及周边杂草，使用充分腐熟的有机肥；成虫发生期用杀虫灯、性信息素、糖醋液等进行诱杀。药剂防治：播种时可选用 600 g/L 吡虫啉悬浮种衣剂 30 mL，兑水 50～75 mL，拌高粱种子 8～10 kg，防治地下害虫、蚜虫。苗期小地老虎发生时，用溴氰菊酯或氯虫苯甲酰胺等药剂喷雾防治。

5. 高粱蚜虫　危害高粱的蚜虫，除高粱蚜以外，还有玉米蚜、麦二叉蚜、麦长管蚜、粟缢管蚜等，但以高粱蚜危害最重。

（1）危害特征。多以成、若虫聚集在高粱叶背，由下部叶片向上蔓延，刺吸汁液，并排出大量蜜露，滴落在叶面及茎秆部位，严重时可积聚成层，油光发亮，即所谓高粱"起油"。受害植株轻则叶片变红，重则叶片枯黄，甚至不能抽穗，造成减产乃至绝收。

（2）发生规律。高粱蚜在山西省一年发生 10 多代，以卵在荻草上越冬。高粱蚜发生时期较长，一般长达 3 个月之久，通常 7 月下旬至 8 月上旬为严重危害阶段。高粱蚜有间歇性猖獗突发的特性，影响大发生的主要因素为气象条件和天敌数量。一般春、夏干旱适温，旬降水量在 20 mm 以下，最适宜其繁殖和危害。地势低洼、背风的高粱地发生早，受害重；晚播、含糖量大的多穗高粱及杂交高粱制种田，发生也较重。天敌对其发生有一定的抑制作用。

（3）防治方法。农业防治：铲除越冬寄主，消灭蚜卵；有条件的可在田间周边种植紫花苜蓿、芝麻等显花植物或间作大豆，诱集草蛉、瓢虫等天敌昆虫；及时轻剪底部叶片，并带出田外深埋。药剂防治：早期点片发生期可进行挑治；抽穗前当百株蚜量达 1 万头，即田间蚜量突增开始出现起油株时，用 25 g/L 高效氯氟氰菊酯乳油每亩 12～20 mL，或 50％吡蚜酮水分散粒剂每亩 20～30 g，或 5％啶虫脒乳油 3 000 倍液喷雾防治；吡虫啉拌种对前期蚜虫有较好的防治效果。

6. 玉米螟　当百株虫量在 30 头以下时，每亩用 16 000 IU/mg 苏云金杆菌可湿性粉剂 250～300 g，或 0.3％印楝素乳油 80～100 mL，兑水喷雾防治；当百株虫量达到 30 头及以上时，用氯虫苯甲酰胺、噻虫嗪、甲氨基阿维菌素苯甲酸盐等药剂喷雾防治。

7. 高粱田杂草防除技术

（1）非化学控草技术。杂草结实前及时清除田间沟渠、地边和田埂生长的杂草，防止杂草种子扩散入高粱田危害。合理密植，抑制田间杂草发生和生长。采取与非禾本科作物的轮作倒茬，减少伴生杂草发生。强化肥水管理，提高高粱对杂草的竞争力。在高粱苗期和中期，结合施肥，采取机械中耕培土，清除行间杂草。

（2）化学控草技术。播后苗前，每亩用 50％异甲·莠去津悬浮剂 150～200 mL、960 g/L 异丙甲草胺乳油 90～110 mL，或 38％莠去津悬浮剂 316～395 mL，兑水 50 kg 左右，均匀喷施于土表，防除一年生禾本科及阔叶杂草。墒情较差的田块，宜在降雨或灌水后施药。高粱 4～5 叶期、杂草 2～4 叶期，每亩用 37％二氯·莠去津可分散油悬浮剂 140～200 mL 或 10％喹草酮悬浮剂 60～80 mL，兑水 30 kg，进行茎叶处理，防除一年生禾本科杂草和阔叶杂草。注意施药应喷雾均匀，不重喷、不漏喷，勿超过推荐剂量用药。在大风时或大雨前不要施药，避免漂移。

（孙超超）

第六节　马铃薯病虫害防治技术

1. 马铃薯晚疫

（1）症状。主要侵害马铃薯的叶、茎和块茎。叶片发病多从叶尖和叶缘开始，初为水渍状褪绿斑，在冷凉潮湿的条件下，病斑迅速扩大，变为暗绿色至褐色圆斑，甚至可扩大至全叶，叶背常生白色霉层；严重时叶片萎垂、发黑，可造成全株枯死；干燥时，叶片上的病斑变褐干枯，质脆易碎，无白霉，且扩展速度减慢。茎部受害出现长短不一的褐色条斑，在潮湿条件下，通常会长出白色霉，但较为稀疏。块茎受害时形成淡褐色或灰紫色不规则的病斑，稍下陷，下层薯肉变为褐色。土壤干燥时病变部位发硬干缩，潮湿时也可长出白霉。病薯很容易被其他病菌侵染而发生并发症，常常由于细菌感染而形成软腐病。

（2）发生规律。病菌主要以菌丝体在病薯中越冬，通过气流、雨水或灌溉水传播。带菌种薯播种后，有的不发芽或发芽出土即死去，有的出土后成为田间中心病株，若条件适宜，经 10～14 d 就会扩展蔓延到全田。病害的流行多与开花期相吻合。低温多雨是造成病害流行的主要条件，阴雨、多雾、结露的天气最有利于病菌的侵入、蔓延和流行。地势低洼、排水不良、田间湿度大发病重，马铃薯不同品种对晚疫病的抗性有很大差异，一般早熟品种不抗病，晚熟品较抗病。

（3）防治方法。农业防治：选用抗病品种和脱毒种薯，合理密植，推广高垄、大垄栽培，控制氮肥，增施磷钾肥，适当增施钙肥提高植株自身抗病能力。避免与茄科类、十字花科类作物轮作或套种。及时排涝。发现中心病株及时拔除，并在病穴处撒石灰消毒。种薯切刀消毒：播种前把种薯先放在室内堆放 5～6 d，进行晾种，不断剔除病薯。在种薯切块过程中，用 75％酒精或 3％甲酚皂溶液（来苏水）或 0.5％的高锰酸钾溶液浸泡切刀 5～10 min 进行消毒，采用多把切刀轮换使用。将种薯切成 40～50 g 大小的薯块，且每块上带 2～3 个芽眼，切块大小应均匀一致。药剂防治：种薯切块后用 35％精甲霜灵悬浮种衣剂 120 mL 包衣 100 kg 种薯，晾干后播种。加强田间调查，发病初期，选用代森锰锌、氟啶胺、氰霜唑，或枯草芽孢杆菌等保护性杀菌剂进行全田喷雾处理。进入流行期后，依据监测预报，选用烯酰吗啉、氟噻唑吡乙酮、丁子香酚、噁酮·霜脲氰、氟菌·霜霉威、嘧菌酯等药剂进行防控。施药间隔根据降水量和所用药剂的持效期决定，一般间隔 5～10 d，连喷 2～3 次。喷药后 4 h 内遇雨应及时补喷。注意轮换、交替用药。

马铃薯收获前 7 d 左右采用机械杀秧。杀秧后收获前喷施 1 次杀菌剂，如烯酰吗啉、氢氧化铜或霜脲氰·噁唑菌酮等，以杀死土壤表面及残秧上的病菌，防止侵染受伤薯块。入库时剔除病薯，库内保持干燥和低温（2～4 ℃）环境条件，以抑制病菌的生长和传播。

2. 马铃薯早疫病

（1）症状。主要危害叶片，也可侵染块茎。发病初期叶片上出现褐黑色的小斑点，然后病斑逐渐扩大，形成同心轮纹，与健康组织有明显的界线，多为卵圆形或多角形，病斑为干枯斑点，不呈现水浸状，严重时病斑连成一片，整个叶片枯死。天气潮湿时，病斑上生黑色绒毛状霉层。植株下部的叶片先发病，再向上部蔓延。块茎受侵后，薯皮上出现略下陷、边缘清楚的褐黑色圆形或不规则病斑，病斑下的薯肉呈褐色、干腐。

（2）发生规律。病菌以分生孢子、菌丝体在病残体或带病薯块上越冬，土壤可以带菌，是翌年春季田间发病的初侵染源。病株上新产生的分生孢子借风、雨传播，在适宜的温湿度条件下，自气孔、伤口或表皮侵入，进行多次再侵染，使病害蔓延扩大。高温多湿，阴雨多雾，植株生长衰弱，有利于早疫病侵染和蔓延，发病较重。过早或过晚栽培，发病都较重。瘠薄地块及肥力不足地块发病重，偏施氮肥、磷肥会导致发病加重，钾肥增强抗病性。

（3）防治方法。农业防治：选用抗（耐）病品种，一般晚熟品种的发病率低于早熟品种，我国筛选出的抗性品种有晋薯 14、晋薯 7 号、同薯 20、同薯 23，陇薯 3 号、6 号、克新 1 号、克新 4 号、克新 12、克新 13、克新 18。增施有机肥；推行配方施肥，适量增施钾肥，适时喷施磷酸二氢钾等叶面肥，提高植株抗病力；雨后及时清沟排渍降湿，促进植株健康；及时清除病残体。药剂防治：发病初期喷施丙森锌、代森锰锌等保护性杀菌剂，发病较重时，用百菌清、嘧菌酯、啶酰菌胺、肟菌·戊唑醇等药剂防治，每 7～10 d 喷 1 次，连喷 2～3 次。

3. 马铃薯病毒病

（1）症状。常见的马铃薯病毒病有 3 种类型。花叶型：叶面叶绿素分布不均，呈浓绿淡绿色相间或黄绿色相间斑驳花叶，严重时叶片皱缩，全株矮化，有时伴有叶脉透明；坏死型：叶、叶脉、叶柄及枝条、茎部都可出现褐色坏死斑，病斑发展呈坏死条斑，严重时全叶枯死或萎蔫脱落；卷叶型：叶片沿主脉或自边缘向内翻转，变硬、革质化，严重时每片小叶呈筒状。此外还有复合侵染，引起马铃薯发生条斑坏死。

（2）发生规律。感染病毒的马铃薯，病毒通过块茎可代代相传。传播途径，一是汁液摩擦传播，如种薯切块，病、健株接触摩擦，农事劳动与植株的反复接触；二是以蚜虫传播。此外，25 ℃以上高温可降低马铃薯对病毒的抵抗力，也有利于传毒昆虫的繁殖、迁飞，加速病毒病的传播扩展。一般冷凉山区的马铃薯发病轻。

（3）防治方法。农业防治：采用优质脱毒种薯播种；及早拔除病株；实行精耕细作，高垄栽培，及时培土；科学合理施肥；注意中耕除草。药剂防治：用噻虫嗪进行种薯处理，生长期根据蚜虫发生情况，采用吡虫啉、吡蚜酮等药剂进行喷雾防治。发病初期喷施寡糖·链蛋白或几丁聚糖水剂，通过诱导植物体产生抗性蛋白，提高植物的免疫力，促进植物生长。

4. 马铃薯黑痣病

（1）症状。土传真菌性病害，主要危害幼芽、茎基部及块茎。幼芽染病，有的出土前腐烂形成芽腐，造成缺苗。出土后染病，初植株下部叶片，茎基形成褐色凹陷斑，大小 1～6 cm；病斑上或茎基部常覆有灰色菌丝层，有时茎基部及块茎生出大小不等形状各异的菌核；发病严重的幼苗立枯或顶部萎蔫，或叶片卷曲呈舟状，茎节腋芽产生紫红色或绿色气生块茎，或地下茎基部产生许多无经济价值的小马铃薯，表面散生许多黑褐色菌核。

（2）发生规律。以病薯上或留在土壤中的菌核越冬。带病种薯是翌年主要侵染源，也是远距离传播的主要载体。马铃薯生长期间病菌从土壤中根系或茎基部伤口侵入，引起发病。温度偏低、土壤湿度大、中性肥沃的土壤特别适宜该病的发生，播种早、播种后温度低、湿度大的区域发病重。

（3）防治措施。农业防治：选用干净无病种薯播种；实行 3 年以上轮作，最好与小麦、玉米、大豆等作物倒茬；适时晚播和浅播，以提高地温，促进早出苗，减少幼芽在土壤中的时间，减少病菌的侵染；一旦田间发现病株，应及时拔除，在远离种植地块处深埋，病穴内撒入生石灰等消毒。药剂防治：播种前每 100 kg 种薯用 25 g/L 咯菌腈悬浮种衣剂 100～200 mL 或 22％氟唑菌苯胺种子处理悬浮剂 8～12 mL，加水 0.5～1 L 将药剂稀释后与种子充分搅拌，晾干后催芽或直接播种；或每亩用 240 g/L 噻呋酰胺悬浮剂 100～200 mL 兑水 30 L，于马铃薯覆土前喷洒于垄沟内的种薯及周围的土壤上，喷后合垄。用氟唑菌苯胺等药剂喷雾拌种，也可用氟酰胺·嘧菌酯喷施沟面和种薯，或用木霉菌或双核丝核菌生物药剂播种时拌种或沟施，可减轻发病。

5. 马铃薯环腐病

（1）症状。主要侵染马铃薯的维管束系统，引起植株萎蔫；叶片褪绿，块茎组织腐烂。一般在开花期后发病，初期为叶脉间斑驳状褪绿，以后叶片边缘或全叶黄枯并向上卷曲。块茎发病外部无明显症状，随病势发展皮色变暗，芽眼发黑枯死，切开可见维管束变为乳黄色至黑褐色，皮层内呈环形或弧形坏死部，故称环腐。病株的根、茎部维管束常变褐色，病蔓有时溢出白色菌脓。

（2）发生规律。细菌病害：病菌在种薯中越冬，成为翌年初侵染源。病菌主要靠切刀传播，经伤口侵入，健薯只有在维管束部分接触到病菌才能感染；病薯播下后，部分芽眼腐烂不发芽，出土病芽的病菌沿维管束上升，至茎中部或沿茎进入新结薯块而致病。影响该病流行的主要环境因素是温度，温暖干燥的天气有利于病害发展。

（3）防治措施。农业防治：种植抗病品种，播种前汰除病薯；建立无病留种田，尽可能采用整薯播种；种薯切块时对切刀严格进行消毒；结合中耕培土，及时拔除病株，并带出田外集中处理。药剂防治：用 50 mg/kg 的硫酸铜溶液浸泡种薯 10 min，或 100 mg/L 春雷霉素药液浸泡薯块 1～2 h。

6. 马铃薯黑胫病

（1）症状。主要危害茎和薯块，从发芽到生长后期均可发病。薯块：薯块染病由脐部开始，呈放射状向髓部扩展，病部呈黑褐色或黑色，横切检查维管束呈黑褐色点状或短线状，用手挤压皮肉不分离。病轻时，脐部只呈黑点状，干燥时变硬、紧缩，但在长时间高湿度环境中，薯块变为黑褐色，腐烂发臭；严重时，薯块中间烂成空腔。幼苗：幼苗染病一般在株高 15～18 cm 时出现症状，表现为植株矮小，生长衰弱，节间缩短，病株易从土中拔出，拔出后茎基部往往带有母薯腐烂物。发病部位茎秆常常自动开裂，横切茎可见维管束为褐色，并分泌出大量的臭味黏液；同时叶片上卷，褪绿黄化，茎部变黑，萎蔫而死。如果病害发展较慢时，植株逐渐枯萎，结果部位上移，易长气生块茎。

（2）发生规律。细菌病害：带菌种薯和田间尚未完全腐烂的病薯是初侵染源，土壤一般不带菌；细菌从伤口侵入，用刀切种薯是传播的主要途径；种蝇的幼虫及线虫可在块茎间传病，田间病菌也可通过灌溉水或雨水传播，从伤口侵入；带菌种薯播种后，在适宜条件下，细菌沿维管束侵染块茎的幼芽，随着植株的生长，再侵入根、茎、匍匐茎和新结块茎；窖藏期间，窖内通风不良，高温高湿，往往造成大量烂薯；种薯切块时切刀不消毒，切块后又堆放在一起，不利于切面伤口迅速形成木栓层，使发病率增高。土壤黏重，排水不良，发病较重。

（3）防治方法。选用抗病品种、无病种薯；切刀消毒；轮作 1 年以上；播种期选用噻菌铜或噻霉酮药剂浸泡种薯或拌种；发现病株应及时全株拔除，集中销毁，在病穴及周边撒少许熟石灰；发病初期用噻唑锌、噻菌铜或噻霉酮等药剂滴灌或喷淋。

7. 马铃薯疮痂病

（1）症状。感病马铃薯块茎表面出现近圆形至不定形木栓化疮痂状淡褐色病斑或斑块，手摸质感粗糙。疮痂病发生后，病斑虽然仅限于皮层，但被害薯块质量和产量仍可降低，病薯不耐储藏，外观难看，商品品级大为下降，导致一定的经济损失。

（2）发生规律。病菌在土壤中腐生或在病薯上越冬。在块茎生长早期表皮木栓化之前，病菌从皮孔或伤口侵入后染病，当块茎表面木栓化后，侵入则较困难。病薯长出的植株极易发病，健薯播入带菌土壤中也能发病。品种间抗病性有差异，白色薄皮品种易感病，褐色厚皮品种较抗病。在中性或微碱性沙土中容易发病。一般在高温干旱条件下发病较重。

（3）防治方法。选用抗病品种；实行 5 年以上的轮作，适当施用酸性肥料和增施绿肥，有条件时在块茎形成和膨大期间少量多次灌水；施用有机肥、生物菌肥。药物防治：播种前用 0.2% 的福尔马林浸种 2 h，或种薯切口涂硫黄粉进行种薯消毒。播种时用噻呋酰胺或嘧菌酯垄沟施药。用 10 亿 CFU/g 解淀粉芽孢杆菌 QST713 悬浮剂 350～500 mL 喷淋种薯，在开花期用氢氧化铜或氯化铜、春雷霉素等喷雾。

8. 地下害虫　主要包括金针虫、地老虎、蛴螬、蝼蛄等。

防治方法。秋季深翻地，清除田园及周边杂草；利用性信息素诱杀成虫，每亩设置 1 个性诱捕器，设置高度超过马铃薯植株顶端 20 cm 左右；也可利用灯光诱杀，每 20～30 亩布设 1 台杀虫灯，夜间定时开灯诱杀。播种时可选用绿僵菌或白僵菌、苏云金杆菌等生物制剂混土处理。成虫出土前用辛硫磷拌土地面撒施，或出土后用溴氰菊酯等药剂喷雾防治。

9. 二十八星瓢虫

（1）危害特点。又名马铃薯瓢虫、花大姐，因 2 个鞘翅上有 28 个黑斑点而得名。主要危害马铃薯和茄子。以成虫和幼虫啃食叶肉，残留表皮，形成许多平行透明的凹纹，后变为褐色斑痕，严重者仅留叶脉，造成全株枯死。茄果表皮受害处常破裂，组织变硬而粗糙，失去食用价值。

（2）发生规律。二十八星瓢虫在吕梁市一年发生 1～2 代，以成虫在石缝、树洞、杂草丛中群集越冬。5 月上旬开始出蛰活动，在茄子、番茄、龙葵等茄科植物上取食；5 月中下旬早播马铃薯出苗后即迁入田间危害；6 月中下旬是越冬代成虫发生盛期，也是产卵盛期；6 月中旬始见一代幼虫，6 月下旬至 7 月上中旬为一代幼虫盛期；7 月上中旬始见化蛹，7 月下旬至 8 月上旬为化蛹盛期；7 月中下旬一代成虫出现，直至 8 月上旬越冬代成虫和一代卵、幼虫、蛹、成虫混合发生。成虫产卵期很长，卵黄色多产在叶背，常 20～30 粒直立成块。成、幼虫都有取食卵的习性，成虫有假死性，并可分泌黄色黏液。一般 6 月下旬至 7 月上旬、8 月中旬分别是第一、第二代幼虫的危害盛期，从 9 月中旬至 10 月上旬成虫迁移越冬。

（3）防治措施。农业防治：铲除田间地头的枯枝、杂草，破坏越冬场所，利用成虫假死性冬季或早春进行人工捕杀成虫，用薄膜承接并叩打植株，使之坠落，收集灭之；人工摘除卵块。药剂防治：卵孵化盛期至 2 龄幼虫分散前进行药剂防治，可选用 4.5％高效氯氰菊酯乳油 1 500 倍液、50％辛硫磷乳油 800～1 000 倍液、1.8％阿维菌素乳油 1 000 倍液进行叶面喷雾，施药间隔期 7～10 d。注意药液一定要喷到叶的正反面。

10. 豆芫菁

（1）危害特征。豆芫菁俗称斑蝥，属鞘翅目芫菁科，是一种复变态昆虫。寄主植物除马铃薯、大豆外，还有花生、棉花、甜菜、番茄、苋菜、蕹菜等。以成虫啃食马铃薯叶片，造成叶片孔洞或缺刻，甚至吃光，只剩网状叶脉。幼虫以蝗卵为食，是蝗虫的重要天敌。

（2）发生规律。一年发生 1 代，以 5 龄幼虫（伪蛹）在土中越冬，成虫发生期在 6 月下旬至 8 月中旬。有群集性，多在白天取食，能短距离迁飞，爬行力强，受惊即逃或落地躲藏，并从腿节及其他关节处分泌出含有芫菁素的黄色汁液，若接触人的皮肤可引起红肿、起水疱。

（3）防治方法。利用成虫喜欢聚集危害的特性，可用捕虫网捕虫集中消灭，但勿接触人体，以免引起红肿、起水疱。成虫发生期，用 90％敌百虫晶体 800～1 000 倍液，或 50％辛硫磷乳油 1 000 倍液，或 80％敌敌畏乳油 1 500 倍液，或 4.5％高效氯氰菊酯乳油 2 000～3 000 倍液喷雾防治。

11. 蚜虫 以成、若虫群集叶背吸汁危害，还可传播马铃薯的病毒病。

防治方法。铲除田间、地边杂草，切断蚜虫中间寄主和栖息场所。用苦参碱、除虫菊等生物药剂防治。在蚜虫发生始盛期，用苦参碱、除虫菊等生物药剂，或每亩用 50％吡蚜酮水分散粒剂 20～30 g 或 10％氟啶虫酰胺水分散粒剂 35～50 g 兑水喷雾防治。

12. 杂草防除技术

（1）非化学控草技术。及时清除田边、路旁的杂草，防止杂草侵入农田。采取马铃薯与禾本科、豆科、十字花科等作物轮作，行间套种大豆、花生等措施，减少伴生杂草发生。在马铃薯苗期和生长中期，结合施肥，采取机械中耕培土，防除行间杂草。覆膜种植马铃薯田，可选用无色生物降解地膜、黑白相间地膜、黑色地膜进行覆盖除草。

（2）化学控草技术。马铃薯田杂草化学防控采用"一封一盖（一补）"策略。覆膜马铃薯田，采用土壤封闭处理加薄膜覆盖防除杂草，播种前 3～7 d，选用二甲戊灵、乙草胺、精异丙甲草胺、敌草胺等药剂及其复配制剂进行土壤封闭处理，处理后薄膜覆盖防除杂草。覆膜马铃薯出苗后，根据田间杂草发生情况，在行间补施茎叶处理除草剂；选用精喹禾灵、烯草酮、高效氟吡甲禾灵等药剂及其复配制剂防治马唐、稗草等禾本科杂草；选用砜嘧磺隆、嗪草酮、灭草松等药剂及其复配制剂定向行间喷雾防治反枝苋、马齿苋、牛繁缕等阔叶杂草。非覆膜马铃薯田，选用上述除草剂进行土壤封闭处理和苗后茎叶喷雾处理。

禁限用农药名录（2023 版）

《农产品质量安全法》规定，禁止在农产品生产经营过程中使用国家禁止使用的农业投入品以及其他有毒有害物质。《农药管理条例》规定，农药使用应按照标签规定的使用范围、安全间隔期用药，不得超范围用药。剧毒、高毒农药不得用于防治卫生害虫，不得用于蔬菜、瓜果、茶叶、菌类、中草药材的生产，不得用于水生植物的病虫害防治。

禁止使用的农药（52 种）：六六六、滴滴涕、毒杀芬、二溴氯丙烷、杀虫脒、二溴乙烷、除草醚、艾氏剂、狄氏剂、汞制剂、砷类、铅类、敌枯双、氟乙酰胺、甘氟、毒鼠强、氟乙酸钠、毒鼠硅、甲胺磷、对硫磷、甲基对硫磷、久效磷、磷胺、苯线磷、地虫硫磷、甲基硫环磷、磷化钙、磷化镁、磷化锌、硫线磷、蝇毒磷、治螟磷、特丁硫磷、氯磺隆、胺苯磺隆、甲磺隆、福美肿、福美甲肿、三氯杀螨醇、林丹、硫丹、氟虫胺、杀扑磷、百草枯、灭蚁灵、氯丹、2，4-滴丁脂、甲拌磷、甲基异柳磷、水胺硫磷、灭线磷、溴甲烷。

　　注：2，4-滴丁脂过渡期至2023年1月29日，过渡期内处于登记有效期内可按登记要求使用。甲拌磷、甲基异柳磷、水胺硫磷、灭线磷过渡期至2024年9月1日，过渡期内禁止在蔬菜、瓜果、茶叶、菌类、中草药材上使用，禁止用于防治卫生害虫，禁止用于水生植物的病虫害防治。甲拌磷、甲基异柳磷过渡期内禁止在甘蔗上使用。过渡期后禁止销售和使用上述5种农药。溴甲烷仅可用于"检疫熏蒸处理"。

（白秀娥）

第七节　玉米有机旱作生产技术

1. 选地、整地　选择地势平坦，有机质含量较高，土层深厚，排水方便的旱坪地、旱塬地、沟坝地和水平梯田等，忌盐碱地，前茬以豆类、薯类为好。秸秆粉碎还田，结合农家肥三年一深松或深翻，一般年份收获后使用圆盘耙浅耕灭茬作业，以耙代耕，既节省能源，又可以避免过度翻耕土壤。

2. 品种选择　选用通过审定的适宜在吕梁市旱地种植的玉米品种，适应当地土壤和气候条件，旱坪地、梯田地、旱塬地选择五谷704、瑞普686、龙生1号等品种，沟坝地、河滩地选择强盛388、先玉、大丰系列等。

饲草玉米选择大京九23。

鲜食玉米选择万糯2000、美玉27号。

强盛388品种由山西省农业科学院玉米研究所、山西省强盛种业有限公司选育。生育期129 d左右，株高平均265 cm，株型紧凑，总叶片数22片左右，穗位平均105 cm。穗轴红色，穗长平均22.1 cm，穗行数16～18行，行粒数平均38粒，籽粒黄色、半马齿型，百粒重38.9 g，出籽率89.5%，籽粒容重692 g/L，含粗蛋白9.05%、粗脂肪3.54%、粗淀粉75.47%，平均亩产710 kg。

五谷704品种由甘肃五谷种业有限公司选育。生育期129 d，株高300 cm，株型紧凑，穗位121 cm，穗轴红色，籽粒黄色、马齿型，百粒重35.9 g，籽粒容重759 g/L，含粗蛋白9.05%、粗脂肪4.25%、粗淀粉73.89%，平均亩产960 kg。

龙生1号品种由晋中龙生种业有限公司选育。生育期128 d，株高300 cm，株型半紧凑，总叶片数20片，穗位115 cm，穗轴红色，穗长22 cm，穗行数16行，行粒数39粒，籽粒黄色、马齿型，百粒重39 g，出籽率87.8%，籽粒容重759 g/L，含粗蛋白9.59%、粗脂肪4.34%、粗淀粉74.17%，平均亩产955 kg。

瑞普686品种由山西省农业科学院玉米研究所选育。生育期129 d，株型半紧凑，株高约315 cm，穗位122 cm。幼苗第一叶叶鞘，叶缘紫色，花药黄绿色，颖壳绿色，花丝粉红色；长成之后，叶片数20片，果穗呈锥形，穗长约20.3 cm，穗行数17.8行，行粒数37.9粒，穗轴为红色，籽粒为黄色、半马齿型，百粒重约36.5 g，出籽率82.2%，籽粒容重751 g/L，含粗蛋白8.45%、粗脂肪4.24%、粗淀粉76.19%，平均亩产量857.2 kg。

先玉1321品种由辽宁省铁岭先锋种子研究有限公司选育。生育期135 d，株高305 cm，穗位高127 cm，叶片数22片左右，穗轴红色，穗长20.5 cm，穗行数16～18行，行粒数43.3粒。籽粒黄色、半硬粒型，百粒重37.3 g，籽粒容重765 g/L，含粗蛋白8.06%、粗脂肪3.58%、粗淀粉76.38%、赖氨酸0.29%，平均亩产996 kg。

大京九23品种由河南省大京九种业有限公司选育，2008年8月通过国家审定。生育期127 d，株高250 cm，穗长23 cm，穗位整齐，穗行数16～18行，结实性好，籽粒黄色、半马齿型、品质好，籽粒含蛋白质9.86%、脂肪4.24%、淀粉72.29%、赖氨酸0.30%，秸秆粗蛋白含量9.30%，秸秆成熟，持绿性强，是粮饲兼用的极好品种。高抗矮花叶病，抗大、小斑病和纹枯病。平均每亩生物产量6 068.65 kg。

万糯2000品种由河北省华穗特用玉米种业有限责任公司选育。春播出苗至鲜穗采收期85 d，幼苗叶鞘浅紫色，叶片深绿色，叶缘白色，花药浅紫色，颖壳绿色；株型半紧凑，株高 202.8 cm，穗位 77.2 cm，成株叶片数 20 片；花丝绿色，果穗长筒形，穗长 18.8 cm，穗行数 14～16 行，穗轴白色，籽粒白色、硬粒型，百粒重（鲜籽粒）37.9 g，平均倒伏（折）率 4.5％。中抗腐霉茎腐病和纹枯病，感小斑病。支链淀粉占总淀粉含量的 97.3％，皮渣率 9.3％。平均亩产鲜穗 894.3 kg。

美玉 27 品种由海南绿川种苗有限公司选育。出苗至鲜穗采收期 75 d，比对照苏玉糯 2 号晚熟 1 d。幼苗叶鞘浅紫色，叶片绿色，叶缘绿色，花药紫色，颖壳绿色；株型半紧凑，株高 217 cm，穗位高 85 cm，成株叶片数 19 片。果穗长锥形，穗长 21.1 cm，穗行数 14～16 行，穗粗 4.9 cm，穗轴白色，籽粒白色、糯质，百粒重 37.5 g。高感丝黑穗病，中抗小斑病，高感瘤黑粉病，高感矮花叶病，皮渣率 8％，支链淀粉占总淀粉含量 97.4％。平均亩产 1 039.0 kg。

3. 播种 根据当地病虫害发生特点，农药拌种或种衣剂包衣种子进行预防；10 cm 耕层地温连续 5 d 稳定达到 10 ℃、土壤相对含水量为 60％～80％时播种；合理密植，单粒播种，播种深度 3～5 cm；半紧凑品种每亩种植 3 000～3 500 株，紧凑品种每亩种植 3 500～4 000 株，饲草玉米每亩种植 4 000 株左右，鲜食玉米每亩种植 3 500 株左右。玉米全膜覆盖精量播种机见图 9-2。

4. 播种方式

（1）全膜宽窄行。选用幅宽 165 cm、厚度 0.01 mm 的薄膜，杂草较多地块宜选用黑色地膜，采用小垄宽

图 9-2 2BQM-4 型一膜（2m）四行玉米全膜覆盖精量播种机

40 cm、大垄宽 70 cm、垄高 10 cm；地膜相接处在大垄中间，用土压实，紧贴垄面垄沟，每隔 2 m 用土横压覆膜后，在垄沟内每隔 50 cm 处打渗水孔。种子播在垄沟内，用机械起垄覆膜一体化播种作业。玉米覆膜种植对比见图 9-3，全膜宽窄行种植见图 9-4，全膜宽窄行种植与普通种植对比见图 9-5。

图 9-3 玉米覆膜种植对比

图 9-4 全膜宽窄行种植　　　　图 9-5 全膜宽窄行种植与普通种植对比

（2）宽膜多沟等行。选用幅宽200 cm、厚度0.01 mm的薄膜，杂草较多地块宜选用黑色地膜，等行距开沟10 cm，沟距60 cm。种子播在垄沟内，使用宽膜多沟一体机播种作业。

（3）膜侧播种。选用60 cm、80 cm宽，厚度0.01 mm的薄膜半膜覆盖（图9-6）。

图9-6 膜侧种植与传统种植模式对比

5. 施肥

（1）基肥。每亩施充分腐熟农家肥2 000～3 000 kg或商品有机肥200～300 kg，每亩施缓控释配方肥40 kg，宜选用$N-P_2O_5-K_2O=25-13-5$（或相近配方）配方肥。

（2）追肥。大喇叭口期叶面喷肥。

6. 田间管理 及时放苗，缺苗时催芽补种，4～5叶时定苗，去除病、杂、弱苗，每穴留1株壮苗。

7. 病虫草害防治

（1）大小斑病。主要是高温多湿引发，多在抽雄灌浆期发生于叶片。发病初期可用吡唑醚菌酯、代森铵等药剂喷雾防治，连喷2～3次。

（2）玉米螟、棉铃虫。主要以幼虫危害心叶及果穗，7月下旬卵孵化，8月为危害盛期。选择在卵孵化盛期或低龄幼虫期使用除脲·高氯氟、氰戊·辛硫磷等药剂喷雾防治。

（3）双斑萤叶甲。干旱年份7—8月容易发生，一年1代，以成虫取食叶肉，残留网状叶脉，还可以咬食玉米的花丝以及刚灌浆的嫩粒。虫害发生期可选用高效氯氰菊酯、甲氨基阿维菌素苯甲酸盐等药剂喷雾防治。

（4）地下害虫。播前用氯虫苯甲酰胺、溴酰·噻虫嗪等种衣剂拌种防治小地老虎等地下害虫；播后苗前每亩用50%乙甲草胺加40%阿特拉津各100 mL兑水75 kg地面喷施封闭除草。

8. 收获 玉米苞叶变黄、籽粒变硬、有光泽时收获，及时回收残膜；饲草玉米蜡熟期开始收获；鲜食玉米一般在乳熟末期至腊熟初期采收。玉米联合收割机见图9-7。

图9-7 玉米联合收割机

（薛志强）

第八节 谷子有机旱作生产技术

1. 选地、整地 谷子喜光、喜温、耐旱、耐瘠薄，因此选择地势高、气候干燥、向阳、土层深厚的通风透光的岭坡地或梯田地，不宜种植在下湿、背阴、盐碱、窝风地，忌重茬，避迎茬，前茬选择豆类、薯类等。结合秋耕一次性施入农家肥、化肥作基肥，施肥深度15～25 cm；3年深松或深耕一次，深度30 cm以上；春季地表解冻时及时镇压保墒，播前平整土地、消灭坷垃、碎土保墒、上虚下实，以利出苗。

2. 品种选择 选用适宜当地种植的抗旱优质高产品种。无霜期在140 d以上的地区用晋谷21、晋谷40、晋谷29等品种；冷凉山区选用适宜当地的品种。

（1）晋谷21。1991年开始推广。生育期125 d，株高150 cm左右，主茎节数23节，茎粗0.66 cm，穗纺锤形，高肥水地呈棒状，支穗密度5个/cm，穗长22～25 cm，穗重22～24.5 g，出谷率75%～90%，出米率70%～80%，千粒重3～3.3 g。含粗蛋白15.12%、粗脂肪5.76%、总淀粉73.84%、赖氨酸0.28%。平均亩产300 kg。特点是米色金黄发亮，口味醇香，晋谷系列谷子一般单秆不分蘖，但是在特殊年份也会大量分蘖，且每个分蘖都能成穗，中耕时不要拔除。如品种退化混杂，白发病较重。

（2）晋谷29。山西省农业科学院经济作物研究所以晋谷21为母本、晋谷20为父本，杂交选育而成。株高130~135 cm，生育期115 d，穗呈棒状，白谷黄米，含蛋白质13.39%、脂肪5.04%、赖氨酸0.37%、直链淀粉12.2%，胶稠度144 mm，碱消指数2.5。平均亩产279 kg。

（3）晋谷40。父本为晋谷21，母本为糯谷，纺锤形，外观及商品性与晋谷21相近，蛋白质含量比晋谷21低4个百分点，刚毛比晋谷21短，有的地区米色稍淡，省火好煮。平均亩产300 kg。

（4）张杂谷3号。生育期113 d，含粗蛋白11.12%、粗脂肪3.72%、粗淀粉65.59%、支链淀粉（占淀粉）70.59%，胶稠度131.0 mm。平均亩产500 kg。

（5）张杂谷8号。生育期90 d左右，适宜夏播和晚春播。幼苗深绿色，根系发达，茎秆粗壮，叶片宽厚，生长势强，抗病性好，少有分蘖，株高100~120 cm，穗大而整齐，穗纺锤形、有刚毛，穗长25~34 cm，单穗平均穗重35 g，大穗重50 g，黄谷黄米；抽穗至成熟长达40 d，灌浆时间长，生长势强，产量高。平均亩产530 kg。

3. 播种　播前晒种1~2 d，用精甲霜灵拌种，预防白发病；5月20日左右（立夏至小满）播种，适当晚播，不晚于6月10日。根据种子发芽率、整地质量、土壤墒情等因素确定用种量，一般每亩用种在0.5~1 kg。

4. 播种方式

（1）精量覆膜播种。冷凉干旱区半膜或全膜覆盖，建议使用渗水地膜、可降解地膜（图9-8）；山地、坡地根据立地条件使用单行、双行、三行等播种机，可选用幅宽800 mm、1 300 mm，厚度为0.007 mm、0.010 mm规格的薄膜；塬地、梯田地使用四行或多行播种，可选用幅宽1 650 mm、厚度为0.007 mm规格的薄膜。播前调试好播种机，保证播种质量，播深2~3 cm，每穴6~8粒，条播株距6~8 cm，行距20~25 cm，覆土均匀；墒情较差时，应及时镇压或人工踩压提墒，雨后及时破除板结；穴播每亩8 000~10 000穴，条播每亩留苗20 000株左右。

图9-8　谷子全生物可降解渗水地膜穴播

（2）干土播种。当耕层绝对含水量低于9%、将要错过适宜播期时，可将种子播于干土层中等雨出苗。

（3）冬季播种。在11月中旬后土壤封冻前播种，种子要进行抗湿包衣处理，次年遇合适墒情即可出苗。

5. 施肥　每亩施充分腐熟农家肥2 000~3 000 kg或有机肥200~300 kg，每亩施缓控释配方肥40 kg，宜选用$N-P_2O_5-K_2O=22-12-6$（或相近配方）的配方肥；适时叶面喷施磷酸二氢钾或尿素。

6. 田间管理　精量播种原则上不间苗，一般每穴留苗3~4株，条播每亩留苗1.8万~2.2万株，肥地宜密，薄地宜稀；采用黄牙砘、压青苗等蹲苗措施，培育壮苗；拔节期深中耕7~8 cm，抽穗前浅中耕、高培土，防止倒伏。

7. 病虫害防治

（1）白发病。种子、土壤、农家肥等带菌传播，可存活2~3年，田间发现病株立即拔除带出深埋或烧毁，用35%甲霜灵干粉剂按种子量的0.2%~0.3%拌种。

（2）谷瘟病。一般在灌浆成熟高温高湿时易发病，尤其是下部叶片，当病叶达到10%或麦田有明显的发病中心时，可选用三环唑、吡唑醚菌酯等药剂喷雾，连喷2~3次。

（3）粟叶甲。成虫危害叶片，幼虫危害心叶，造成白色条纹；危害发生期可选用高效氯氰菊酯乳油、甲氨基阿维菌素苯甲酸盐等药剂喷雾防治。

（4）粟灰螟。主要以幼虫危害心叶及果穗，7月下旬卵孵化，8月为危害盛期，选择在卵孵化盛期或低龄幼虫期使用除脲·高氯氟、氰戊·辛硫磷等药剂喷雾或用辛硫磷、毒死蜱等药剂拌毒土顺根撒施防治。

8. 收获与储藏

当颖壳变黄、谷穗背面没有青粒、籽粒变硬时，使用小型或大中型谷子专用收割机收获；收获后要及时回收残膜。谷物联合收割机见图 9 - 9。

图 9 - 9　谷物联合收割机

（薛志强）

第九节　大豆有机旱作生产技术

1. 选地、整地　大豆对土壤类型适应性较强，但疏松肥沃的土壤更适宜高产。大豆对茬口要求十分严格，重茬或迎茬导致大豆病虫害加重，前茬大豆残留分泌物会抑制大豆植株生长，使植株生长畸形，品质和产量降低。宜选择生茬地或轮作 3 年以上的地块，前茬如小麦、玉米、谷子等禾谷类作物，未使用过莠去津等长效除草剂的地块。秋收后秸秆粉碎还田，秸秆长度不超过 8 cm，结合农家肥，使用深松整地联合作业机 3 年一深松或一深耕，深度 30 cm，其余年份免耕。

2. 品种选择　选择适宜在吕梁市旱地种植的、适应当地土壤和气候条件的、抗旱性强的高产优质大豆品种：平川春播中晚熟区选择晋豆 25、汾豆 98、东豆 1 号、中黄 13、晋科 5 号、品豆 24 等品种，丘陵干旱区选择晋豆 21、晋豆 19、汾豆 78、汾豆 93 等品种。

（1）晋豆 21（原名汾豆 51）。该品种由山西省农业科学院经济作物研究所以晋豆 14 为母本、临县白大豆×晋豆 2 号 F6 为父本选育而成。抗旱系数 0.762 9，是我国选育的抗旱性最强的大豆品种。生育期 135 d，株高 60～80 cm，无限结荚，分枝 5～7 个，株型紧凑，紫花，籽粒黄色、椭圆形，脐淡褐色，百粒重 13～15 g，含蛋白质 42.50%、脂肪 17.79%。每亩产量在 155 kg 左右。

（2）晋豆 25。该品种由山西省农业科学院经济作物研究所选育，亲本为晋豆 15×晋豆 12。生育期 110～115 d，株高 50～85 cm，无限结荚，茎节数 14，株型紧凑，紫花，籽粒黄色、圆形，脐黑色，百粒重 18～24 g，含蛋白质 41.5%、脂肪 21.84%。每亩产量在 144 kg 左右。

（3）汾豆 93。该品种由山西省农业科学院经济作物研究所选育。生育期 140 d，株高 139.4 cm，株型半开张，无限结荚，主茎 19 节，分枝 2.6 个，底荚高度 22.1 cm，单株有效荚数 46.6 个，单株粒数 101.4 粒，单株粒重 27.8 g，百粒重 28.7 g，叶卵圆，白花，籽粒椭圆形，种皮、种脐黄色。含蛋白质 42.67%、脂肪 19.55%。每亩产量为 233.4 kg。

（4）中黄 13。该品种由中国农业科学院作物科学研究所选育。半矮秆，生育期 135 d；结荚习性为有限性、紫花、椭圆形叶片，分枝 3～5 个，百粒重 24～26 g，籽粒黄色、椭圆形，褐脐；成熟时全部落叶，不裂荚、抗倒伏、抗涝、抗大豆花叶病毒病；含蛋白质 42.72%、脂肪 19.11%。每亩产量为 220 kg。

3. 播种　播前晒种，每千克种子用 40 g 根瘤菌或 3 g 钼酸铵拌种；播种时间以 4 月下旬至 5 月中旬、5 cm 土层温度稳定在 8～10 ℃为宜；每亩播量 4～6 kg，每亩留苗 8 000～10 000 株。

4. 播种方式

（1）坐水穴播。通过配套机械根据种植密度沿种植带开穴，穴直径 30 cm 左右，穴深 5～8 cm，每穴灌水 1.5～2.5 kg。实行宽窄行种植，大行距 60 cm，小行距 40 cm，穴距 30 cm；每亩开穴 4 000～5 000 个，每穴 2～3 株，每亩 8 000～15 000 株，播后及时覆土。大豆播种适宜密度见图 9 - 10。

（2）探墒沟播。机械开沟分开干土，将种子播在湿土层上，及时覆土，浅覆土 3～4 cm，播后镇压。

（3）免耕覆膜播种。使用精量大豆免耕播种机一次性完成旋耕、灭茬、开沟、施肥、覆膜、播种作业。大豆播种机见图 9-11。

5. 大豆玉米带状复合种植技术

带状模式玉米带 2 行玉米，行距 40 cm，玉米带之间距离 160～290 cm；株距 8～10 cm，每亩播 4 000～6 000 粒。两相邻玉米带之间种 2～6 行大豆，大豆行距 25～30 cm，株距 8～10 cm，玉米带、大豆带间距 60～70 cm，每亩播 12 000 粒左右。

机械种肥同播 4 月下旬至 5 月上旬选用 2BF-4、2BF-5、2BF-6 播种机，保证单株施肥量与当地净作相当，每亩用高氮缓控释肥（含量不超过 28%）60～80 kg。西北地区需加装滴灌覆膜装置，采用独立水肥一体化滴灌系统，玉米肥水管理参照净作。大豆和玉米同时播种，大豆每亩施用低氮缓控释肥（含量不超过 15%）20～25 kg，膜下滴灌地区肥水管理参照净作大豆。

大豆玉米复合种植示意见图 9-12。

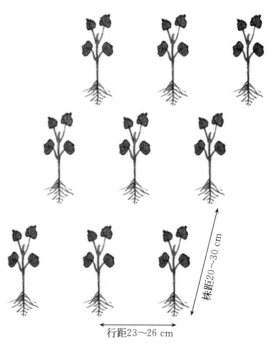

图 9-10　大豆播种适宜密度

图 9-11　大豆播种机

图 9-12　大豆玉米复合种植示意

6. 施肥　播前每亩施充分腐熟农家肥 2 000～3 000 kg 或有机肥 200～300 kg，每亩施缓控释配方肥 40 kg，宜选用 N-P_2O_5-K_2O=15-15-10（或相近配方）的配方肥，每亩施抗旱保水缓控释剂 2～3 kg 与配方肥混合随整地翻入土壤，施肥深度在 5 cm 以上；开花后期不能封垄的地块应采取追肥、喷施叶面肥和菌肥。

7. 田间管理　在第一片三出复叶展开前进行间苗，拔除弱苗、病苗和杂草，按规定株距留苗；全生育期中耕 3 次。苗高 5～6 cm 时进行第一次中耕，深度 7～8 cm；分枝前进行第二次中耕，深度 10～12 cm；封垄前进行第三次中耕，深度 5～6 cm，同时结合中耕进行培土。充分利用小水窖、软体集雨窖、小水池等"五小水利"工程，配套渗灌、滴灌、水肥一体化等设施在大豆关键需水期遇旱及时补灌。

8. 病虫害防治

（1）霜霉病。多雨湿度大易发病，6 月下旬开始发生，7—8 月进入发病盛期。发病初期选用烯酰吗啉、霜脲·锰锌等药剂喷雾防治，施药间隔 7～10 d，连喷 2～3 次。

（2）大豆蚜。6 月下旬至 7 月中旬的大豆分枝开花期是危害最严重的时期，当百株蚜量达 500 头或有蚜株绿达 35％时，可选用噻虫·高氯氟、高氯·吡虫啉等药剂喷雾防治。

（3）红蜘蛛。5月上中旬开始危害，发生初期可选用乙螨唑、螺螨酯等药剂喷雾防治。

（4）大豆食心虫、豆荚螟。大豆开花期、幼虫蛀荚之前可用高效氯氟氰菊酯、马拉硫磷等药剂喷雾防治。

9. 收获　当豆荚呈现其成熟色泽，有 90％以上叶片完全脱落，荚中籽粒与荚壁脱离，摇动时有响声，及时收获；收获后要及时回收残膜。大豆收割机见图 9 - 13。

图 9 - 13　大豆收割机

（薛志强）

第十节　高粱有机旱作生产技术

1. 选地、整地　高粱植株高大，抗旱、抗涝、耐瘠薄，吸肥能力强，选择耕层土壤深厚、结构性好、有机质含量丰富的梯田地、沟坝地和沟川地等；前茬以施肥多的菜地或未使用过长效除草剂的豆茬或薯类、禾谷类茬；推广深松浅翻、秸秆粉碎还田，在培肥地力的同时残茬覆盖，根茬固土，减少水分蒸发，提高天然降水利用率。

2. 品种选择

选用通过审定的适宜在吕梁市旱地种植的抗旱品种，适应当地土壤和气候条件，优质高产抗逆性强的高粱品种。平川旱肥地选择晋杂 18、晋杂 22、晋杂 23 等品种，林下种植选择晋杂 34、晋杂 35 等矮秆品种，冷凉区选择龙杂 11、新杂 2 号等品种。

（1）晋杂 18。该品种由山西省农业科学院高粱研究所选育。生育期 128 d，株高 180～190 cm，穗长 28 cm，穗粒重 110 g，千粒重 36 g，黑壳红粒，穗纺锤形；抗倒，抗叶斑病和高粱黑穗病，平均亩产 543 kg。

（2）晋杂 22。该品种由山西省农业科学院高粱研究所选育。生育期 129 d，株高 167 cm，红壳红粒，千粒重 29 g，穗粒重 81.6 g；对丝黑穗病免疫，含粗蛋白质 9.49％、粗脂肪 4.1％、粗淀粉 74.66％、单宁 1.38％。平均亩产 650 kg。

（3）晋杂 34。该品种由山西省农业科学院高粱研究所选育。生育期 131 d，株高 135 cm，穗长 32.2 cm，穗宽 13 cm，红壳红粒，籽粒扁圆，穗粒重 90.5 g，千粒重 28.3 g；高抗丝黑穗病，抗逆性强，适宜机械化栽培种植。

（4）晋杂 35。该品种由山西省农业科学院高粱研究所选育，2013 年审定。生育期 130 d，株高 146 cm，穗长 35 cm，穗纺锤形，颖壳黑色卵圆形，穗重 123.4 g，穗粒重 92.6 g，千粒重 28.3 g，籽粒红色扁圆形、粉质；抗旱性、耐瘠薄性强。

3. 播种　播前晒种 2～3 d，三唑醇拌种防治黑穗病，浸种催芽（包衣种子不宜催芽）；播期一般5 cm 土层温度稳定在 12 ℃左右为宜，做到"低温多湿看温度，干旱无雨抢墒情"。晚熟品种、沙地岗地早播，洼地下湿地晚播；根据品种特点、生态条件、土壤肥力和生产习惯等确定基本苗。粒用高粱基本苗一般在 0.7 万～1.2 万株/亩，特殊品种可达 2 万株/亩，每亩播种量 1.0～1.5 kg。精量播种机播种时要做好清选、晒种，保证种子大小均匀、整齐一致，每亩播种量 0.5～0.75 kg。高粱播种机见图 9 - 14。

图 9 - 14　2MBFC1/2 型膜侧精量联合播种机

4. 播种方式

（1）宽窄行播种。采用机械播种，速度快、质量好，可缩短播种时间，减少耕层水分散失。宽行60 cm、窄行40 cm，株距10～15 cm，播种深度3～4 cm。

（2）探墒沟播。当干土层达到5～10 cm时，正常播种无法出苗的情况下，使用高粱专用探墒沟播机，刮去表层干土，沟深10 cm，将种子播在湿土层上，浅覆土3～4 cm。

（3）免耕播种。前茬作物收获后，不耕翻土地，直接使用高粱免耕播种机一次性完成开沟、灭茬、播种、镇压，春旱冷凉区可利用地膜覆盖。地膜选用厚度0.01 mm的薄膜，半膜覆盖每亩3 kg，全膜覆盖每亩6 kg。

（4）膜侧播种。膜侧播种方式种植时，采用宽度60 cm、厚度0.01 mm的薄膜，使用全生物可降解地膜或不降解地膜或不降解地膜半膜覆盖（图9-15）。

5. 施肥 每亩施充分腐熟农家肥3 000～4 000 kg或有机肥300～450 kg，每亩施缓控释配方肥40 kg，宜选用$N - P_2O_5 - K_2O = 25 - 13 - 5$（或相近配方）的配方肥，每亩施入抗旱保水缓控释剂2～3 kg与配方肥混合随整地翻入土壤；拔节期每亩追施6～8 kg尿素。

6. 田间管理 出苗后及时查苗，出现缺苗及时浸种催芽补种或借苗移栽；拔节期中耕除草，遇雨追肥；利用小水窖、软体集雨窖、小水池等"五小水利"工程，配套渗灌、滴灌、水肥一体化等设施在高粱关键需水期遇旱及时补灌。

图9-15　高粱膜侧种植拔节期长势

7. 病虫害防治

（1）黑穗病。以种子和土壤带病传染为主，播前用戊唑醇、拌种双等种衣剂拌种预防，田间发现病株及时拔除，带出田间深埋或烧毁。

（2）炭疽病。发病初期可选用苯醚甲环唑、吡唑醚菌酯等药剂喷雾防治，间隔7～10 d，连喷2～3次。

（3）高粱蚜。在蚜虫点片发生时可选用噻虫嗪、高效氯氟氰菊酯等药剂喷雾防治，每亩设置25块黄板物理诱杀。

（4）玉米螟、棉铃虫。在卵孵化盛期或低龄幼虫期可使用除脲·高氯氟、虫螨腈、甲维盐等药剂喷雾防治。

8. 收获 蜡熟末期人工收获，完熟期机械收获；收获后要及时回收残膜。高粱收割机见图9-16。

图9-16　高粱收割机

（薛志强）

第十一节　有机旱作高粱农艺农机一体化生产技术

高粱是吕梁市重要的禾谷类作物之一，在酿酒、酿醋、饲料、食用等方面具有很强的特色和优势。为挖掘全市高粱产量和抗性潜力，必须充分发挥农业机械的主力军作用，进一步促进高粱绿色生产和农民增产增效。有机旱作高粱农艺农机一体化生产技术是指在高粱各生产环节选择适合整地、播种、施肥、植保及收获机械，根据机械结构特点和作业性能优化农艺措施，根据农艺指标要求调节机械作业参数，形成适应吕梁市高粱机械化生产的农艺农机配套技术。

1. 土壤条件 地面坡度≤5°、适宜机械化耕作的田块。

2. 品种选择 根据农机作业要求，尽量选择穗柄稍长、主茎分蘖高度基本一致，同时成熟的高粱品种。北部地区高粱种植以早熟品种为主，可选择敖杂1号、晋早5564、晋早5577、晋杂28、晋杂41、晋杂22、晋杂12、红糯16等品种；平川和南部地区高粱种植以中晚熟品种为主，可选择晋中

405、晋杂 34、晋杂 31、晋杂 22、晋杂 12、晋粱 111、晋糯 3 号、晋糯 102、红糯 16 等品种；青饲、青贮用高粱种植主推晋牧 1 号、晋牧 3 号、晋牧 4 号等品种。高粱种子纯度≥93.0%，净度≥98.0%，发芽率≥80.0%，水分≤13.0%。

3. 播种施肥

(1) 采用免耕施肥播种机。其破茬、切草及开沟部件，应具有切茬、分茬、防缠绕、防堵塞功能，工作时不得产生重度缠绕、堵塞与拖堆现象。种肥间距≥3 cm，种子破损率≤0.5%。高粱施肥播种机见图 9-17。

图 9-17 高粱施肥播种机

(2) 播期。4 月下旬或 5 月上旬播种。播种深度 3~4 cm，播后随即镇压，等行距种植，行距 50~60 cm；宽窄行种植，宽行距 60~70 cm，窄行距 30~40 cm。播种机同时施配方肥 40 kg，配方比例：每亩产量在 600 kg 以上施 N-P$_2$O$_5$-K$_2$O=25-13-5（或相近配方）配方肥；每亩产量在 400~600 kg 施 N-P$_2$O$_5$-K$_2$O=18-7-5（或相近配方）配方肥。要根据土壤、作物、肥料性质等因素选择正确的施肥方法，注意氮肥深施、磷肥和钾肥集中施用，以发挥肥料效用，减少养分损失。高粱播种适宜密度见图 9-18。

(3) 合理密植。根据品种特点，当地生态、生产条件，土壤肥力，施肥管理和种植习惯等确定基本苗。粒用高粱中秆品种（株高在 1.6~1.8 m）亩留苗一般在 0.7 万~0.8 万株，矮秆品种（株高在 1.3~1.5 m）亩留苗可达 2 万株。每亩播种量根据种子实际发芽率进行适量播种，一般发芽率在 95% 以上的，中秆品种亩播种量 0.3~0.5 kg；发芽率在 80%~90% 的，中秆品种亩播种量 0.5~0.7 kg。播种时要做好清选、晒种，保证种子大小均匀、整齐一致。饲用高粱，亩留苗以 2.2 万株左右为宜。

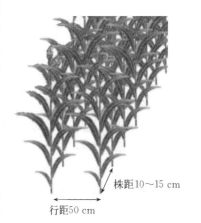

株距10~15 cm

行距50 cm

图 9-18 高粱播种适宜密度

4. 田间管理

(1) 间苗除草。人工间苗在 4~6 叶期进行，除草可结合间苗和中耕进行 2 次。精量播种地块可不间苗。在播种后出苗前喷施高粱专用除草剂（50% 异丙甲草胺·莠去津悬浮剂 150~200 g/亩兑水 32 L）封闭除草。一般不建议苗后化学除草，易产生药害。若必须苗后除草，可在 3~5 叶期前后根据田间不同杂草类型选用适宜高粱专用的苗后除草剂除草，注意施用剂量及施用时期。

(2) 肥水管理。分期施肥、科学减量，增施基肥、施足种肥，适时追肥。一般亩施氮磷钾复合肥（优选高氮、中磷、低钾配比、总养分含量达 40% 以上的肥料）25~40 kg，可根据当地土壤基础养分情况和目标产量适当调整，结合播种一次性施入。为提高产量，可在拔节期亩追施 10~15 kg 尿素或在拔节期和灌浆期分别选用磷酸二氢钾 100 g+芸薹素内酯 5 mL+尿素 100 g，兑水 30~40 L，叶面喷施高粱全株。施种肥时注意种、肥分开，以防烧种，影响出苗。高粱耐旱耐涝，但拔节孕穗和抽穗扬花是需水关键期，如遇干旱，有条件的地区应及时灌水。

(3) 病虫防治。丝黑穗病、螟虫、蚜虫是高粱常见病虫害。可因地制宜地通过轮作倒茬、选用抗病品种、药剂拌种、适时早播等农业措施防治。利用频振灯、黄板等物理措施防治害虫。拔节至抽穗开花期注意早防、早治蚜虫，大喇叭口期用药剂灌心或喷施防治螟虫。防治丝黑穗病可用 6% 戊唑醇悬浮种衣剂 6~9 g 拌 100 kg 高粱种子。根据农机作业要求，应使用扇形雾喷头，不宜使用圆锥空心喷头。如周围已种植对喷施除草剂敏感作物，宜使用防风喷头，并加装防风罩。无人机作业时风速应≤3.3 m/s。喷杆喷雾机植保作业见图 9-19。

5. 适时收获 使用谷物联合收获机进行收割。机收损失率≤3%，破碎率≤1%，含杂率≤3%。适宜在蜡熟末期收获，此时收获籽粒饱满，产量最高，品质最佳。

6. 生产记录 建立生产档案，详细记录产地环境条件、品种、出苗率，病虫草害的发生、防治情况，收获日期，农机使用情况等。高粱联合收获机见图9-20。

图9-19　喷杆喷雾机植保作业　　　　　　　　图9-20　高粱联合收获机

（白雪梅）

第十二节　马铃薯-西蓝花水肥一体化技术

适应范围：适应于吕梁市无霜期180 d以上区域春茬马铃薯、秋茬西蓝花种植生产，实现一年两熟。

栽培要点：水源：适宜在水井、水库、蓄水池、软体集雨窖等有水源的地块种植，且水质符合滴灌水质要求。

灌溉系统设备：灌溉系统由首部系统（包括离心筛网式组合过滤、移动注肥泵、施肥罐、进排气阀、压力表等）、输水主干管、支管、毛管（两茬使用）组成。秋季上冻前或第二年春季安装首部系统，播种时铺设输水管道。

（一）春茬马铃薯

1. 选种及品种特性　选择生长势强、生育期短、抗病虫、高产、优质早熟适合两季作品种，优选费乌瑞它、实验1号等。

（1）费乌瑞它又名（荷兰7号、荷兰15号）。该品种为早熟品种，生育期70 d左右；茎秆粗壮，分枝少；茎紫色，长势强；花冠蓝紫色，天然结实性强；块茎长椭圆形，商品薯率极高，芽眼数少而浅，表皮光滑，外形美观，皮淡黄色，肉鲜黄色，食用品质极好，蒸食品质佳，有香味。休眠期短，较耐储藏。早期叶片扩展迅速，块茎形成早，膨大快，结薯集中。淀粉含量13%，还原糖含量0.03%，粗蛋白含量1.6%，维生素C含量13.6 mg/100 g（鲜重）。

（2）实验1号。为早熟品种，具有耐寒、耐干旱、耐病虫害高产的马铃薯新品种，成熟期为70 d左右。株型直立，生长势强，株高49.3~56.6 cm，枝叶繁茂；茎绿色，叶深绿，花冠白色，花繁茂性中等，无结实；块茎膨大快，结薯集中，薯块长椭圆形，黄皮黄肉，薯皮光滑，芽眼浅；干物质含量16.4%，蛋白质含量为1.76%，淀粉含量11.4%，维生素C含量26.4 mg/100 g（鲜重），还原糖含量0.07%。

2. 选地整地施肥　选择地势平缓或坡度较小、土层深厚的壤土或沙壤土，土壤酸碱度以pH 5~8为宜，适合收获马铃薯后复播西蓝花、芥菜等作物；秋收后深耕30 cm以上，播前结合旋耕整地，在每亩施入充分腐熟农家肥3 000~4 000 kg或精制有机肥300~400 kg的基础上，亩施配方肥或缓控释肥（18-18-18或相近配方）40~60 kg作基肥。

3. 种薯处理　播种前15~20 d出库，放置于室温12~15 ℃散射光下催芽，随时剔除烂薯、病薯和畸形薯，芽长1 cm左右准备切块播种；切种时用75%的酒精或0.2%~0.5%的高锰酸钾水溶液做消毒液，每4 h消毒液更换1次，每人准备2把切刀轮流使用，如切出病烂薯，马上换刀。≤50 g种薯宜整薯播种，50 g以上的种薯，从头到尾竖切，每块保持1~2个芽眼，重量以30~40 g为宜。切好后，每100 kg薯块用50%甲基硫菌灵可湿性粉剂200 g+72%霜脲·锰锌100 g兑水100 g和薯块搅拌均匀后加滑石粉 2 kg 拌匀，阴凉处晾干待播。

4. 起垄覆膜播种　3 月中下旬开始播种，有条件的地区采用马铃薯播种机开沟起垄、播种、覆膜、铺带等一次性完成。覆膜具有增温、保墒、抑制杂草生长等功能。因此，宜选用 0.01 mm 厚度、120 cm 宽度的地膜（优选全生物降解地膜），宽窄行播种，机械播种深度 10～12 cm，大行距 100 cm，小行距 50 cm，株距 25～30 cm，垄高 20～30 cm，每亩密度一般在 4 000～4 500 株，每亩用种量 150～200 kg。马铃薯播种机见图 9-21。

图 9-21　马铃薯播种机

5. 苗前培土　播种 18～20 d 后视气候、温度膜上均匀覆土，压膜要严实，厚度宜 3～5 cm，地下茎将顶破地膜自动出苗；出苗后要及时查苗、补苗，以保证合理种植密度。

6. 水肥一体化技术　按照"以水带肥、以肥促水、因水施肥、水肥耦合"的原则，灌水施肥同步管理。水肥一体化（输水管道设备）见图 9-22。

（1）灌溉制度。根据马铃薯不同生育期需水规律结合降水、土壤湿润深度、田间持水量确定灌水时间、灌水次数、灌水量，制定灌溉制度。一般全生育期灌水 5～8 次，每亩灌水量 95 m³。

（2）施肥制度。根据马铃薯不同生育期生长状况、土壤条件、肥料效应、水溶性等确定施肥量、施肥时间和养分比例。一般全生育期施肥 5～8 次，每亩施用 35 kg。

图 9-22　水肥一体化（输水管道设备）

萌芽期 25 d 灌溉 1 次，灌水量为 15 m³/亩，土壤湿润深度以 10～12 cm 为宜，水溶肥为 $N-P_2O_5-K_2O=30-10-10$（或相近配方）配方肥，施用量 5 kg/亩；幼苗期 15 d 灌溉 1 次，灌水量为 20 m³/亩，土壤湿润深度以 10～12 cm 为宜，水溶肥为 $N-P_2O_5-K_2O=20-20-20$（或相近配方）配方肥，施用量 5 kg/亩；块茎形成期 15 d 灌溉 2 次，7～8 d 灌水 1 次，灌水量为 30 m³/亩，土壤湿润深度以 15 cm 为宜，水溶肥为 $N-P_2O_5-K_2O=12-7-40$（或相近配方）配方肥，施用量 5 kg/亩；块茎膨大期 45 d 灌溉 3 次，平均 15 d 灌水 1 次，灌水量为 30 m³/亩，土壤湿润深度以 20 cm 为宜，水溶肥为 $N-P_2O_5-K_2O=12-7-40$（或相近配方）配方肥，施用量 20 kg/亩。

如遇后期营养不足，可叶面喷施微量元素叶面肥补充，一般封垄后不再追肥。

7. 病虫害防控　按照"预防为主，防治结合"的植保方针，实施生态调控为基础，坚持"农业、物理、生物防治措施为主，化学防治为辅"的无害化控制原则。

（1）农业防治。合理密植，拔除田间病株，加强肥水管理，选用抗病品种，增施有机肥。

（2）物理防治。采用杀虫灯诱杀豆芫菁、二十八星瓢虫等害虫成虫，减少落卵量。夜间定时开灯诱杀，尽量避免误杀天敌；在苗期至开花期，田间放置黄色粘虫板诱杀害虫。

（3）生物防治。有条件的地区，人工释放瓢虫等防治蚜虫。保护利用田间已存在的蜘蛛、蜻蜓等捕食性天敌，或释放天敌，控制害虫危害。

（4）化学防治。病虫害主要有黑胫病、早疫病、黑痣病、小地老虎、蚜虫、二十八星瓢虫等。黑胫病发病初期可用 20% 噻唑锌悬浮剂 80～120 mL 或 20% 噻菌铜悬浮剂 100～125 mL 喷雾防治；早疫病可用 70% 丙森锌可湿性粉剂 150～200 g 或 50% 啶酰菌胺水分散粒剂 20～30 g 喷雾防治；黑痣病播种时 100 kg 种薯用 22% 氟唑菌苯胺种子处理可分散粉剂 8～12 mL 预防；发病初期可用 240 g/L 噻呋酰胺悬浮剂沟施 100～200 mL 防治；小地老虎用 2％噻虫·氟氯氰颗粒剂沟施 1 250～1 500 g 或沟施覆土 40％氯虫·噻虫胺颗粒剂 15～20 mL 防治；蚜虫用 50％吡蚜酮水分颗粒剂 20～30 g 或 10％氟啶虫酰胺水分颗粒剂 30～50 g 喷雾；二十八星瓢虫在卵孵化盛期至二龄幼虫分散前用 4.5％高效氯氰菊酯乳油 20～40 mL 或 25％氰戊·辛硫磷乳油 35～40 mL 喷雾防治。

8. 收获 7 月中下旬开始收获，要尽量避免机械收获碰破表皮。已经起出的要及时收回，不要被太阳暴晒。

9. 清洁田园 收获后及时清园，将残薯块清理深埋，减少越冬病虫基数。为复播西蓝花做播前准备工作。

（二）秋茬西蓝花

1. 选种及品种特性 选择适应性强、耐寒、抗病性强、株型紧凑、花球紧实的品种，优选耐寒、秀绿等品种。

（1）耐寒。生长势强，叶片蜡质厚，叶柄短，叶卵形；花蕾小而紧密，鲜绿色，不宜变色，单球重量 600～800 g；一般定植后 80 d 左右采收，全生育期 110 d 左右。西蓝花具有增强体质、减肥塑身等功效，不但能补充人体所需一定量的硒和维生素 C，有利于人体的生长发育，更重要的是能提高人体免疫功能，增强抗病能力。

（2）秀绿。为早熟春秋两用西蓝花新品种，植株直立，株型紧凑，生长势强，抗病毒病、黑腐病。主花重量在 500 g 以上，花蕾细致，整齐，花茎翠绿，口感鲜嫩，营养全面。

2. 整地施肥 马铃薯在 7 月下旬至 8 月上旬收获后，立即清园；结合旋耕整地每亩施入充分腐熟的优质农家肥 2 000～3 000 kg，配合施入有机肥或缓控释配方肥 50～100 kg，使肥料与土壤充分混匀。

3. 培育壮苗 6 月下旬至 7 月上旬采用 128 孔塑料穴盘育苗（图 9-23）。将草炭和蛭石按 2∶1 的体积比混合，配制成育苗基质，每立方米基质加有机肥 20 kg 混拌均匀，基质装盘时要注意清洁；以装平且均匀填满四周为原则，多余基质用刮板刮去，压孔深度 1～1.5 cm；每穴播 1 粒种子，放在穴盘中央位置，把基质压紧，使种子与基质紧密接触，在穴盘上覆盖一层无纺布或塑料薄膜，确保种子出苗整齐。

4. 苗期管理 夏季育苗以降温为主，可采取加盖遮阳网或喷雾来降温。播种到出苗期，温度保持在 25～30 ℃；苗出齐后，白天温度控制在 20～25 ℃，夜间温度控制在 12～15 ℃；定植前 7 d 进行炼苗，降低温度，保持在 20 ℃左右。

图 9-23 西蓝花播前育苗

5. 定植 7 月下旬至 8 月上旬，西蓝花幼苗长到 30 cm 以上，即可采取移栽定植措施。挑选田间长势良好、无病虫害的幼苗，采用西蓝花移栽机种植。大行距 90 cm，小行距 40 cm，株距 40 cm，种植密度一般在 3 000～3 500 株/亩；定植后要及时浇水，以保证生长的均匀性。

6. 水肥一体化技术 按照"以水带肥、以肥促水、因水施肥、水肥耦合"的原则，灌水施肥同步管理。

（1）灌溉制度。根据西蓝花不同生育期需水规律结合降水、土壤湿润深度、田间持水量确定灌水时间、灌水次数、灌水量，制定灌溉制度。一般全生育期灌水 5～8 次，每亩灌水量 95 m³。

（2）施肥制度。根据西蓝花不同生育期生长状况、土壤条件、肥料效应、水溶性等确定施肥量、施肥时间和养分比例。一般全生育期施肥 5～8 次，每亩施用 35 kg。

幼苗期：植株生长需水、肥量大，主要以提苗为主，10 d 生长期灌溉 2 次，灌水量 15 m³/亩，施肥 1 次，使用水溶肥为 N-P₂O₅-K₂O=20-20-20（或相近配方）配方肥，施用量 5 kg/亩；花球形成期：30 d 灌溉 2 次，灌水量为 10 m³/亩，土壤湿润深度以 6 cm 为宜，施肥 2 次，水溶肥为 N - P₂O₅ - K₂O=10 - 50 - 10（或相近配方）配方肥，施用量 10 kg/亩；膨大期：主要以攻球为主，20 d 灌溉 2 次，7～8 d 灌水 1 次，灌水量为 30 m³/亩，土壤湿润深度以 15 cm 为宜，水溶肥（N - P₂O₅ - K₂O）12 - 7 - 40或相近配方，施用量 5 kg/亩。

如遇后期营养不足，可配合喷施专用叶面肥。

7. 病虫害防治　西蓝花病虫害主要有霜霉病、猝倒病、蚜虫、小菜蛾和菜青虫等。霜霉病发生初期用 25％双炔酰菌胺悬浮剂 1 500 倍液或 72％霜脲锰锌可湿性粉剂 600～800 倍液防治；猝倒病用 3 亿 CFU/g 哈茨木霉菌可湿性粉剂 4～6 g/m² 灌根或 0.8％精甲·嘧菌酯颗粒剂撒施；蚜虫用 10％吡虫啉可湿性粉剂 1 000～1 500 倍液，或 10％啶虫脒 1 000～1 500 倍液防治；在 3 龄前用 4.5％高效氯氰菊酯 2 000 倍液或 20％除虫脲 1 000～1 500 倍液防治菜青虫、小菜蛾。使用农药要注意交替；距收获前 7 d 停止使用农药。

8. 采收　花球紧密，花蕾无黄化或坏死，花球直径 12～15 cm，从花球边缘向下 15～18 cm 的主茎处切割采收（图 9 - 24）。

图 9 - 24　西蓝花采收方法

（张晓玲）

第十三节　旱地马铃薯有机生产技术

1. 适宜范围　无霜期在 130 d 以上，降水量 500 mm 左右的旱塬地、坡地、梯田、滩地均可种植。

2. 品种选择

（1）晋薯 16。该品种由山西省农业科学院高寒区作物研究所 2001 年育成，2006 年通过山西省农作物品种审定委员会审定（晋审薯 2007001）。属于中晚熟品种，从出苗至成熟 110 d 左右。株高 90 cm 左右，分枝数 3～6 个。叶形细长，叶片深绿色；花冠白色，天然结实少，浆果绿色有种子。薯形长扁圆，薯皮光滑，黄皮淡黄肉，芽眼深浅中等。植株整齐，结薯集中，单株结薯 4～5 个，大中薯率达 95％左右，丰产性好，适宜马铃薯一季作区种植。块茎休眠期中等，耐储藏。高抗晚疫病，抗退化、抗旱性较强。

（2）冀张薯 12。该品种由河北省高寒作物研究所选育而成，2011 年 3 月通过河北省农作物品种审定委员会审定。属于晚熟品种，出苗后生育期 96 d。株型直立，生长势较强，株高 69 cm，茎绿色，叶绿色，花冠浅紫色，天然结实中等，单株平均结薯数 5.2 个。薯块长圆形，淡黄皮白肉（白皮白肉），芽眼较浅。4 月底至 5 月上旬播种，高培土、水分供应充足。

（3）青薯 9 号。该品种由青海省农林科学院生物技术研究所选育，青海省农林科学院生物技术研究所申报，2006 年通过青海省国家农作物品种审定委员会审定（青审薯 200600）。属于中晚熟鲜食菜用型品种及淀粉加工型品种。晚熟，生育期 110～120 d。株型直立，生长势强；花冠浅紫色；叶片大小中等，叶深绿色，叶缘平展；茎紫色，分枝多；薯块椭圆形，表皮红色，芽眼浅；薯肉黄色，结薯集中；中抗晚疫病，高抗病毒病；储藏性好。

（4）希森 6 号。该品种由希森马铃薯产业集团联合国家马铃薯工程技术研究中心选育，并于 2016 年通过了品种审定及国家品种鉴定。属于薯条加工及鲜食中熟品种，生育期 90 d 左右。株高 60～70 cm，株型直立，生长势强；茎色、叶色绿色，花冠白色，天然结实性少，单株主茎平均数 2.3 个，单株结薯平均数 7.7 个，匍匐茎中等；薯长椭圆形，黄皮黄肉，薯皮光滑，芽眼浅，结薯集中，耐储藏。

（5）荷兰 15。该品种是我国在 20 世纪 90 年代由荷兰引进，1998 年青海省民和县农作物脱毒技术开发中心从天津市农业科学院植物研究所引进，经过试种、脱毒单株系选育而成。生育期 75 d 左右。匍匐茎短，结薯集中，块茎膨大速度快，适合不同栽培模式种植的中熟品种。一般亩产 2 500～3 000 kg，肥水好、管理科学的高产地块，亩产可达 4 000 kg。株型直立，株高 60 cm 左右；茎秆粗壮，分枝少；

叶片肥大，叶缘呈波浪状，花淡紫色；休眠期短；块茎呈长椭圆形，薯皮光滑，外形美观，黄皮黄肉，食味好，品质优良。淀粉含量 13%～14%。

3. 选地整地 选择地块要求平坦、土质疏松肥沃、土层深厚、易于排灌的沙壤土地种植。马铃薯不耐连作，对连作反应比较敏感。种植时，地块最好选择 3 年内没有种过马铃薯和其他茄科作物的地块，因此马铃薯前茬宜选择玉米、谷子等禾谷类和豆类作物。注意深耕，耕层越深，马铃薯块茎增长速度越快，效果越好。播前整地需深耕或深松 30 cm 且精细整地，达到地平、土细、上虚下实。

4. 施肥 马铃薯在播种施肥过程中，要合理施用氮、磷肥，适当增施钾肥。肥料施用应与高产优质栽培技术相结合。根据土壤肥力和目标产量确定施肥量，一般每亩施腐熟农家肥 2 000～3 000 kg 或有机肥 200～300 kg，也可每亩施用缓控释配方肥 N - P$_2$O$_5$ - K$_2$O＝18 - 18 - 18 或 18 - 9 - 8（或相近配方）的复合肥料 40 kg。

5. 种薯处理

（1）催芽切块。播种前 15～20 d 种薯出库，置于室温 16～20 ℃散射光条件下暖种催芽，剔除冻薯、病烂薯和畸形薯，并在播种前 3～5 d 进行切块。对于≤50 g 的种薯宜整薯播种；50 g 以上的种薯进行切块，从头到尾竖切，重量以 30～40 g 为宜，每个薯块保留 1～2 个芽眼。发现病烂薯后，应立即剔除，并更换切刀。

（2）切刀消毒技术。使用 75%的酒精或 0.2%～0.5%的高锰酸钾水溶液做消毒液，高锰酸钾溶液 4 h 更换 1 次。2 把以上切刀轮流使用，一把切刀切种，其余切刀浸泡在消毒液中待用，定时更换。

（3）药剂拌种。干拌：每 100 kg 薯块，用滑石粉 10 kg 加 70%甲基硫菌灵 1 kg 混合后拌种；湿拌：每亩用 60% 吡虫啉悬浮剂加 70%丙森锌可湿性粉剂 100 g 喷雾进行拌种。拌种后，放在通风弱光处晾晒，薯块要经常翻动，待伤口干燥愈合后装袋待播。

6. 播种

（1）播种期。根据品种、气候、耕作制度适期播种，避免早霜及晚霜的危害。10 cm 地温稳定在 7～8 ℃时开始播种，平川区一般在 4 月 20 日以后开始播种，山区在 5 月初开始播种。

（2）播种量。根据品种、土壤肥力、栽培季节、种植方式等而定。一般切块播种每亩用种量 100～150 kg。

（3）播种模式。开沟播种时采用犁开沟，沟深 10～15 cm，按株距要求将种薯点入沟中，种薯与种肥间隔 10 cm，然后再开犁覆土，种完一行后空一犁再点种；采用机械化方式起垄播种，用马铃薯播种机做到开沟、播种、起垄、铺地膜、铺滴灌带、施肥一次完成。垄作一垄双行，宽窄垄栽培，宽行 75 cm，窄行 45 cm，垄高 15 cm，播深 15 cm（图 9 - 25）。所铺地膜优先选用全生物降解地膜，播种时切块切面向下。

图 9 - 25 马铃薯播种模式

（4）种植密度。一般早熟品种每亩种植 3 500～4 500 株；中晚熟品种每亩种植 3 000～3 500 株。株距依密度而定。

7. 田间管理

（1）中耕培土。机播覆膜地块出苗前 7～10 d 在种植行上培土 3 cm。露地种植需中耕培土，中耕分 2 次进行。第一次在苗高 5～6 cm 时，结合除草培土 3～4 cm；第二次中耕在现蕾后进行，同时培土 6 cm 以上。

（2）护膜护管。播种后及时压土护膜、护管，以防大风揭膜。

（3）追肥。现蕾前结合降水情况追肥培土，每亩追施尿素 10～15 kg。有条件的地块追肥后浇水。

（4）节水抗旱措施。保水剂：每亩用保水剂 2～3 kg 与 10～30 倍的干燥细土混匀，沿种植带沟施；集水窖：配置新型软体集雨窖，利用窖面、设施棚面及园区道路等作为集雨面，蓄积自然降水；集雨灌溉：充分利用小水窖、小水池等"五小水利"工程，配套渗灌、滴灌、水肥一体化等设施在马铃薯关键需水期遇旱及时补灌；节水灌溉：在水源方便的地块，铺设滴灌带或微喷带进行补水灌溉。

8. 病虫草害防治

（1）草害防治。可用除草剂进行杂草防除。在第一次培土后每亩可喷施苗前除草剂二甲戊灵 150～200 mL 进行封闭，苗期根据当地杂草类型选择除草剂种类，根据土壤类型确定除草剂用量。一般马铃薯出苗后杂草 2～4 叶期，用精喹禾灵、烯草酮、高效氟吡甲禾灵等药剂及其复配制剂防治马唐、稗草等禾本科杂草；用砜嘧磺隆、嗪草酮、灭草松等药剂及其复配制剂定向行间喷雾防治反枝苋、马齿苋、牛繁缕等阔叶杂草。使用除草剂大面积进行杂草防治前，需要先小面积试用。

（2）病虫害防治。遵循"预防为主，防治结合"的病虫害综合防治方针，除了通过采用轮作倒茬、脱毒种薯、切刀消毒、药剂拌种、药剂喷沟等技术措施从源头预防病虫害发生外，在田间生长期要科学开展化学防治，积极防治晚疫病、黑胫病、黑痣病等常见病害和等地下害虫以及蚜虫、二十八星瓢虫等。

地下害虫：马铃薯块茎从出苗到植株现蕾为止，此时期重点防治地下害虫。每亩可喷施 50％辛硫磷乳油 1 000 倍液与炒熟的谷子或麻油饼 20 kg 或灰藜等鲜草 80 kg 拌匀，于傍晚撒在幼苗根部附近进行诱杀。

黑痣病：播种时用 25 g/L 咯菌腈悬浮种衣剂种薯包衣或用 10％咯菌·嘧菌酯悬浮剂每亩喷雾 200～250 mL。

蚜虫：块茎形成期重点防治，每亩用 30％吡虫啉微乳油 10～20 mL 或 50％吡蚜酮水分散粒剂 20～30 g 化学药剂进行叶面喷雾，同时可预防病毒病，重点喷植株叶背面，施药间隔期为 7～10 d。

二十八星瓢虫：在马铃薯块茎形成期重点防治；在卵孵化盛期至二龄幼虫分散前，交替喷施 4.5％高效氯氰菊酯、1.8％阿维菌素等药剂 2～3 次，重点喷叶背面，施药间隔期为 7～10 d。

豆芫菁：每亩用 4.5％高效氯氰菊酯乳油 20～30 mL 喷雾防治。

晚疫病：块茎膨大期是全年晚疫病防控的重点时期；发现中心病株及时拔除，并对病穴处撒石灰消毒；发病初期选用丙森锌、氟啶胺、氰霜唑，或枯草芽孢杆菌等保护性杀菌剂进行全田喷雾处理；进入流行期后，根据监测预报，选用烯酰吗啉、氟噻唑吡乙酮、丁子香酚、嗯酮·霜脲氰、氟菌·霜霉威、霜脲·嘧菌酯、嘧菌酯等药剂进行防控。施药间隔根据降水量和所用药剂的持效期决定，一般间隔 5～10 d，连喷 2～3 次。喷药后 4 h 内遇雨应及时补喷。

9. 收获储藏

（1）收获时间。当地上部分枯黄、块茎充分成熟时，选择晴天进行收获。在收获过程中，避免机械损伤，捡拾、装袋宜轻拿轻放，防止块茎被暴晒、雨淋、霜冻和长时间暴露在阳光下。

（2）收获方法。采用人工收获或机械收获，应及时包装、运输、储藏。机械应及时维护、调整挖掘机械，避免挖掘时被机械损伤。捡拾和搬运宜轻拿轻放，装车时应避免直接人为踩踏，储运过程中要注意保温和减少机械伤和储藏病害。收获后的马铃薯避免阳光暴晒，应及时运走。入库后的马铃薯要及时通风降温，采收所用器具应清洁、卫生、无污染。马铃薯收获机见图9-26。

（3）储藏。临时储存时，应在阴凉、通风、清洁、卫生的条件下，严防烈日暴晒、雨淋、冻害及有毒物质和病虫害的危害；存放时应堆放整齐，防止挤压等造成损伤。中长期储藏时，应按品种、规格分别堆放，要保证有足够的散热间距和空间，防止发芽和污染。

马铃薯生长历程见图9-27。

图9-26 马铃薯收获机

图9-27 马铃薯生长历程

（刘佳薇）

第十四节 绿豆有机旱作生产技术

1. 选地、整地 绿豆对土壤要求不严，山地、旱地、荒地均可种植。选择与禾谷类作物轮作，忌重茬，避迎茬，结合农家肥，3年一深松或深耕，深度30 cm左右；上茬作物收获后秸秆粉碎还田，播前进行耙糖，清除前茬杂物。

2. 品种选择 选用适宜在吕梁市旱地种植的绿豆品种，适应当地土壤和气候条件，抗病性和抗逆性强的高产品种，如中绿1号、晋绿豆4号、晋绿豆5号、晋绿豆6号、晋绿豆7号等品种。

（1）中绿1号。该品种由中国农业科学院品种资源所引进，生育期85 d。株高60 cm，分枝1~4个，株型紧凑、直立，结荚集中，成熟一致，不裂荚，百粒重7 g；含蛋白质23.2%、脂肪0.87%、淀粉50.1%。平均亩产100 kg。

（2）晋绿豆4号。该品种由山西省农业科学院经济作物研究所从汾阳地区农家品种中选育。原名汾绿1号，生育期春播96 d。株高70 cm，分枝3~5个，单株荚数24个，单荚粒数11粒，百粒重6.1 g，花黄灰色，荚细长筒形，籽粒圆柱形，灰绿色，白脐。平均亩产93.5 kg。

（3）晋绿豆7号。该品种由山西省农业科学院与中国农业科学院选育，生育期春播80 d、夏播65 d。株型直立，主茎节数10~12节，株高50 cm，分枝2~3个，花黄色，百粒重6.5 g，高抗绿豆象。含粗蛋白22.42%、粗脂肪1.11%、粗淀粉53.76%。平均亩产110 kg。

3. 播种 播前晾晒和清选，用根瘤菌、增产菌拌种，或进行种子包衣处理；地温达到16~20 ℃时即可播种，春播自4月下旬至5月底，夏播6月中旬至7月初。掌握春播适时，夏播抢早的原则；每亩用种量为1.5~2 kg。

4. 播种方法 采用宽窄行覆膜播种。选用厚度为0.01 mm、幅宽为80 cm地膜，亩用量3 kg；使用覆膜播种一体机一次性完成覆膜、播种、覆土，播种深度3~4 cm，一膜双行播种孔离膜边10 cm，株距22~26 cm，大行距60 cm，小行距40 cm，每穴3~4粒，每穴留苗2株，亩留苗10 000~12 000株。绿豆播种适宜密度见图9-28。

5. 施基肥 每亩施充分腐熟农家肥2 000~3 000 kg或有机肥200~300 kg，每亩施缓控释配方肥40 kg，宜选用$N-P_2O_5-K_2O=15-15-10$（或相近配方）配方肥，每亩施入抗旱保水缓控释剂2~3 kg与配方肥混合随整地翻入土壤；开花期后期不能封垄的地块应采取追肥、喷施叶面肥和菌肥。

6. 田间管理 苗齐后发现缺苗移栽补种。按既定的密度要求，去弱留壮；开花封垄前中耕2~3

次，即第一片复叶展开后结合间苗进行第一次浅锄；第二片复叶展开后，开始定苗并进行第二次中耕；到分枝期结合培土进行第三次深中耕。三叶期或封垄前在行间开沟培土，护根防倒。

7. 病虫害防治 根腐病：用按种子重量 0.3％的多菌灵或福美双可湿性粉剂拌种；百菌清喷洒根旁预防；叶斑病：在绿豆现蕾开花期用代森锌或多菌灵喷雾防治；地下害虫：用辛硫磷液灌根或拌毒土、毒饵防治。

8. 收获 当植株上有 60％～70％的荚成熟后，开始采摘（图 9-29）。以后每隔 6～8 d 采摘 1 次；在 80％豆荚成熟时进行机械收获。收获后要及时回收残膜。

图 9-28 绿豆播种适宜密度

图 9-29 绿豆收获期

（薛志强）

第十五节 荞麦有机旱作生产技术

1. 选地、整地 选择坡梁地，肥力中等通气良好的沙质壤土。前茬以马铃薯或谷茬为好，忌连作，忌下湿湾滩地；前茬作物收获后，因地制宜进行耕耙地。一般伏深耕效果最好，利于蓄水；秋深耕效果次之；春季一般进行浅耕或只耙不耕，以防水分蒸发。土地耕翻后要及时耙平、耙细，防止跑墒。

2. 品种选择 选用适宜在吕梁市旱地种植的、适应当地土壤和气候条件，抗病性和抗逆性强的高产荞麦品种。甜荞可选择适宜制米的优质高产品种，如红山荞麦、北海道、晋荞麦 1 号、晋荞麦 3 号、榆荞 2 号等品种；苦荞可选择适宜苦荞茶加工的品种，如晋荞 2 号、黑丰 1 号等品种。

（1）晋荞麦 1 号（甜荞麦）。该品种由山西省农业科学院小杂粮研究中心选育而成，2000 年 3 月审定，生育期约 70 d。株高 85～100 cm，主茎 8～10 节位，一级分枝 2～3 个，二级分枝 1～2 个；绿茎、白花、籽粒深褐色，三棱形；株粒重 2.5 g，千粒重 31.9 g。亩产量一般为 100 kg 左右，籽粒粗蛋白含量 10.04％，脂肪含量 18％，总淀粉含量 77.8％。植株生长整齐，结实性好，抗倒性强。适宜吕梁各地栽培。

（2）榆荞 2 号（甜荞麦）。该品种由陕西省榆林市农业科学研究所选育而成，1990 年审定，生育期 85～90 d。株高 95 cm，株型松散，花蕾粉红色，茎红色，主茎 14 节位，一级分枝 3～4 个，二级分枝 4～6 个；籽粒棕色，三棱形；株粒重 2.5 g，千粒重 35 g；籽粒粗蛋白含量 10.04％，脂肪含量 18％，总淀粉含量 77.8％；抗病、耐旱性强，每亩产量一般在 100 kg。

（3）黑丰 1 号（苦荞麦）。该品种由山西省农业科学院农作物品种资源研究所选育而成，1999 年 4 月审定，生育期在 80 d 左右。株高 110～140 cm，茎较粗，株型紧凑挺拔，茎绿色，主茎节数 26～28 个，一级分枝 4～6 个，叶片三角形，深绿色；花小黄绿色，雌雄同花，自花授粉，复总状花序，果枝呈穗状；籽粒黑色锥形，有腹沟；单株生长势强，秆硬抗倒伏，落粒轻；千粒重大于 21 g，每亩产量一般在 200 kg 左右。籽粒蛋白质含量 11.82%，淀粉含量 68.5%，同时含有种类齐全的氨基酸和丰富的矿物质元素及维生素。

（4）晋荞麦（苦）2 号。该品种由山西省农业科学院小杂粮研究中心通过五台山苦荞选育而成，2001 年 3 月审定通过，生育期 85～90 d。株高 100～125 cm，主茎分枝 4～5 个，二级分枝 3～4 个，茎绿色，花黄绿色，籽粒桃形深褐色，单株粒重 6 g 左右，千粒重 8.5 g。含粗蛋白质 12.76%、粗脂肪 2.65%、总淀粉 70.42%，平均亩产 115.5 kg。

3. 种子处理 播前一周晒种 2 d，温汤浸种除去漂浮的秕粒。根据当地具体病虫害发生情况药剂拌种。

4. 播种 在 6 月中下旬至 7 月中旬播种。甜荞每亩播种量 2.5～3.0 kg、密度 3 万株，苦荞每亩播种量 3～4 kg、密度 5 万株，播种深度 4.5 cm。

5. 播种方式

（1）探墒条播。使用机械开沟分开干土，将种子播在湿土层上，浅覆土 4.5 cm。根据立地条件选用不同播幅的机械，行距 30～40 cm。

（2）免耕覆膜穴播。一次性完成灭茬、旋耕、开沟、施肥、覆膜、播种作业。行距 23～26 cm，穴距 20～30 cm，每穴 10 粒，留苗 5～7 株。见图 9 - 30。

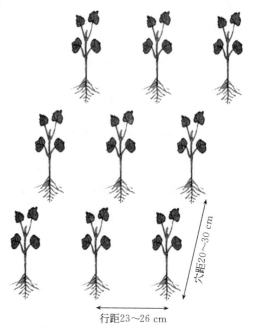

图 9 - 30 荞麦播种适宜密度

6. 施肥

（1）基肥。每亩施充分腐熟农家肥 2 000～3 000 kg 或有机肥 200～300 kg，每亩施缓控释配方肥 40 kg，宜选用 $N - P_2O_5 - K_2O = 15 - 15 - 10$（或相近配方）配方肥，每亩施入抗旱保水缓控释剂 2～3 kg 与配方肥混合随整地翻入土壤。

（2）追肥。现蕾后遇雨追肥。

7. 田间管理

（1）查苗补种。发现缺苗断垄应及时补种、催芽或移栽。

（2）间苗、定苗。条播每 33 cm 行内留苗 14～15 棵；穴播每穴留苗 7～8 棵。播后遇雨板结，应及时浅划锄。现蕾后遇雨追肥。多雨地区注意排水防涝。

（3）辅助授粉。在盛花期 8:00—10:00 系好布条两人各拉一端，在植株顶部拂过，轻晃动植株让花粉振落在花上即可。每隔 2～3 d 1 次，3～4 次即可。有条件的可放养蜜蜂辅助授粉。

8. 病虫害防治

（1）立枯病。是苗期的主要病害，常发生于湿地。用多菌灵或甲基托布津拌种或喷药防治。

（2）轮纹病。发生于叶片和茎干上的同心轮纹，严重时造成落叶，发病初期用代森锌喷雾防治。

（3）钩刺蛾。幼虫危害荞麦叶、花、果实，用溴氰菊酯喷雾防治，采用黑光灯诱杀成虫。

9. 收获 当 2/3 籽粒呈现黑褐色时，及时收获。收获后要及时回收残膜。

（薛志强）

第十六节　莜麦有机旱作生产技术

1. 选地、整地 莜麦对土壤要求不严格，可以在黏土、壤土、草甸土和沼泽土等多种土壤上种植。选择下湿地，尤以土壤有机质含量高、pH 5.5～6 的微酸性黏壤土最好，盐碱土、干燥沙土地不宜种植；实行轮作，前茬选择豆类、马铃薯、玉米茬。莜麦根系发达，喜土层深厚肥沃的土壤，前茬收获后 3 年一深耕或深松，利于接纳秋冬雨雪，提高土壤含水量，深度 30 cm 左右，耙磨保墒。

2. 品种选择　宜选用抗旱、抗病、耐瘠、分蘖力强和成穗率高的品种，如晋燕系列、坝莜系列、白燕系列等。

（1）晋燕9号。该品种由山西省农业科学院高寒区作物研究所选育，2002年4月审定。生育育88 d左右。株高100 cm左右，周散型圆锥花序，穗长15～18 cm，小穗数25个，主穗粒数60个左右，穗粒重1.16 g，千粒重23 g；籽粒长圆形、白色，成穗率高，茎秆粗壮，抗倒性、抗旱性强，较抗红叶病；含粗蛋白21.22%、粗脂肪6.33%、赖氨酸0.65%。平均亩产108.2 kg。

（2）坝莜3号。该品种由河北省张家口市坝上农业科学研究所选育，2006年审定。生育期98 d左右。幼苗直立，深绿色，株高约115 cm；分蘖4个左右，茎秆强壮；周散型穗，主穗、小穗数平均23个，穗长平均16 cm，小穗纺锤形；穗粒数约65个，籽粒浅黄色，千粒重23.5 g左右，平均亩产166 kg。

（3）白燕2号。该品种由吉林省白城市农业科学院从加拿大引进，2005年3月山西省审定。春性，从出苗至成熟81 d左右；幼苗直立，叶片深绿色；分蘖力强，株高99.5 cm；侧散型穗，长芒，颖壳黄色，穗长19 cm左右；小穗着生密度适中，串铃数10.5个；主穗粒数69.3粒，穗粒重1.11 g，粒黄色、长卵圆形，千粒重30.0 g；容重706 g/L；含粗蛋白16.58%、粗脂肪5.61%。平均亩产170 kg。

3. 播种

（1）种子处理。剔除病粒、瘪粒，破碎粒，播前晒种3～4 d，5月中下旬播种。每亩播种量10 kg左右，每亩基本苗20万～30万株。

（2）免耕机械条播。机械播种快速高效，能在较短时间内完成播种任务，减少土壤水分散失，利于苗齐苗壮，也是一项有效的旱作技术。可以使用2BMGF-6/10免耕施肥播种机，在有残茬覆盖的地表实现开沟、播种、施肥、施药、覆土镇压等复式作业。简化工序，减少机械进地次数，节本增效，行距25 cm左右，播幅2～3 cm，播深3～4 cm。莜麦播种适宜密度见图9-31。

4. 施肥

每亩施充分腐熟农家肥2 000～3 000 kg或有机肥200～300 kg，每亩施缓控释配方肥40 kg，宜选用N-P_2O_5-K_2O=25-13-5（或相近配方）配方肥，每亩施入抗旱保水缓控释剂2～3 kg与配方肥混合随整地翻入土壤。根据长势及时补充生长所需肥料。

5. 田间管理

（1）苗期管理。早锄，浅锄，去除杂草。

（2）中期管理。分蘖拔节期，旱地应趁雨追肥。在分蘖期和拔节后各中耕1次，重点放在第一锄，要深锄、碎锄、锄净，严禁拉大锄；第二锄要浅锄。

（3）后期管理。开花灌浆期，可用0.2%～0.3%磷酸二氢钾水溶液与20%的尿素溶液混合进行根外追肥，每亩喷液70 kg，1周后再复喷1次，促进灌浆，提高粒重。

6. 病虫草防治

（1）坚黑穗病。一般在湿度大、温度低的时候发病严重，种子或土壤带菌使用甲基硫菌灵或三唑酮拌种预防。

（2）蚜虫。有长管蚜和麦二叉蚜两种，初危害造成叶片黄色斑点，逐步扩大为条纹状，严重时全株枯死，造成麦穗空秕。当每百株达500头时，用高效氯氟氰菊酯喷雾防治。

（3）地下害虫。蝼蛄、蛴螬、地老虎，4—5月活动，危害种子、幼苗、根、茎基等部位，造成生长迟缓、缺苗断垄。苗期用辛硫磷拌毒土或用白僵菌、绿僵菌等生物防治法防治。

7. 收获　麦穗由绿变黄，上中部籽粒变硬，表现出籽粒正常的大小和色泽，进入黄熟期时收获。莜麦收割机见图9-32。

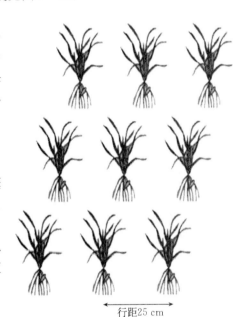

行距25 cm

图9-31　莜麦播种适宜密度

图 9-32 莜麦收割机

（薛志强）

第十七节 红芸豆有机旱作生产技术

1. 选地、整地 选择冷凉干旱区的川地、坪地、梁地、缓坡地，土壤以轻沙壤为宜，忌低洼涝地，前茬以禾谷类、薯类为好。结合农家肥，每 3 年进行一次深松或深耕，深度 30 cm 左右，秋后秸秆粉碎还田，封冻前碾压封墒。沙质旱地秋后免耕，早春进行耙耱，清除前茬杂物，播前墒情好的进行浅耕、整地，遇干旱、干热风，不耕翻土地。

2. 品种选择 选用适宜在吕梁市旱地种植的、适应当地土壤和气候条件，抗病性和抗逆性强的高产优质红芸豆品种，如英国红等。

英国红芸豆。该品种是从意大利引进的早熟品种，生育期 90～95 d。株高 35～50 cm，主茎分枝 2～4 个，单株荚数 15～20 个，籽粒红色、肾形，百粒重 45 g 左右。该品种适应性强，抗病、丰产性好，一般亩产量为 150 kg。红芸豆选种见图 9-33。

图 9-33 红芸豆选种

3. 种子处理 播前晒种 2 d，每千克种子用 5 g 钼酸铵拌种。先用热水溶解，再兑冷水稀释至所需体积，喷洒在种子上，边喷边拌，阴干后即可播种。

4. 播种 5 月上旬开始播种，适宜密度为每亩 1.2 万～1.4 万株；每亩播种量 6～8 kg。

5. 播种方式

起垄覆膜播种。红芸豆种植区一般选择在冷凉湿润区，关键技术是春季增温，秋季抗涝。选用幅宽 800 mm、厚度为 0.01 mm 薄膜，用起垄覆膜播种一体机一次性完成起垄、覆膜、播种覆土。垄高 15 cm，行距 50 cm，穴距 30 cm，每穴 2～3 粒，一穴双株，每亩留苗 10 000 株左右。播种适宜密度见图 9-34。

6. 施肥

（1）基肥。每亩施充分腐熟农家肥 2 000～3 000 kg 或有机肥 200～300 kg，每亩施缓控释配方肥 40 kg，宜选用 N-

图 9-34 红芸豆播种适宜密度

$P_2O_5 - K_2O = 15 - 15 - 10$（或相近配方）配方肥，每亩施入抗旱保水缓控释剂 $2\sim3$ kg 与配方肥混合随整地翻入土壤。

（2）追肥。开花期后期不能封垄的地块应采取追肥、喷施叶面肥和菌肥。

7. 田间管理 苗齐后，及时查苗、补苗，封垄前中耕；结荚初期用 0.3％磷酸二氢钾、0.1％硼砂、0.3％钼酸铵混合液进行根外追肥，$7\sim10$ d 喷 1 次，连喷 $2\sim3$ 次，增产效果明显。

8. 病虫害防治

（1）根腐病。低温积雨易发病，苗期用百菌清、甲基托布津、多菌灵等茎基部喷雾预防。

（2）豆荚螟、蚜虫。开花期和现蕾期注意防治，用氯氰菊酯、用鱼藤酮等喷雾防治。

（3）地下害虫。危害种子、幼苗、根、茎基等部位，造成生长迟缓、缺苗断垄，苗期用辛硫磷拌毒土或用白僵菌、绿僵菌等生物防治法防治。

9. 收获 当全株 2/3 荚果变黄，籽粒变硬，呈固有色泽，下部叶变黄脱落，即可收获。收获后要及时回收残膜。

（薛志强）

第十八节　番茄有机旱作生产技术

1. 适用范围 番茄有机旱作生产技术适用于无霜期在 130 d 以上，降水量 450 mm 以上的梯田、塬地、滩地等。

2. 良种选择 选用优质、高产、抗病虫、抗逆性强、商品性好、耐储运、适合本地栽培、适应市场需求的番茄品种。

（1）晟唐 470。该品种由抚顺市北方农业科学研究所选育。属于早熟品种，无限生长型。单果重 300 g 左右，果实圆形、硬、耐储运，红果色，果色艳丽，品质佳。复合抗病性强，适合早春、秋延后、越冬保护地及露地栽培。

（2）红禧。该品种由山西晋黎来种业有限公司新推出的无限生长型大红果新品种。该品种生长势旺盛，坐果性好，果个大均匀，果脐小。果色深红亮丽，略呈扁圆形，果实硬度强，耐储藏运输，平均单果重 300 g 左右。适宜露地栽培。

（3）巨红宝石。该品种为特大果型，无限生长，植株壮旺，果实大红，平均单果重 $400\sim450$ g；硬度中上，抗裂性好，品质较佳；抗旱能力较好，温室、大棚、露地均可种植。

3. 选地施肥 选土层深厚、排水良好、富含有机质的肥沃壤土，土壤 pH 以 $7\sim8$ 为宜。结合整地，每亩施充分腐熟有机肥 $3\,000\sim4\,000$ kg 或商品有机肥 $300\sim400$ kg，硫酸钾型 $N - P_2O_5 - K_2O = 14 - 6 - 20$ 配方肥或相近配方肥 $40\sim50$ kg。深翻 $30\sim35$ cm，耕后耙耱整平，按垄距 130 cm、垄宽 60 cm、垄高 15 cm 起垄。

4. 播种

（1）育苗。2 月中下旬利用温室、大棚或露地小拱棚，采用穴盘、营养钵等护根育苗方式进行育苗。育苗前选用育苗专用基质进行浸种催芽。将装好的穴盘打孔 1 cm，每穴 1 粒发芽的种子，覆盖基质喷水，摆入苗床，覆盖塑料膜保温保湿。一般 $5\sim7$ d 即可出苗，出苗后通风降温。出苗 1 周后，白天温度保持在 $23\sim28$ ℃，夜间温度控制在 $12\sim15$ ℃。定植前 1 周，加强通风炼苗，以适应定植环境。达到株高 15 cm 左右、$4\sim6$ 叶、茎秆粗壮、节间短、叶色浓绿、根系发达、无病虫害、无机械损伤的壮苗标准。

（2）定植。当地温稳定至 12 ℃以上时定植。直播一垄双行，机械播种深度 $10\sim12$ cm，按行距 $50\sim60$ cm、株距 $35\sim45$ cm 打孔定植，一般每亩密度在 $2\,500\sim3\,000$ 株。打孔蓄水稳苗，封严定植孔。早春定植，应选无风晴天上午进行。定植水要浇足、浇透。定植后及时覆盖地膜，宜选用 0.01 mm 厚度、80 cm 宽度的地膜（优选全生物降解地膜）。番茄播种适宜密度见图 9 - 35。

（3）直播。直播一般在晚霜过后，冷凉区直播在 4 月下旬至 5 月上旬，温暖区直播在 4 月中旬至 4 月下旬。选用多功能覆膜播种机，直播每亩用种量 $25\sim30$ g。

5. 田间管理

（1）肥水管理。定植后及时浇水，7 d 后长出新叶时浇缓苗水，然后进行中耕蹲苗。结果期 10～15 d 浇 1 次水，每隔一水追 1 次肥，每次每亩可追复合肥 20 kg 或水溶肥 5～10 kg。无水源条件的，结果期结合降雨酌情追施 1～2 次高钾配方肥、复合肥或复混肥，每次每亩 15～20 kg。结合病虫害防治，叶面喷施 0.3% 磷酸二氢钾或 1 000 倍液黄腐酸或氨基酸叶面肥。

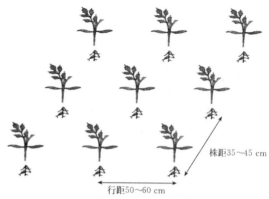

图 9-35　番茄播种适宜密度

（2）植株调整。用细竹竿支架，并及时绑蔓。拉秧前 45～50 d 摘心，在顶部果穗上留 2 片叶。在番茄的结果盛期以后，对基部的病叶、黄叶可陆续摘除。大果型品种每穗选留 3～4 果，中果型品种每穗留 4～6 果。田间管理见图 9-36。

（3）病虫害综合防治。针对生产上发生的主要病虫害，选用抗病虫品种。番茄的主要病虫害有病毒病、猝倒病、立枯病、灰霉病、青枯病、棉铃虫等。用 50% 腐霉利可湿性粉剂或 20% 嘧霉胺悬浮剂喷雾防治灰霉病，8% 宁南霉素水剂或 50% 氯溴异氰尿酸可溶粉剂、6% 寡糖·链蛋白可湿性粉剂喷雾防治病毒病，用 3 亿 CFU/g 哈茨木霉菌可湿性粉剂灌根或 0.8% 精甲·嘧菌酯颗粒剂撒施防治猝倒病、立枯病，用 10% 溴氰虫酰胺可分散油悬浮剂、14% 氯虫·高氯氟微囊悬浮剂喷雾防治棉铃虫等。

图 9-36　番茄田间管理

6. 采收　果实发红后及时采摘上市，避免坠秧。9 月中下旬采收结束及时拉秧，清理架杆。用于远距离销售的可在果实刚转红时采收，用于当地市场销售的可在果实全红后采收。

（孙　凌）

第十九节　辣椒有机旱作生产技术

1. 适用范围　该生产技术适用于无霜期在 130 d 以上，降水量在 450 mm 以上的梯田、塬地、滩地等。

2. 良种选择　选用优质、高产、抗病虫、抗逆性强、商品性好、耐储运、适合本地栽培、适应市场需求的辣椒品种。

（1）海丰 23。该品种由北京海华生物科技有限公司选育。属于早熟品种，果实牛角形，绿色，顺直，果味微辣，果面光滑，商品性好，单果重 100～150 g。植株生长势强，坐果集中，坐果率高。

（2）晋尖椒 3 号。该品种由山西省农业科学院蔬菜研究所选育。属于中早熟、鲜食品种。果实长羊角形，单果重 23 g 左右，果实绿色，果面少皱，有光泽，味辣、商品性好；抗病性强，较耐热。适宜在山西、河南、河北等区域种植。

（3）晋椒 101。该品种由山西省农业科学院蔬菜研究所选育。属于早中熟、鲜食辣椒品种。果实羊角形，果面有皱褶，深绿色；单果重 25 g 左右，果皮厚 0.2 cm；较抗疫病和病毒病。适宜在山西、河南、河北等区域种植。

3. 选地施肥　选择地势平坦、土壤疏松、排水良好的沙壤土、壤土，土壤 pH 以 6.2～7.2 为宜。前茬宜为非茄科类作物。结合整地，每亩施充分腐熟农家肥 3 000～4 000 kg 或商品有机肥 300～400 kg，硫酸钾型 N-P$_2$O$_5$-K$_2$O＝18-7-20 配方肥或相近配方肥 40～50 kg。深翻 30～35 cm，耕后耙糖整平，按垄距 120 cm、垄宽 50 cm、垄高 15 cm 起垄。

4. 播种

（1）育苗。2月中下旬利用温室、大棚或露地小拱棚，采用穴盘、营养钵等护根育苗方式进行育苗。育苗前选用育苗专用基质进行浸种催芽，将装好的穴盘打孔1 cm，每穴平放1粒发芽的种子，覆盖基质1 cm喷水，摆入苗床，覆盖塑料膜保温保湿。在保持床土温度20 ℃左右条件下一般经5～7 d即可出苗。幼苗长至2叶1心期，即可分苗。移苗至缓苗期，缓苗后控温降湿保生根。在定植前必须达到株高15 cm左右、6～8片真叶、叶色深绿、单株、根系发达、无病虫害、无机械损伤的壮苗标准。

（2）定植。当地温稳定至12 ℃以上时定植。选择辣椒多功能移栽机（图9-37），在已整好的垄上双行定植，行距60～65 cm，株距25～30 cm，一般每亩密度为4 000～4 500株。打孔蓄水稳苗，封严定植孔。早春定植，应选无风晴天上午进行。定植水要浇足、浇透。定植后及时覆盖地膜，宜选用0.01 mm厚度、80 cm宽度的地膜（优选全生物降解地膜）。辣椒定植见图9-38。

图9-37 辣椒移栽机

图9-38 辣椒定植

（3）直播。一般冷凉区在3月中旬至3月下旬，温暖区3月上旬。选用多功能播种覆膜一体机（图9-39），直播每亩用种量50 g左右。

5. 节水抗旱措施

（1）保水剂。每亩用保水剂2～3 kg与配方肥混合均匀随整地翻入土壤。

（2）集水窖。配置新型软体集雨窖，利用窖面、设施棚面及园区道路等作为集雨面，蓄积自然降水。

（3）节水灌溉。在水源方便的地块，铺设滴灌带或微喷带进行补水灌溉。

6. 田间管理

（1）肥水管理。有水源条件的，采用膜下滴灌或暗灌，定植后3～4 d浇缓苗水；然后进行蹲苗，门椒坐住后，结合浇水每亩追施

图9-39 播种覆膜一体机

大量元素水溶肥5～10 kg；结果期结合浇水追肥2～3次，每亩追施高钾大量元素水溶肥5～10 kg。无水源条件的，结果期结合降雨酌情追施1～2次高钾复合肥或配方肥，每次每亩15～20 kg。结合病虫害防治，叶面喷施0.3%磷酸二氢钾或1 000倍液黄腐酸或氨基酸叶面肥。

（2）植株调整。门椒开花后，及时摘除下部侧枝，改善通风；降雨或浇水后，及时进行中耕除草。

（3）病虫害综合防治。针对生产上发生的主要病虫害，选用抗病虫品种。辣椒的病虫害主要有炭疽病、疫病、病毒病、青枯病、蚜虫、棉铃虫、烟青虫等。用50%咪鲜胺锰盐可湿性粉剂或42%氟啶胺悬浮剂兑水喷雾防治炭疽病，用687.5 g/L氟菌·霜霉威悬浮剂或70%丙森锌可湿性粉剂兑水喷雾防治疫病，用20%吗胍·乙酸铜可湿性粉剂或2%香菇多糖可溶液剂兑水喷雾防治病毒病，用0.1亿CFU/g多黏类芽孢杆菌细粒剂300倍液或3%中生菌素可湿性粉剂600～800倍液兑水喷雾防治青枯病，用10%溴氰虫酰胺悬浮剂或1.5%苦参碱可溶液剂兑水喷雾防治蚜虫，用5%氯虫苯甲胺或3%甲氨基苯甲酸盐微乳剂溶液、4.5%高效氯氰菊酯乳油等兑水喷雾防治棉铃虫和烟青虫。要严格控制农药用量和安全间隔期。

7. 采收 根据生长情况及市场要求，及时分批采收，鲜食采收青果。制干加工采收红熟的果实。采收过程中所用工具要清洁、卫生、无污染。夏末或冬初收获完毕。

（孙　凌）

第二十节　西葫芦有机旱作生产技术

1. 适用范围 该生产技术适用于无霜期在 130 d 以上，降水量在 450 mm 以上的梯田、塬地、滩地等。

2. 良种选择 选用优质、高产、抗病虫、抗逆性强、适应性广、商品性好、耐储运、适合本地栽培、适应市场需求的西葫芦品种。

（1）珍玉 35 号。该品种由豫艺种业科技发展有限公司选育。属于高抗病毒病、早熟西葫芦品种。瓜条长棒状，果长 22 cm 左右，色翠绿有光泽，商品性好。植株长势稳健，连续坐瓜能力强，膨瓜快，产量高，耐热性好，抗病毒病能力强，是目前少有的适应范围广且高抗病毒病品种。

（2）珍玉 369 号。该品种由豫艺种业科技发展有限公司选育。植株长势强，耐低温且较耐热，抗病毒病、白粉病能力强；单瓜重 300～400 g，连续坐果能力强，膨瓜快。适宜早春拱棚、大棚等种植。

（3）合玉青。该品种由山西省农业科学院蔬菜研究所选育。从播种至采收全生育期 45 d 左右，嫩瓜单果重 250 g 左右。商品瓜形为直筒形，瓜条长且瓜皮亮，绿青色，商品性好。适宜于早春拱棚栽培和露地栽培。

3. 选地施肥 选择地势平坦、疏松肥沃、保水保肥能力强的壤土或沙壤土，土壤 pH 以 5.5～6.8 为宜。前茬为非瓜类作物。结合整地，每亩施充分腐熟农家肥 3 000～4 000 kg 或商品有机肥 300～400 kg，硫酸钾型 $N - P_2O_5 - K_2O = 20 - 10 - 20$（或相近配方）配方肥 40～50 kg。深翻 25～30 cm，耕后耙耱整平，按垄距 120 cm、垄宽 50 cm、垄高 15 cm 起垄。

4. 播种

（1）育苗。3 月下旬至 4 月上旬利用温室、大棚或露地小拱棚，采用穴盘、营养钵等护根育苗方式进行育苗。育苗前选用育苗专用基质进行浸种催芽。将装好的穴盘打孔 1.5 cm，每穴平放 1 粒发芽的种子，覆盖基质 1.5 cm 喷水，摆入苗床，覆盖塑料膜保温保湿。出苗 70% 以上后揭掉地膜，白天温度保持在 20～25 ℃，夜间温度控制在 12～15 ℃，定植前 5～7 d 炼苗，以适应定植环境。在定植前必须达到株高 10～15 cm、茎秆粗壮、节间短、三叶一心、根系发达、无病虫害、无机械损伤的壮苗标准（图 9-40）。

图 9-40　培育西葫芦壮苗

（2）定植。当地温稳定至 12 ℃ 以上时定植。采取起垄种植，选择多功能移栽机，一垄双行；机械播种深度 10～12 cm，按行距 45～50 cm、株距 60～70 cm 打孔种植，每亩密度一般在 2 200 株左右。打孔蓄水稳苗，封严定植孔。早春定植，应选无风晴天上午进行。墒情不足时，孔内酌情浇水，每穴点 2 粒种子，覆土 2～3 cm；出苗后每穴选留 1 株壮苗；定植水要浇足、浇透。定植后及时覆盖地膜，宜选用 0.01 mm 厚度、70 cm 宽度的地膜（优选全生物降解地膜）。

（3）直播。一般在断霜前后，冷凉区在 4 月下旬至 5 月上旬，温暖区在 4 月中旬。选用多功能播种覆膜一体机（图 9-41），直播每亩用种量 300～350 g。

5. 节水抗旱措施

（1）保水剂。每亩施入用抗旱保水缓控释剂 2～3 kg 与配方肥混合均匀随整地翻入土壤。

（2）集水窖。配置新型软体集雨窖，利用窖面、设施棚面及园区道路等作为集雨面，蓄积自然降水。

（3）节水灌溉。在水源方便的地块，铺设滴灌带或微喷带进行补水灌溉。

6. 田间管理

（1）肥水管理。有水源条件的，采用膜下滴灌或暗灌，定植后3～4 d浇缓苗水；然后进行蹲苗，待根瓜长至10 cm时，结合浇水每亩追施大量元素水溶肥5～10 kg；根瓜采收后第二次追肥浇水，每亩追施高钾大量元素水溶肥5～10 kg；结瓜盛期每隔10～15 d浇水追肥1次。无水源条件的，结果期结合降雨酌情追施1～2次高钾复合肥，每亩每次15～20 kg。结合病虫害防治，叶面喷施0.3%磷酸二氢钾或1 000倍液黄腐酸或氨基酸叶面肥。

图9-41 西葫芦播种覆膜一体机

（2）植株调整。开花坐果前期温度低、雄花少，自然授粉困难，在早晨雌、雄花开放时，进行人工授粉；伸蔓后，及时摘除侧枝和畸形果；改善通风，降雨或浇水后，及时进行中耕除草。

（3）病虫害综合防治。针对生产上发生的主要病虫害，选用抗病虫品种。西葫芦的主要病虫害有立枯病、猝倒病、白粉病、霜霉病、病毒病、灰霉病、蚜虫、白粉虱、烟粉虱等。用0.3%精甲·噁霉灵可溶粉剂7～9 g/m² 冲施防治猝倒病，用15%咯菌·噁霉灵可湿性粉剂300～350倍液灌根防治立枯病，用25%吡唑醚菌酯悬浮剂20～40 mL/亩喷雾防治白粉病，用0.5%香菇多糖水剂200～300 mL/亩喷雾防治病毒病，用250 g/L吡唑醚菌酯乳油20～40 mL/亩喷雾防治霜霉病，25%嘧霉胺可湿性粉剂或50%腐霉利可湿性粉剂喷雾防治灰霉病，用1.5%苦参碱可溶液剂30～40 g/亩喷雾防治蚜虫；用25%噻虫嗪水分散粒剂11.25～12.5 g/亩喷雾防治白粉虱、烟粉虱等。要严格控制农药用量和安全间隔期。

7. 采收 根据生长情况及市场要求适期分批采收嫩果，果重300～400 g即可采收，根瓜应适当早收。采收过程中所用工具要清洁、卫生、无污染。

（孙 凌）

第二十一节 白菜有机旱作生产技术

1. 适宜区域 该生产技术适用于无霜期在130 d以上，降水量在450 mm以上的塬地、滩地、梯田等。

2. 良种选择

（1）晋青2号。该品种由山西省农业科学院蔬菜研究所选育。采用雄性不育系制种，整齐度高。在一般管理条件下，亩产净菜8 000～10 000 kg，生育期85～90 d，品质佳；抗病毒病、霜霉病和软腐病，耐储运。适宜在东北、华北、西南地区秋播栽培。

（2）晋青3号。该品种由山西省农业科学院蔬菜研究所选育。采用雄性不育系制种，整齐度高。一般亩产净菜5 000～7 500 kg，生长期85 d。适应性好，品质优，耐储运。对病毒病和霜霉病抗性强，外叶开展度小。适宜在东北、华北、西南地区秋播栽培。

（3）晋白2号。该品种由山西省农业科学院蔬菜研究所选育。为一代杂种，亩产净菜7 000 kg，生育期65～70 d。抗病毒病、霜霉病和黑腐病；粗纤维含量低，口感好，品质佳。适合在全国各地秋播大白菜产区种植。

（4）晋白3号。该品种由山西省农业科学院蔬菜研究所选育。生长期80 d左右。结球紧实，抗病毒病、耐霜霉病和软腐病。适宜在华北、东北地区秋播种植。

（5）晋春1号。该品种由山西省农业科学院蔬菜研究所选育。属于早熟型春白菜品种，适宜春秋两季播种，生育期65 d左右。品质好，口感好，抗霜霉病、软腐病和病毒。亩产达6 000 kg。

（6）晋春2号。该品种由山西省农业科学院蔬菜研究所选育。属于中熟型春白菜品种，适宜春秋两季播种，生育期75 d左右。品质好，口感好，抗霜霉病、软腐病和病毒病。亩产6 500千克左右。

3. 选地、施肥 选择地势平坦、排灌方便、肥沃疏松且富含有机质的壤土且pH在6.5～8.5的地块，前茬以禾本科、葱蒜类作物为宜，避免重茬。结合整地每亩施充分腐熟的有机肥3 000～5 000 kg，或商品有机肥 300～400 kg，选用 N－P₂O₅－K₂O＝25－15－5（或相近配方）配方肥 40～50 kg，结合深耕 25～30 cm、播种时一次性施入。

4. 播种模式

（1）播期。播种时间一般在 8 月上旬（立秋前）。

（2）条播。按行距 50～55 cm 开 0.5～1.0 cm 深的浅沟，将种子均匀撒在沟内然后覆土压实，每亩用种量 150 g 左右。也可采用白菜播种机进行播种。

（3）穴播。按行距 50～55 cm、株距 40～45 cm 穴播，播深 1.0～1.5 cm，每穴 5～6 粒种子，播后盖细土压实，每亩用种量 100～120 g。

播种适宜密度见图 9－42。

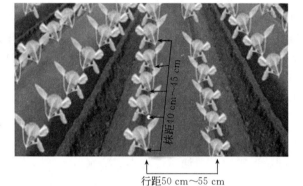

株距 40 cm～45 cm

行距 50 cm～55 cm

图 9－42　白菜播种适宜密度

5. 田间管理

（1）间苗、定苗。出苗后 5～6 d 第一次间苗，去弱留强，条播的留苗间距 2～3 cm；白菜 3～4 片叶时进行第二次间苗，条播地块的苗距 8 cm，穴播时每穴留 3 株左右，再过 5～6 d 时进行第三次间苗。幼苗生长 25 d 左右到达团棵期，按株距 40～45 cm 定苗，每亩留苗 3 000 株左右。发现缺苗应及时补栽。补苗宜在晴天下午或阴天进行，栽苗后及时浇水。

（2）水肥管理。在第二次间苗、定苗后和莲座中期进行中耕锄草。有水源条件的，采用滴灌或微喷灌，适时浇水，保持土壤湿润，保证齐苗壮苗。间苗、定苗后各浇 1 水；莲座期适当控水蹲苗。包心初期结合浇水进行追肥，亩追施尿素 15～20 kg；包心期酌情浇 1～2 水。无水源条件的，包心期结合降雨亩追施尿素 15～20 kg。距收获 15 d 时进行束叶捆菜。

（3）病虫防控。大白菜的病虫害主要有蚜虫、白粉虱、菜青虫、小菜蛾、霜霉病、软腐病等。用 10%吡虫啉可湿性粉剂 1 000～1 500 倍液或 10%啶虫脒 1 000～1 500 倍液防治蚜虫、白粉虱，在 3 龄前用 4.5%高效氯氰菊酯 2 000 倍液或 20%除虫脲 1 000～1 500 倍液防治菜青虫、小菜蛾，用 25%双炔酰菌胺悬浮剂 1 500 倍液或 72%霜脲锰锌可湿性粉剂 600～800 倍液防治霜霉病，用 20%噻菌铜或 3%中生菌素可湿性粉剂 1 000 倍液喷雾防治软腐病。注意农药要交替使用，收获前 7 d 停止使用农药。

6. 收获　11 月中旬以后，白菜基本停止生长，进入收获期；根据气温变化应及时收获，以防冻害发生。白菜收割机见图 9－43。

图 9－43　白菜收割机

（李　勇）

第二十二节　西瓜有机旱作生产技术

1. 适宜区域　该生产技术适用于无霜期在 100 d 以上，降水量在 450 mm 以上的塬地、滩地、梯田等。

2. 良种选择

（1）礼花一号。该品种是杂交一代少籽型礼品西瓜，全生育期 85 d 左右，果实生育期 26 d 左右。果实球形，果形指数 1.05，单果重 1.5 kg 左右，单果籽粒数 60～85 粒，相当于常规品种的 50%～70%；果皮绿色，覆盖有深色中至宽花条条纹；果皮厚度 0.5 cm，果皮脆，不耐储运；果肉红色，质脆沙、味甜，果实中心可溶性固形物含量在 12.5%左右、边可溶性固形物含量在 10.5%左右，口感风味佳。耐弱光性、耐低温性较好；适宜高密度设施栽培。

（2）晋早蜜一号。该品种属极早熟小果型西瓜品种，生育期 75～80 d。生长势中等，耐低温弱光，易坐果，综合抗逆性强，抗炭疽病、枯萎病，高抗白粉病。果实圆整，果皮深绿色覆黑色条带，瓜瓤桃红色，不空心，不倒瓤，脆嫩多汁，口感好，品质优良。果实中心可溶性固形物含量在 12.5％以上，梯度变化小，皮厚 0.5～0.8 mm，单果重 1.5 kg 左右，产量 30 000 kg/hm²。适合在华北地区大棚、日光温室春提早或秋延后栽培。

（3）农丰 4 号。该品种是替代西农八号的杂交一代西瓜新品种。属于中早熟品种，果实发育期28～30 d，全生育期 90～95 d。植株生长势较强，抗炭疽病、枯萎病，可适度重茬，易坐果，单果重 5～6 kg，果实椭圆形，黄绿色底上覆墨绿色齿状花条，外形美观。果实中心可溶性固形物含量在 11.5％左右。瓤色红，瓤质脆，口感风味好，品质优，耐储运。

3. 选地、施肥　选择土层深厚、土质疏松肥沃、排灌方便、排水良好且 pH 在 5～7 的沙质壤土。早春搞好糖地。播前按行距 200 cm、株距 50～60 cm，挖种植穴，穴深 30 cm，结合挖穴亩施农家肥 3 000 kg、硝酸磷肥 50 kg、过磷酸钙 25 kg。要求穴内的土与肥料拌匀。同时每亩用 250 g 甲基硫环磷与细土制成毒土，撒于穴内，以防地下害虫。

4. 播种模式

（1）播期。播种时间一般在 4 月中下旬。

（2）适期春播的温度指标。日平均气温稳定在 15 ℃以上，5 cm 地温稳定在 12 ℃以上，为西瓜露地直播的安全播种期。

（3）直播。按已确定的株距沿播种畦中心线开挖播种穴，穴深 3～4 cm，先浇水，待水完全渗入土壤后，将已催芽的种子放入穴底。胚根向下，每穴 2～3 粒，播后覆土 3 cm，要低于地表 5 cm，加盖地膜。

（4）育苗移栽。西瓜种子在入土之前要先放在温水中浸泡，大概泡 12～18 h，让种子吸足水分。捞出后放在湿巾上，控温在 20～25 ℃，每天喷洒水分，等种子的出芽率达到 80％～90％再进行育苗。西瓜种子发芽后就可播种在苗床上，种下后适当喷洒水分，很好的保温、保湿，3～5 d 就可长出幼苗。当幼苗长到 5～8 cm 高时移栽到营养钵内，并勤通风、喷洒水分，促使幼苗更快萌发。当幼苗具有 3～4 片真叶、苗龄 25～30 d 时，选择在连续晴好的天气上午进行移栽定植，加盖地膜。

（5）地膜覆盖。宽膜覆盖，利用宽膜旋覆一体机将一张 2 m 宽的地膜覆盖成三垄四沟形状，确保高效保墒集雨。平盖式，先将瓜畦做成中央隆起呈龟背形高畦，后将地膜展开，呈条幅式水平铺盖于瓜畦畦面，畦面高度及盖幅宽度因地区而异。本地区西瓜生长期正值干旱少雨季节，畦高宜为 10 cm、幅宽宜为 60～80 cm。使用地膜西瓜可早播 5～8 d，提早成熟 10 d 左右。

5. 田间管理

（1）间苗、定苗。瓜苗出土后让其在膜下瓜穴内生长，暂不放苗，如气温渐高，为防止徒长，可将苗顶地膜用刀片割开小口放风。5 月中下旬、晚霜之后气温稳定时，再将瓜苗放出膜外，结合间苗以每穴留 2 个苗为好，放苗后用湿土将放苗孔四周封住，当瓜苗长到 5～6 片叶时，可定苗。选留生长比较一致的幼苗，过强、过弱、伤病苗都除去。

（2）水肥管理。瓜蔓长到 30 cm 以上时进行压蔓、整枝，采用单蔓整枝，及时去除侧芽，继续中耕行间空地，小水浅浇 1 次。现花后要将雄花和第一个雌花打掉，节约养分，促第二雌花早出现，选留 10～11 片叶腋出现的雌花坐瓜。在第二雌花开放当天上午进行人工辅助授粉，促进坐瓜。继续做好压蔓工作，及时去除侧芽。瓜胎长到鸡蛋大以后，应在瓜根旁开穴亩追施饼肥 200 kg，或腐熟人粪尿 1 000 kg，然后浇 1 次水。忌单一追施氮素化肥。西瓜膨大期，亩用磷酸二氢钾 150 g，兑水 40 kg 喷雾，促进西瓜成熟和提高含糖量。

压蔓坐果见图 9 - 44。

（3）病虫防控。西瓜的病虫害主要有枯萎病（蔓割病）、炭疽病、霜霉病和蚜虫。发病之初，扒开根际暴晒土壤并灌注 50％多菌灵可湿性粉剂 500 倍液、70％甲基托布津 500～800 倍液，防治枯萎病；用 75％百菌清可湿性粉剂 600 倍液、50％多菌灵 500 倍液、

图 9 - 44　西瓜压蔓坐果

70%代森锰锌 400 倍液，防治西瓜炭疽病和霜霉病；结合中耕除草用 40%乐果乳油 2 000 倍液喷雾防治蚜虫。使用农药要合理配置，轮换使用。距收获 15 d 停止使用农药。

6. 收获　在 7 月上中旬西瓜成熟及时收获上市（图 9 - 45）。

图 9 - 45　西瓜收获

（李　勇）

第二十三节　架豆有机旱作生产技术

1. 适宜范围　该生产技术适宜无霜期在 130 d 以上，降水量在 450 mm 左右的旱塬地、梯田、滩地。

2. 选地施肥

选择地势平坦、排灌方便、理化性状良好、土壤耕层深厚、富含有机质的壤土或沙壤土，前茬为非豆科类作物的地块。深翻耙磨，耕作深度≥30 cm。根据土壤肥力状况确定施肥量，一般结合整地每亩施充分腐熟农家肥 3 000～5 000 kg 或商品有机肥 300～500 kg，推荐使用 N - P_2O_5 - K_2O＝15 - 18 - 7 复合肥或相近配方肥 40～50 kg。产量在 2 000～3 000 kg/亩的地块，每亩施充分腐熟的农家肥 3 000～5 000 kg、配方肥 40 kg；产量在 3 000～4 000 kg/亩的地块，每亩施充分腐熟的农家肥 4 000～5 000 kg、配方肥 40～50 kg。

3. 品种选择

（1）晋菜豆 2 号。该品种由山西省农业科学院蔬菜研究所选育。植株蔓生，属中晚熟品种。荚圆棍形，荚面平，嫩荚深绿色，荚壁纤维少。种子肾形，种皮白色，千粒重 405 g，亩产 3 400～4 200 kg。适合春季露地直播。

（2）晋菜豆 3 号。该品种由山西省农业科学院蔬菜研究所选育。属中晚熟菜豆品种，生育期 135 d。荚长棍棒形，单荚粒数平均 6.8 个，籽粒肾形，种皮金黄色，百粒重 31.0 g 左右，亩产 3 600～4 200 kg。适合春季露地直播。

（3）泰国架豆王。该品种属中熟品种，蔓生。长势旺盛，从播种到采收嫩荚 77 d 左右，亩产 3 000～4 000 kg。该品种再生能力极强，从结荚至完熟，无筋，无纤维，品质鲜嫩。适合冬春季保护地及秋季露地栽培。

（4）爽绿特嫩。该品种由天津市蓟农种子有限公司 2016 年新选育，属于早熟品种。抗锈病，产量高、荚形直、不易鼓豆；蔓生，株高 3 m 左右，第一花序生于 4～7 节，荚长 26～28 cm，嫩荚近圆形，嫩绿色，早熟从播种至收获 50～60 d，亩产 4 000～6 000 kg；嫩荚肉质厚，无筋，纤维少，不易鼓豆。蛋白质含量高、品质佳。春秋均可栽培，大面积种植请选用。

（5）泰国无筋架豆王。该品种蔓生，属中熟品种。生长茂盛分枝性强，抗病、高产、出苗到结荚 65 d 左右；荚圆形，长约 30 cm，青绿色，无纤维，耐老化，品质口感极佳，全国露地均可栽培，一般亩产鲜荚 4 000 kg 左右。

（6）王中王架豆。该品种属早熟架豆品种，其高产性、抗病性、商品性更为突出。该品种从播种到收获 50 d 左右，植株蔓生，株高约 2 m，长势强，花白色，坐荚率高，嫩荚绿白色，荚长 30～35 cm，无革质膜，嫩荚肉厚，耐热，高抗锈病，品质优良。货架期长，耐长途运输，适宜春秋露地种植。

4. 合理播期　无霜期在 160 d 以上的地区，架豆可分为春、秋两季栽培。春季约在 4 月下旬、10 cm 以上地温稳定在 10 ℃时播种，收获后可抢种一茬秋菜；秋季播种在 6 月下旬至 7 月上旬，秋播前可安排一茬春黄瓜。无霜区为 130～160 d 的地区约在 4 月下旬或 5 月上旬播种。

5. 播种模式

（1）机械化播种。选用旋耕施肥覆膜播种一体机穴播。地膜优选生物降解渗水地膜，垄沟或沟侧穴播，每穴 2～4 粒种子，播种深度 3～4 cm。可分为全膜覆盖和半膜覆盖两种方式，全膜覆盖：采用四沟三垄式全膜覆盖，一般用膜宽 200 cm、厚 0.01 mm 的地膜覆盖，按行距 60 cm、株距 20～25 cm 播种；半膜覆盖：一般用膜宽 80 cm、厚 0.01 mm 的地膜覆盖，按行距 50～55 cm、株距 20～25 cm 播种。

（2）人工播种。结合整地，按垄距 120 cm、垄宽 50 cm、垄高 15 cm 起垄覆膜；一垄双行打孔播种，株距 40 cm；孔深 3～4 cm，每孔 2～4 粒，覆土盖严。

6. 田间管理

（1）旱作措施。每亩施入保水剂 2～3 kg 与 10～30 倍的干燥细土混匀，沿种植带沟施；配置新型软体集雨窖，利用窖面、设施棚面及园区道路等作为集雨面，蓄积自然降水；合理修筑小水窖、小水池、小水渠、小塘坝、小泵站；节水灌溉：在水源方便的地块，铺设滴灌带或微喷带进行补水灌溉；地膜覆盖：增地温，保墒情，

图 9 - 46　架豆绑蔓机

除杂草，提早播种；中耕除草：适时中耕，切断土壤表层的毛细管，减少土壤水分向土表运送而蒸发散失。图 9 - 46 为架豆绑蔓机。

（2）适度追肥。进入结荚期，结合降雨或灌溉追肥 1～2 次，每亩追施复合肥 20 kg 或大量元素水溶肥 5～10 kg。

7. 病虫防治

（1）锈病。夏季多雨时易发生，初期主要表现为叶片背面出现黄色水渍状斑点，微微隆起，扩大后形成红褐色疱斑，有晕圈。发病初期用 10% 苯醚甲环唑水分散粒剂或 15% 三唑酮可湿性粉剂喷雾防治，每隔 7 d 喷 1 次，连喷 2～3 次。

（2）白粉虱。繁殖力强、速度快，种群数量大，一季可发生 10 代左右，成虫和若虫群集在叶片背面，吸取植物汁液，造成果实畸形僵化。可提前挂黄板诱杀或叶片背面平均有 10 头成虫时用 25% 噻虫嗪水分散粒剂或 20% 啶虫脒可溶液剂喷雾防治，每隔 4～7 d 喷 1 次，连喷 2 次；还可兼治蚜虫。

（3）蚜虫。体形很小，繁殖力极强，不防治可繁殖几代甚至数十代，以叶子和嫩茎为食。在幼苗长出 2～3 片叶子时就要注意观察，如在叶片或根茎处发现要及时用药。用 25% 噻虫嗪水分散粒剂或 5% 啶虫脒乳油喷雾防治，每隔 7 d 喷 1 次，连喷 2 次。

（4）斑潜蝇。幼虫潜叶危害，可挂黄板诱杀或根据虫情预测预报，在产卵盛期至孵化初期用 1.8% 阿维菌素乳油或 50% 灭蝇胺可溶粉剂喷雾防治，每隔 5～7 d 喷 1 次，连喷 3 次。

（5）红蜘蛛。一经发现立即将有红蜘蛛的植株进行点片挑治或局部施药，避免杀伤天敌。用 3.2% 阿维菌素乳油或 5% 唑螨酯悬浮剂或 50% 螺虫乙酯悬浮剂喷雾防治。

（6）豆荚螟。在产卵始盛期释放赤眼蜂有极佳防治效果，或者用 5% 氯虫苯甲酰胺悬浮剂或 5% 甲氨基阿维菌素苯甲酸盐微乳剂喷雾防治。

8. 采收及田园清洁　进入采收期，及时采摘嫩豆荚分批上市。盛荚期后拉蔓清园，对残枝枯叶进行无害化处理，不降解地膜及时清理送交回收点。图 9 - 47 为 DR - 202 废膜回收机。

图 9 - 47　DR - 202 废膜回收机

（王美玲）

第二十四节　春黄瓜有机旱作生产技术

1. 适宜范围　该生产技术适宜无霜期在 130 d 以上，降水量在 450 mm 左右的旱塬地、梯田、滩地。

2. 品种选择

（1）津优 409。该品种由天津科润黄瓜研究所 2014 年选育。黄瓜品种优良，雌花分布均匀，持续结瓜能力强；瓜条深绿、光泽度好、瓜把短、不溜肩，瓜条顺直，夏季高温不易出畸形瓜、刺瘤中等；腰瓜长 36 cm 左右，心腔小、果肉厚，单瓜重 200 g 左右，商品性佳。适当稀植，每亩栽 2 800 株左右，抗枯萎病、霜霉病、白粉病、病毒病，适合露地栽培。

（2）金牌 618。该品种由韩国青小刺与 HR‑11 杂交组合的黄瓜新品种。适宜早春、春大棚、露地、秋棚栽培。植株长势强，叶片中等厚绿，主蔓结瓜，第一雌花着生于 3～4 节，瓜条棒状，瓜色深绿，有光泽，瓜条长 35 cm 左右，瓜把短，刺瘤大而密，瓜肉脆嫩，瓜条浅绿色，品质好；高抗霜霉病、枯萎病、黑星病。科学管理，栽培得当，亩产可达 20 000 kg 以上。

（3）中农 48 号。该品种由中国农业科学院蔬菜花卉研究所育成的优质黄瓜杂种一代，属中早熟品种。生长势强，分枝中等，主蔓结果为主，早春栽培，第一雌花始于主蔓第 3～5 节，瓜色深绿，有光泽，腰瓜长 33～35 cm，商品瓜率高，刺瘤密，白刺，瘤小，无棱，无纹，口感脆甜；亩栽 3 500 株左右，亩产可达 6 000 kg 以上。适宜春、夏、秋露地栽培，华北地区（以北京为例）春露地 3 月 15 日至 20 日育苗、4 月 20 日至 30 日定植、5 月 25 日至 31 日始收，夏、秋栽培可在 6 月直播；露地种植后期注意防治蚜虫、红蜘蛛等病虫害。

3. 选地、施肥　选择地势平坦、排灌方便、理化性状良好、土壤耕层深厚、富含有机质的壤土或沙壤土，前茬为非瓜类作物的地块。深翻耙磨，耕作深度≥30 cm。结合整地施肥，每亩施充分腐熟农家肥 3 500～4 000 kg 或精制有机肥 200～300 kg；推荐亩施氮肥（N）12～20 kg、磷肥（P_2O_5）5～8 kg、钾肥（K_2O）15～24 kg，同时覆盖地膜。

4. 种植形式　黄瓜采用育苗定植法，3 月上中旬阳畦或温室大棚育苗，4 月下旬至 5 月上旬晴天定植。采用机械起垄施肥盖膜一体技术，垄沟或沟侧定植，全膜定植行距 60 cm、株距 20～25 cm；半膜穴播行距 50～55 cm。5 月底 6 月初上市，收获期 30～40 d；6 月下旬或 7 月上旬播种秋架豆，8 月上市至霜降。

（1）育苗。采用 72 穴塑料穴盘育苗，将草炭土和蛭石按 2∶1 的体积比混合配制成育苗基质，每立方米基质加入有机肥 20 kg 混拌均匀，装盘压平，基质湿度控制在 70%，温度控制 15～20 ℃，出苗后白天温度 28～30 ℃、夜间温度 20～24 ℃；出苗前保持较高湿润，出苗后不缺水即可，根据苗情喷施 0.05%～0.1% 尿素溶液 1～2 次。育苗肥增施腐熟有机肥，补施磷肥。图 9‑48 为黄瓜穴盘育苗机。

（2）定植。幼苗长至三叶一心时控温、控湿炼苗，4 月中下旬晴天定植，每亩栽苗 3 600～4 000 株。图 9‑49 为黄瓜秧苗移栽机。

图 9‑48　黄瓜穴盘育苗机

图 9‑49　黄瓜秧苗移栽机

5. 田间管理

（1）旱作措施。每亩施入保水剂 2～3 kg 与 10～30 倍的干燥细土混匀，沿种植带沟施；配置新型软体集雨窖，利用窖面、设施棚面及园区道路等作为集雨面，蓄积自然降水；充分利用小水窖、小水池、小水渠、小塘坝、小泵站；在水源方便的地块，铺设滴灌带或微喷带进行补水灌溉；地膜覆盖，增地温、保墒情、除杂草，提早播种；中耕除草，适时中耕，切断土壤表层的毛细管，减少土壤水分向土表运送而蒸发散失。

（2）浇水。从定植到采收根瓜浇水 4 次。定植时浇第一次水稳苗，4～5 d 后浇缓苗水蹲苗，中耕 1 次，蹲苗结束浇第三次水再中耕，直至根瓜长到 15～20 cm 时浇第四次水。

（3）追肥。初花期以控为主，全部的氮肥和钾肥按生育期养分需求定期分次追施，追肥期为三叶期、初瓜期、盛瓜期；盛瓜期根据收获情况每收获 1～2 次追施 1 次肥，每次追施氮肥数量不超过 4 kg/亩，结果期注重高钾复合肥或水溶肥的追施。

（4）搭架。幼苗长到 20～30 cm 时进入抽蔓期，及时搭架引蔓上架（图 9-50）。

图 9-50　黄瓜搭架

6. 病虫防治

（1）霜霉病。又称黑毛病，主要危害叶片，发病时幼苗叶背会产生黑色灰霉层，病叶易卷皱干枯。一般早熟品种、连年种植黄瓜的地块容易发病，霜霉病会反复传染植株，在昼夜温差大、连续降雨和湿度过大的土壤环境中最容易发生；因此排除田间过多水分是关键，同时配合用 52.5% 噁酮·霜脲氰水分散粒剂 30～35 g/亩或 40% 烯酰吗啉悬浮剂 36～50 mL/亩喷雾防治，每隔 7～10 d 喷药 1 次，最多连用 3 次。

（2）细菌性角斑病。又称角斑病，主要危害叶片、叶柄、卷须和果实；潮湿时病斑处常出现菌脓，病叶易破裂穿孔，露地黄瓜蹲苗结束后，随雨季到来和田间浇水开始发病；用 2% 春雷霉素水剂 140～210 mL/亩或 40% 喹啉铜悬浮剂 50～70 mL/亩喷雾防治，每隔 7～10 d 喷药 1 次，最多连用 3 次。

（3）白粉病。又称白毛病，露地黄瓜春播比秋播易发病，以叶片受害最重；其次是叶柄和茎，一般不危害果实。发病时叶面好像撒了层白粉，抹去白粉可见叶面褪绿、枯黄变脆，一般下部叶片比上部叶片多，叶片背面比正面多。用 25% 嘧菌酯悬浮剂 60～90 mL/亩或 20% 苯醚甲环唑 30～40 mL/亩喷雾防治，每隔 7～10 d 喷药 1 次，最多连用 3 次。

（4）灰霉病。又称烂果病，主要危害黄瓜花、瓜条、叶、茎，直至果实；用 20% 嘧霉胺悬浮剂 150～180 mL/亩或 25% 啶酰菌胺悬浮剂 67～93 mL/亩喷雾防治，每隔 7 d 喷药 1 次，可连续用药 2～3 次。

（5）枯萎病。又称茅蔫病，从苗期到结果期都有可能发病，在开花结果初期发病率最高；危害黄瓜种幼苗、叶片、根部、茎部。用 2% 春雷霉素可湿性粉剂 700～900 g/亩灌根或 50% 甲基硫菌灵悬浮剂 60～80 g/亩喷雾防治。

（6）蚜虫。又称腻虫，在叶片背面或幼嫩茎芽上群集吸食，致叶片卷缩畸形，严重影响黄瓜产量。用 40% 啶虫脒水分散粒剂 4～6 g/亩或 10% 高效氯氰菊酯悬浮剂 6～8 mL/亩喷雾，每隔 10～14 d 喷药 1 次，最多喷 2 次。

（7）根结线虫。俗称番薯仔，多在 5～30 cm 土层内生存，通过病土、病苗传播，主要危害植株根部的侧根和须根，地上部分病症易和枯萎病混淆；易发病地块在黄瓜苗移栽前用 20% 噻唑膦水乳剂 750～1 000 mL/亩或 1% 阿维菌素颗粒剂 1 500～2 000 mL/亩灌根。

（8）烟粉虱。又称小白蛾，年生 11～15 代，繁殖速度快，是黄瓜近年来常发生的一种虫害；烟粉虱直接刺吸植物汁液，叶片呈现黑色，严重影响光合作用，导致植株衰弱，烟粉虱还可以在 30 种作物上传播 70 种以上的病毒病。在产卵初期用 22% 螺虫·噻虫啉悬浮剂 30～40 mL/亩或 75% 吡蚜螺虫酯水分散粒剂 8～12 g/亩喷雾，最多喷 2 次。

7. 采收、套种　根瓜及时采收，促盛瓜期延长至 7 月中下旬，采收后期可利用叶下遮光套种一茬秋架豆。

8. 田园清洁　生产周期结束后及时拉蔓清园，对残枝枯叶进行无害化处理，地膜和搭架留待下茬架豆继续使用。

（王美玲）

第二十五节　生菜有机旱作生产技术

1. 适宜范围　该生产技术适宜旱塬地、梯田、滩地。

2. 茬口安排　生菜可一年四季播种，可分为春茬、夏茬、秋茬和冬茬。春茬指 3—5 月收获的生菜；夏茬指 4 月播种、7 月前后收获的生菜；秋茬指夏季播种、秋季收获的生菜，7 月下旬至 8 月上旬采取遮阳措施育苗；冬茬指秋播冬收获的生菜，生长于大棚温室中。

3. 选地、施肥　选择排灌方便且富含有机质的微酸性土壤，每亩施充分腐熟的农家肥 3 000～3 500 kg 作基肥，推荐使用 N-P$_2$O$_5$-K$_2$O=15-12-15 配方肥。若接茬种植，以春架豆接秋茬生菜种植为例，迅速清理上茬残余；注意地膜和节水灌溉设备保护，下茬继续利用，穴孔施三元复合肥 25 kg/亩，浇水渗透后定植。

4. 品种选择

（1）结球生菜。该品种叶片中等绿色，外叶较少，叶片有褶皱，叶缘缺刻，叶球中等大，结球紧密，生长整齐，品质优良，耐热较好，种植范围广；生长期 80 d 左右，苗期 30 d 左右，每亩播种 20 g 左右，株行距 30 cm×50 cm，适合春、秋露地及保护地栽培，冷凉地区也可夏季栽培，适应性强。

（2）钰禾玻璃生菜。该品种叶簇直立，叶片散生，株高 25 cm 左右；黄绿色，叶缘有波纹，品质脆嫩，无纤维，可生食；定植后 40 d 采收，单株重 0.2～0.4 kg。生菜种子发芽的适宜温度为 15～20 ℃，25 ℃ 以上时发芽率下降，30 ℃ 以上发芽率受阻；幼苗适宜温度为 12～25 ℃。温度过高，长日照，容易引起抽薹开花，光照太弱，叶片纤薄，产量低。春季栽培，1 月底至 2 月上旬冷床育苗，3 月上旬露地育苗或直播，3 月底至 4 月上旬定植；秋季栽培，8 月上旬遮阳育苗，9 月上旬定植。行株距 30 cm×20 cm，适宜春秋及冬季保护地栽培，亩产 1 000 kg 左右。

（3）绿波生菜。该品种叶子深绿，边缘有褶皱，株高约 25 cm、宽 45 cm，整株大约有 50 片叶子，单株重约 350 g；绿波生菜适应能力非常强，耐寒耐旱，适宜在大部分地区栽培。

（4）意大利生菜。该品种由中国农业科学院蔬菜花卉研究所从国外引进品种中选育，属半结球生菜品种。叶片浅绿色，株型紧凑美观，商品性好，口感爽脆，味香微甜，生食、熟食品质均佳。育苗移栽苗龄 30～40 d，小苗 4～5 片叶时定植，平畦栽培，株行距 20～25 cm，从定植到收获，春栽 45 d 左右、秋栽 35 d 左右，定植缓苗后加强肥水管理，每亩用种量 15～20 g。适宜在春秋露地和设施栽培，在高海拔地区可全年种植。

（5）散生 1 号生菜。该品种株型直立，叶片着生紧凑，叶缘略皱缩，叶色翠绿，口感爽脆，品质好，耐寒，抽薹性稳定。北京地区春保护地播种宜 3 月 25 日至 4 月 20 日，秋露地播种宜 8 月 25 日至 10 月 15 日，其他地区播种请参考北京播期提前或推迟。适温 15～20 ℃ 催芽，4～6 片定植，合理密度 13 cm×16 cm，定植后覆盖遮阳，通风降温，生长期适温 15～25 ℃，忌在盐碱、干旱、低洼地块栽培。

5. 育苗定植　以秋茬为例，7 月下旬至 8 月上旬阴凉处育苗，用 128 孔穴盘育苗，基质采用草炭土：蛭石=2：1 或草炭土：蛭石：珍珠岩=3：1：1 混合配制的基质，每立方米基质加入有机肥 20 kg 混拌均匀，湿度控制在 70%，温度控制在 15～20 ℃，出苗后白天温度 18～20 ℃、夜间温度 12～14 ℃；5～6 片叶时定植，8 月下旬至 9 月上旬晴天定植，定植株距 20～25 cm、行距 20～25 cm，孔深 4～6 cm。见图 9-51。

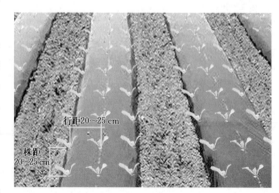

图 9-51　生菜整地定植

6. 田间管理

（1）抗旱措施。每亩用保水剂 2～3 kg 与 10～30 倍的干燥细土混匀，沿种植带沟施；配置新型软体集雨窖，利用窖面、设施棚面及园区道路等作为集雨面，蓄积自然降水；充分利用小水窖、小水池、小水渠、小塘坝、小泵站；在水源方便的地块，铺设滴灌带或微喷带进行补水灌溉。地膜覆盖保墒情、除杂草；中耕除草，适时中耕，切断土壤表层的毛细管，减少土壤水分向土表运送而蒸发散失。

（2）追肥。缓苗期追少量速效氮肥，15～20 d 后每亩追水溶肥 15～20 kg，包心时每亩追 20～25 kg 水溶肥，减少氮肥施用量，增施磷肥、钾肥。

7. 病虫防治

（1）软腐病。栽培时种植过密、通风透光差、氮肥施用过多、采收不及时的地块发病重，常在生长中后期开始发生，主要危害包心生菜，一般发病率为 3%～12%；包心后勤观察，发现病株及时拔除并带出菜园销毁，同时封锁发病中心；用 5% 寡糖-噻霉酮悬浮剂 30～50 mL/亩或 20% 噻森铜悬浮剂 120～200 mL/亩喷雾，间隔 7～10 d 用药 1 次，连续用药 1～2 次，采收前 5～10 d 停止用药。

（2）炭疽病。高温、高湿易发病，主要危害叶片，叶面病斑圆形，直径 0.5～3 mm，灰白色，边缘明显；后期病部变为黑色，有时破裂，形成小孔。在发病前或发病初期用 23% 吡唑-甲硫灵悬浮剂 100～150 mL/亩喷雾，间隔 7～10 d 用药 1 次，每季使用 3 次。

（3）菌核病。主要危害茎基部，发病最初茎基部病部呈褐色水渍状，逐渐扩展至整个茎部，发软直至烂帮子和叶片腐烂；生菜菌核病是保护地生菜十分重要的病害，全生育期均可发生，以包心后发病最重。一般发病率 10%～30%，用 25% 多菌灵可湿性粉剂 300～400 g/亩喷雾。

（4）蚜虫。年发生 10～30 代，在 20～25 ℃条件下，4～6 d 可完成 1 代。繁殖适温为 22～26 ℃，相对湿度为 60%～75%，以成、若虫群集在叶背，吸食汁液危害。掌握田间蚜虫点片发生阶段及时施药，用 25 g/L 高效氯氟氰菊酯乳油 20～25 mL/亩喷雾，间隔 7～10 d 用药 1 次，每季最多使用 3 次。

8. 采收及田园清洁　进入采收期，及时采摘嫩菜上市；随后清园，对残枝枯叶进行无害化处理，不降解地膜及时清理送交回收点。图 9-52 为叶菜收获机。

图 9-52　叶菜收获机

9. 适宜秋茬　春架豆下架后，适宜秋茬有大白菜、小白菜、白萝卜等耐冷凉叶菜类。

（王美玲）

第二十六节　冷凉区夏菇标准化栽培技术

1. 适宜范围　平均海拔 1 000 m 以上，年平均气温 8 ℃，年平均昼夜温差 13 ℃左右的冷凉区域。

2. 栽培季节　一般选择在 10 月中旬开始制棒接种，翌年 3 月至 4 月开始转色，4 月底至 5 月初开始出菇，10 月底出菇结束。其中，立夏至处暑（时间从 5 月中旬到 8 月中下旬）期间出菇的香菇为夏香菇。图 9-53 为夏菇生产工艺。

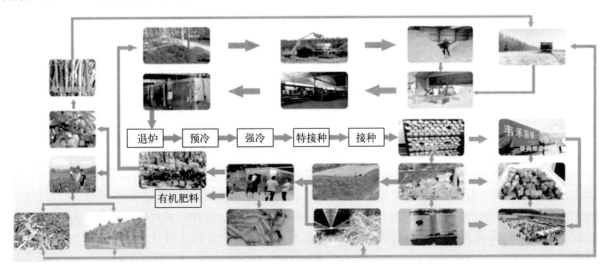

图 9-53　夏菇生产工艺

3. 设施建设 大棚搭建主要包括场地选择、双拱棚搭建、出菇架、排水设施、遮光及隔热保温设施、降温及通风设施等。建设标准应参照《冷凉区夏香菇栽培技术规程》。

（1）场地选择。选择近水源且排水方便的场地，要求地势平坦，通风良好，周围无污染源，土壤应符合《土壤质量标准》（GB 15618）的规定，水质应符合《生活饮用水卫生标准》（GB 5749）的规定。

（2）双拱棚搭建。棚长 5 000 cm，可根据场地大小适当调整长度。内拱高 350 cm，外拱高 450 cm，内外拱间距 100 cm，宜采用南北纵向搭建。见图 9 - 54。

（3）出菇架。出菇架纵向排列，架与架之间留 80 cm 宽过道；出菇架宜采用钢管焊接，设 7 层，每层宽 90 cm，层间距 25 cm，可采用 PP 打包带纵向拉伸隔层。

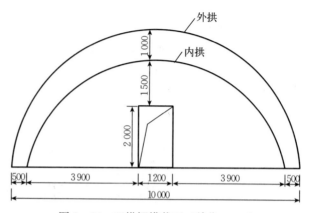

图 9 - 54 双拱棚横截面（单位：mm）

（4）排水设施。大棚四周修建排水渠，并做好防渗处理。

（5）遮光及隔热保温设施。大棚外拱骨架上固定遮光度为 95％遮阳网并与卷帘机连接，内拱外部覆盖一层透明塑料膜用卡簧固定，通风口安装卷帘机。

（6）降温设施。内拱棚外顶部纵向拉一道与棚等长的微喷带，内拱棚顶部设 4 条雾喷管道，每隔 100 cm 安装喷嘴一套；也可根据情况，在大棚两端安装水帘风机。

（7）通风设施。大棚内外棚两侧圈梁以上设 100 cm 宽通风窗，顶部设置 80～100 cm 通风窗，通风窗设置防虫网。

4. 菌种选择 选择中高温型香菇菌种，出菇的中心温度为 15～25 ℃，以 808、0912 品种为代表或经过试种在当地比较适应的其他香菇品种为主，并符合《香菇菌种》（GB 19170）的规定。

5. 栽培 栽培流程包括培养料配制→拌料→装袋→灭菌及冷却→接种→养菌→刺孔→转色→出菇→采收→转潮管理。

（1）培养料配制。采用新鲜无霉变、无结块、色泽一致、无特殊异味，并符合《食用菌栽培基质质量安全要求》（NY/T 1935）规定的原料作为培养料。按照阔叶硬杂木 84％、麸皮 15％、石膏 1％的配方或者阔叶硬杂木 74％、果木 10％、麸皮 15％、石膏 1％的配方进行配制。

（2）拌料。木屑需预湿 24～48 h，将预湿好的木屑、麸皮、石膏倒进拌料机的拌料仓内，搅拌均匀，含水量控制在 56％～58％、pH 为 6.5～7.0。

（3）装袋。栽培袋使用 16 cm×58 cm、17 cm×58 cm 或 18 cm×60 cm，厚 0.05～0.07 mm 的高温聚乙烯塑料折角袋。拌料结束后立即装袋，采用装袋机装袋。要求装袋紧实，注意检查破孔，发现破孔用胶带贴上。图 9 - 55 为标准化制棒车间。

（4）灭菌及冷却。采用常压或微压方式进行灭菌。常压灭菌，要求菌棒料袋中心温度升至 100 ℃，保持 12～16 h；微压灭菌，要求提前刺通气孔，并贴透气胶带，压力 0.12 MPa、料袋中心温度达 115 ℃后，保持 8 h 左右。灭菌后需冷却，要求环境洁净，当温度降低至 30 ℃以下时进入下一环节。

（5）接种。需在接种帐或净化车间中进行，并进行环境卫生清理和消杀。接种时，严格检查菌种，应符合 GB 19170 的规定。接种人员要着整洁工作服和工作帽，手部及菌种包装外表，用 75％酒精或新吉尔灭进行消毒。选择人工接种，将菌种掰至小块备用，用消毒液在接种部位擦拭灭菌，均匀打 3～4 个孔，将菌种快速准确的塞入接种孔并压实，套上外袋或贴封口贴。选择自动接种，边装入菌种边放置菌棒，要求速度快、菌棒朝向一致，接种完成后要及时套外袋或在接种处贴封口贴。图 9 - 56 为自动接种机接种。

图 9-55 标准化制棒车间

图 9-56 自动接种机接种

(6)养菌。接种完毕后,菌棒统一转运至养菌车间或养菌棚避光培养。一般采用层架式或垒垛式培养,菌棒单层平放,两袋间距 3～4 cm;环境温度控制在 18～22 ℃,袋温控制在 25 ℃以下,相对湿度保持在 60%左右,10～15 d 开始去除外袋或封口贴。垒垛式培养,菌丝直径长到 5～8 cm 时开始翻堆,一般翻堆 2～3 次。图 9-57 为养菌车间。

(7)刺孔。菌丝生长阶段进行刺孔通气,根据品种不同,每袋刺 40～70 个孔,刺孔深度至菌袋直径的 1/3～1/2;刺孔结合散堆,加强通风降温。

(8)转色。棚内温度控制在 18～23 ℃,遮阳度 70%左右,避直射光,光照强度增至 300 lx;加大通风,保持棚内相对湿度在 70%～75%,持续 15～20 d 即可完成转色。当气温达 30 ℃以上时,应加大遮阳度,避免棚顶和四周有直射光;长期干燥时,可在地面泼水降温,并增加湿度,防止菌袋水分蒸发过多,早晚更应注意通风降温。主要靠自然养菌,一般不应随意翻动,如有污染袋,及早取出进行焚烧或深埋处理。

(9)出菇。立夏过后,可进行出菇管理。见图 9-58。

图 9-57 养菌车间

图 9-58 出 菇

脱袋,应选择在气温 22 ℃以下,无风的晴天或阴天进行。用刀片在菌棒末端划 V 形口,然后将塑料袋脱掉,脱袋完成后整齐摆放至出菇架。

催蕾,催蕾分为震动催蕾和注水催蕾,振动或注水后,加强通风,保持棚内湿度在 90%～95%,昼夜温差 10 ℃以上,一般 5～10 d 开始大量现蕾。其中振动催蕾,对重量较适宜的菌棒(菌棒重量为原重量的 75%以上),采用振动刺激出菇。注水催蕾,对重量降至原重量 75%以下的菌棒,采用注水器注水催蕾,要求水压适中,菌棒注水至原重量的 75%～80%。

疏蕾,菇蕾过密,需进行疏蕾,每棒保留 10～15 个菇蕾。

成菇管理,当菇蕾直径长至 2.5 cm 以上时,增强光照至 1 000 lx 左右,相对湿度降至 85%左右,温度 25 ℃以下。温度过高,可提前开启内拱棚外顶的微喷带或棚两侧水帘风机进行降温。

(10)采收。要按照产品质量要求或收购标准及时采摘,一般在菌盖长至 4.5 cm 以上,在即将开伞而尚未开伞时采收。采菇人员必须符合食品工作人员的健康标准，保持个人卫生良好，工作前要洗手，采菇时穿着衣帽和佩带专用手套；将菇采摘到聚乙烯专用塑料筐，采菇时轻摘、轻放，菇体不许接触农药或混入泥土、金属、木屑、头发和其他任何杂物，保证菇体干净卫生。

（11）转潮管理。上一潮采摘结束后，剔除残留菇脚，养菌 7～10 d 后注水催蕾，进入下一潮出菇管理。

6. 分级及储存 参照《香菇等级规格》（NY/T 1061）进行分级，可将鲜香菇放入 0～2 ℃ 的保鲜库进行冷藏。

7. 病虫害防控 夏季高温高湿，杂菌及虫害主要发生在脱袋后的出菇管理阶段，要遵循"预防为主、综合防治"方针，优先采用农业防控、物理防控和生物防控，辅之以化学防控。常见杂菌主要有木霉、曲霉、毛霉、链孢霉、酵母菌、细菌等；常见虫害主要有菇蝇、菇蚊、螨虫、蜗牛、蛞蝓等。

（1）农业防控。合理安排生产季节，严格把控原料质量，培养料要求新鲜、无霉变并进行彻底灭菌；选用多抗的高温品种，把好菌种质量关；搞好菇棚环境卫生及消毒杀虫工作，工具及时洗净消毒；废弃料应运至远离菇房的地方，创造适宜的环境条件。

（2）物理防控。菇房设置防虫网、电光灯诱捕器和粘虫板等设施。

（3）化学防控。掌握好生产防控关键环节，使用药剂应按照《农药合理使用准则》（所有部分）（GB/T 8321）的要求，发现杂菌污染可在没长香菇时用清菌素、扑霉灵喷雾或涂刷，虫害可用菊酯类农药防治。

8. 档案记录 在生产过程中应建立生产档案，并记录产地环境、栽培技术和采收等各环节的情况及数据。生产档案保留 2 年以上。

（张玉娥）

第二十七节　柴胡有机旱作生产技术

1. 适宜区域 该生产技术适宜在海拔 700～1 500 m、年降水量 450～650 mm、年平均气温 6～12 ℃ 的区域，选择远离城区、工矿区、交通主干线、工业、生活垃圾等污染源，土层深厚、结构疏松、腐殖质丰富的土壤。

2. 种植技术

（1）选地、整地、施肥。选择土层深厚、排水良好、背风向阳、富含有机质的沙壤土，前茬作物选禾本科植物为佳。柴胡是根系药材，种子小，整地要深翻细耙，深耕 30 cm 以上。细整平。前作是耕地的农作物，于翻地或春季播种前将作物根茬翻入土中，每亩施充分腐熟的优质农家肥 2 000 kg 以上或施用商品有机肥 200 kg 以上，然后旋耕耙糖。撂荒 8 年以上的弃耕地，土壤有机质的积累基本可以满足一茬柴胡生长的需要；而 8 年以下的撂荒地则缺肥，需要人工施肥补充，每亩施充分腐熟的优质农家肥 1 000 kg 以上或施用商品有机肥 100 kg 以上，然后旋耕耙糖。

（2）品种选择。选择 2020 年版《中华人民共和国药典》规定的伞形科植物柴胡或狭叶柴胡，上年采收饱满成熟有光泽的新种子。

柴胡来源于伞形科植物柴胡或狭叶柴胡的干燥根。按性状不同，分别称北柴胡及南柴胡，以北柴胡为佳。

北柴胡：呈圆柱形或长圆锥形，长 6～15 cm，直径 0.3～0.8 cm。根头膨大，顶端残留 3～15 个茎基或短纤维状叶基，下部分枝。表面黑褐色或浅棕色，具纵皱纹、支根痕及皮孔。质硬而韧，不易折断，断面显纤维性，皮部浅棕色，木部黄白色。气微香，味微苦。

南柴胡：根较细，圆锥形，顶端有多数细毛状枯叶纤维，下部多不分枝或稍分枝。表面红棕色或黑棕色，靠近根头处多具细密环纹。质稍软，易折断，断面略平坦，不显纤维性。具油腥味。

（3）播种时间。有机旱作柴胡对播种季节要求严格。

模式 1 为采用玉米套作，于 6 月中旬至 7 月上旬套种在玉米行间，撒播或条播均可。

模式 2 为直接播种，于雨季播种（夏季），一般为 6 月下旬至 7 月中旬进行。柴胡出苗后应有 2 个月以上的生长期，使其上冻前根系已木质化，具备了抗冻能力，否则根系含水量大，极易遭受冻害而发生大量死苗现象。

（4）种子处理。柴胡种子有休眠特性，种子不宜久放，生产上只能用上年生产的新种子，杜绝使用陈种子。播前将种子进行冻融处理、风选或水选，去除杂质。将处理好的种子用 30～40 ℃温水浸种 1 d，除去浮在水面的瘪粒，用 1 份种子与 4 份湿细沙混合，放在 20～25 ℃温度下催芽 10～12 d，当 40％种子裂口后，筛去沙土即可播种。柴胡种子有后熟的特性，新种子仓储 5 个月后的发芽率可提高 20％；柴胡种子寿命短，新种发芽率达 40％以上，隔年种子发芽率下降 30％～40％。柴胡种子萌生芽在暗光环境下，胚轴生长强盛，可以伸长 4.0～4.5 cm。

3. 播种方法

（1）直播。以条播为主，行距 20～25 cm、沟深 3～4 cm，将种子均匀撒在沟内，每亩播种量为 4.0～5.0 kg，并用筛出的细堆肥与细土混合覆盖，覆薄土 1.0～1.5 cm。然后浇小水，喷灌、滴灌均可。并用地膜或麦秸覆盖保墒。

（2）套作。主要模式为玉米套种柴胡，玉米生长后期，田间作业完成后，在玉米行间开 1.5～2.0 cm 浅沟，将种子播入沟内，覆薄土 0.5～1.0 cm。然后浇小水，滴灌、喷灌均可。并用地膜或麦秸覆盖保墒。也可选用同春播玉米同时播种，柴胡种子套种在玉米田空行中，玉米行距 60 cm，中间套种 2 行柴胡，行距 20 cm，播种量不减，第一年玉米收获后，将玉米秸秆带出田外，第二年柴胡地就不能种玉米了，使柴胡形成宽窄行，有利于田间管理。

（3）混播技术：在播种柴胡时将黄芥（春油菜）种子掺入柴胡种子内（为柴胡起遮阳保墒作用）一同进行播种，每亩掺入量 0.3～0.4 kg。当年秋季收获黄芥等作物，柴胡留在地里自然越冬。黄芥有利于柴胡种子出苗，同时有利于提高土地利用率。次年后柴胡单独生长，2 年即可收获。

4. 田间管理

（1）间苗、定苗。当苗高 5～6 cm 时进行间苗，苗高 8～10 cm 时进行定苗。亩留苗 12 000～14 000 株，缺苗地方，间出壮苗移栽，选择阴天补苗最好。间苗时要间密留稀，间弱留壮；定苗时要留拐子苗，为幼苗创造合理的生长空间。

（2）中耕除草。出苗后及时中耕除草，除草结合疏苗、间苗同时进行。除草时间视杂草情况而定。柴胡生长慢，杂草生长迅速，必须经常中耕松土除草，每年春、夏、秋季要中耕除草 3 次。

（3）排灌水。雨涝时及时开沟排水。一般不进行灌溉，干旱严重时，有灌溉条件的可及时灌溉，喷灌、滴灌均可，避免大水漫灌。可采用水肥一体化技术，需先对土壤进行检测，然后对肥料进行配制，再进行施肥。把柴胡所需要的养分根据配方融进水里，然后进行滴灌，可以精准进行施肥，提高柴胡的抵抗力，从而提高总产量。

（4）追肥。中耕定苗后进行开沟追肥，每亩施用商品有机肥 200～300 kg 或复合肥 40 kg 分 2 次追施。施肥时间为 6 月中旬和 7 月中旬各 1 次，雨前施肥。秋季是柴胡的旺盛生长期，通过增施叶面肥磷酸二氢钾，提高养分利用率。

（5）打顶促苗。一年生柴胡 20％～30％能抽薹开花，应在 8 月中下旬及时打顶，株高 30 cm 以上时开始打顶，分 2～3 次进行，留高 25～30 cm。促进植株基部叶片生长和根部营养的积累膨大，增加产量。打顶时应选择晴天进行，有利于伤口愈合，防止染病。除留种田外，7—8 月是柴胡开花期，摘心除蕾防抽薹，应在开花前及时摘心除花蕾，防止抽薹开花，及时打薹是提高柴胡产量和质量的有效措施。

（6）种子采集。种子必须采收 2 年生以上植株的种子，柴胡的花期 7—8 月，种子熟期 9—10 月，待大部分种子呈褐色、地上茎叶枯萎时收获，种子极易脱落，需在早上露水未干时采收；晒干种子，去除杂质，保存于阴凉干燥处备用。

5. 病虫害绿色防控　病虫防治坚持"预防为主、综合防治"的方针，以农业防治为基础，优先使用物理防治、生物防治。必要时使用化学防治，防治方法可以配合进行。

（1）根腐病。及时排水，拔除病株，用石灰处理病穴。发病初期可选用枯草芽孢杆菌或大蒜素等药剂灌根；发病较严重时，可选用丙环唑、噁霉灵等药剂灌根。

（2）锈病、白粉病。合理密植，通风排水，降低土壤湿度；清除病残枯叶，并集中销毁。发病初期可选用枯草芽孢杆菌、嘧啶核苷类抗菌素或苯甲嘧菌酯、吡唑醚菌酯等药剂喷雾防治。

（3）蚜虫。清除田间残枝败叶，集中销毁。充分保护和利用天敌，利用黄板诱杀。虫害严重时，可选用苦参碱、球孢白僵菌或噻虫嗪、吡虫啉等药剂喷雾防治。

（4）地下害虫。清洁田园，冬耕晒垡，利用杀虫灯诱杀。播种时可选用噻虫嗪、吡虫啉等药剂拌种或辛硫磷、吡虫啉等药剂拌毒土沟（穴）施。

6. 采收 采收种植 3 年后，于 10 月中旬至 11 月上旬、地上部茎叶枯萎后选择晴天采挖。通过人工或机械采挖柴胡的地下根条，先割去地上茎蔓，挖出根，田间摊晾 2～3 d 进行脱水和叶片的营养成分转化；然后抖去泥土，除去茎叶，剪去残存茎基及芦头，断口避免接触水分。图 9-59 为柴胡收获机。

7. 晾晒 选择卫生、洁净、平整的场地晾晒，烘（晒）至七成至八成干时，将药材理顺取直，捆成小把，柴胡根系含水量≤13%即可入库。以根长、质干、无杂质、无虫蛀、残茎短（≤1 cm）、褐黄色者为佳品。

8. 储藏 储藏于清洁、通风、干燥、避光、无异味的专用仓库中，温度 30 ℃以下，相对湿度 70%～75%，安全水分 11%～13%。柴胡在夏季高温季节极易受潮变色和虫蛀，应具有防鼠、防虫、防霉烂等设施。同时还需要定期抽查，防止虫蛀，霉变、腐烂等现象出现。图 9-60 为柴胡成品。

图 9-59　柴胡收获机　　　　　　　　　　图 9-60　柴胡成品

（樊红婧）

第二十八节　连翘有机旱作生产技术

1. 适宜区域 该生产技术适宜在海拔 500～1 200 m、年降水量 450～650 mm、年平均气温 8.5～12.5 ℃的区域，选择远离城区、工矿区、交通主干线，工业、生活垃圾等污染源，土层深厚、结构疏松、腐殖质丰富的土壤。

2. 育苗技术

（1）选地、整地与施肥。选水源方便、光照充足的地块，前茬以禾本科作物为佳；深耕 20～25 cm，每亩施充分腐熟的优质农家肥 2 000 kg，旋耕 15～20 cm；前作是耕地的农作物，于翻地或春季播种前施入土中，每亩施充分腐熟的优质农家肥 2 000 kg 以上或施用商品有机肥 200 kg 以上，然后旋耕耙糖。撂荒 8 年以上的弃耕地，土壤有机质的积累基本可以满足一茬连翘生长的需要。而 8 年以下的撂荒地则缺肥，需要人工施肥补充。每亩施充分腐熟的优质农家肥 1 000 kg 以上或施用商品有机肥 100 kg 以上，然后旋耕耙糖。

（2）品种选择。选择 2020 年国家药典规定的连翘［Forsythia suspensa（Thunb.）Vahl］。连翘别名落翘、连壳、青翘，来源于木樨科植物的枯燥果实。是早春优良观花落叶灌木，是木樨科连翘属植物。灌木，株高可达 3 m。枝干丛生，小枝黄色，拱形下垂，中空。一般亩产 100 kg。

（3）种子处理。选择符合播种成熟度好、饱满的连翘种子，播前去净泥土、杂质、草籽，将种子摊放在阳光下暴晒 1～2 d，清水浸泡 20～24 h，捞出后与 1～2 倍的湿沙拌匀，放在阴凉处，期间翻堆，防止内部发热，当 5%～10% 的种子露白时，及时播种。

（4）种子采集。必须采收 5～8 年生植株的种子。选择果实饱满、颗粒大、结果率高、果枝节间短、生长健壮、无病虫害的植株，于 9 月下旬或 10 月上旬，当果实顶端开始裂口，种子还未撒落时进行及时采收。采收回的果实，摊放在通风阴凉处，待裂口完全开裂时，抖出种子，去净杂质，保存于阴凉干燥处备用。

（5）育苗时间。在 5 月中下旬，每亩播种量 4.0～5.0 kg，整地做畦，畦宽 100～150 cm；灌溉，条播、撒播均可；种子覆土 0.5～1.0 cm。种后覆盖黑地膜，苗齐后及时去膜放苗。幼苗出土后，及时除草，间苗、定苗，每亩留苗 4 万～6 万株。10 月中旬至土壤封冻前，或翌年土壤解冻至种苗发芽前移栽，株高 80 cm 以上，地径 0.5 cm 即可出圃。

3. 定植技术　应选择坡度 15°～50°的阳坡地、半阳坡地、半阴坡地种植。坡度大的地块按 40～50 cm 见方挖鱼鳞坑；坡度小的按水平方向修成小梯田，按 40～50 cm 见方挖穴，生土、熟土分别堆放。行距 200～300 cm，株距 150～200 cm。秋季种苗落叶后，土壤封冻前定植，或春季土壤解冻后，种苗发芽前定植。选择 1～2 年生的健壮优质种苗，根系完整。旱地定植前，种苗根部进行稠泥浆蘸根。将种苗放入穴中央，下填熟土，上填生土。填土 1/3 时，向上提苗约 8 cm，填土踩实。修成内径 50 cm 的蓄水盘，再铺 1 m² 的黑地膜或除草布。

连翘播种适宜密度见图 9-61。

4. 田间管理

（1）定植。成活后及时补苗，主干 70～80 cm 打顶，中耕除草 2～3 次/年。干旱严重时，有灌溉条件的可及时灌溉、喷灌、滴灌均可，避免大水漫灌。定植后 1～3 年，可适当套种矮秆作物，3 年后就不宜在行间进行套作。

（2）追肥。幼龄树追肥在定植后的 1～4 年，每年的 4 月下旬、6 月下旬，结合中耕，距植株 30 cm 处挖宽 30 cm、深 20 cm 的环状沟带，每亩施充分腐熟的优质农家肥 2 000 kg 或施用商品有机肥 200 kg，施肥后堆土覆盖。成龄树施肥在

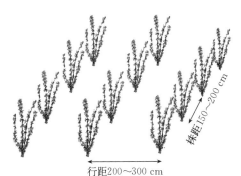

图 9-61　连翘播种适宜密度

定植后第 5 年，在 3 月上旬叶面喷施 1% 的过磷酸钙液，5 月上旬每亩用商品有机肥 40 kg 进行追肥，10 月下旬距植株 30 cm 处挖环状沟带，每亩施用腐熟厩肥 4 000 kg 作基肥，施肥后堆土覆盖。

（3）整形修剪。整形在定植后 1～4 年幼树，培养 1～3 个主干，每个主干选留 3～5 个一级主枝，主枝生长 50 cm 时，在 30～40 cm 处短截。5 年以上每穴选留 5～8 个主干。树形培养以心形为主，是目前生产上主要采用的树形；伞形、馒头形也是生产上常用的树形，保证通风透光。休眠期修剪，又称冬季修剪，是连翘的主要修剪时期；生长期修剪为辅助修剪。休眠期冬剪，加大枝条开张度，可因树、因地而异。主干和一级主枝是树形的骨架。修剪方法是培养结果枝，枝条开张度越大就越容易形成结果枝，更新结果枝，新的结果枝结果 3 年后，枝条开始衰老，应及时更新衰老枝，培养新的结果枝；及时除去衰老、病虫害以及多余的营养枝条，调节营养枝和结果枝比例。清理内膛，保持灌木丛内外通风透光。老干枝更新：连翘生长至 12 年后，开始逐渐进入衰老期，枝条干枯，结果少而小，要及时更新。主干齐地面砍去，培养新的主干。一级主枝老化的在主干处去除，因树而异。

5. 病虫害绿色防控　病虫害防治坚持"预防为主、综合防治"的方针，以农业防治为基础，优先使用物理防治、生物防治，必要时使用化学防治。以上防治可以配合进行。

（1）叶斑病。修剪疏密枝干，注意通风透光。可选用苦参碱、枯草芽孢杆菌、宁南霉素、香菇多糖、井冈霉素、多抗霉素等药剂或苯醚甲环唑、甲基硫菌灵、多菌灵等药剂喷雾防治。

（2）蚜虫。清除田间残枝败叶，集中销毁，充分保护和利用天敌，利用黄板诱杀。虫害严重时，可选用苦参碱、球孢白僵菌或噻虫嗪、吡虫啉等药剂喷雾防治。

（3）蛴螬。清洁田园，冬耕晒垡，利用杀虫灯诱杀。播种时可选用噻虫嗪、吡虫啉等药剂拌种或辛硫磷、吡虫啉等药剂拌毒土沟（穴）施。

（4）钻心虫。清园，修剪有虫卵枝叶，集中销毁。利用性诱剂、糖醋液诱杀成虫；充分保护和利用天敌。在卵孵化期幼虫未钻蛀之前可选用苦参碱、苏云金杆菌等药剂喷雾防治。

（5）蜗牛。可在清晨、阴天、雨天撒石灰粉、草木灰粉、盐，人工捕捉，毒饵诱杀或在排水沟内堆放青草诱杀。虫害严重时，可选用四聚乙醛、四聚·杀螺胺威等药剂喷雾防治。

6. 采收

（1）青翘。8月中旬至8月下旬，采收尚未完全成熟的青色果实。水煮 7～10 s 或蒸 30 s，晒干或烘干。

（2）连翘。习称"老翘"，10 月中下旬，果实变黄褐色时采收。图 9-62 为连翘去柄机。

7. 加工

（1）青翘。水煮 7～10 min，蒸 30 min，烘干：烘干机控制在 95 ℃左右，一般需要 6～7 h。

（2）连翘。采收回来直接晾干或晒干即可。

8. 储存 储存于清洁、通风、干燥、避光、无异味的仓库中，仓库温度控制在 30 ℃以下，相对湿度 70%～75%。产品含水量控制在 11%～13%。防止虫蛀，霉变、腐烂等现象出现。

图 9-62　连翘去柄机

（樊红婧）

第二十九节　黄芪有机旱作生产技术

1. 适宜区域　该生产技术适宜在海拔 1 000～2 000 m、年降水量 400～550 mm、年平均气温 4～8 ℃的区域，选择远离城区、工矿区、交通主干线，工业、生活垃圾等污染源，土层深厚、结构疏松、富含腐殖质的中性和微碱性的沙质土壤为宜。

2. 种植技术

（1）选地、整地、施肥。选择地势干燥、排水良好、阳光充足、土层深厚、富含有机质的壤质土；垄宽 150～200 cm、垄高 20～25 cm、沟宽 40 cm，深松耕 50 cm 以上，翻耕 30～35 cm；前作是耕地的农作物，于翻地或春季播种前施入土中，每亩施充分腐熟的优质农家肥 2 000 kg 以上或施用商品有机肥 200 kg 以上，然后旋耕耙糖。摞荒 8 年以上的弃耕地，土壤有机质的积累基本可以满足一茬黄芪生长的需要；而 8 年以下的摞荒地则缺肥，需要人工施肥补充。每亩施充分腐熟的优质农家肥 1 000 kg 以上或施用商品有机肥 100 kg 以上，然后旋耕耙糖。

（2）品种选择。选择 2020 年国家药典规定的蒙古黄芪和膜荚黄芪，其来源于豆科植物蒙古黄芪或膜荚黄芪的干燥根。

蒙古黄芪，又名绵芪：多年生草本，高 50～80 厘米。主根深长而粗壮、长 80 cm 左右，根头 10 cm 处直径 2.8 cm，棒状，稍带木质；浅棕黄色，茎直立，上部多分枝，被长柔毛。一般亩产鲜黄芪 900 kg 左右。

膜荚黄芪：多年生草本，高 50～100 cm，直径 1～1.3 cm；主根肥厚，木质，常分枝，灰白色；表面淡棕黄色或淡棕褐色，茎直立，上部多分枝，有细棱，被白色柔毛。一般亩产鲜黄芪 750 kg 左右。

（3）播种时间。黄芪直播对季节要求不严，黄芪四季均可播种。春播 3—4 月；夏播 5 月上旬至7 月上旬；秋播 8 月 10 日至 9 月 20 日，秋播黄芪出苗后应有 1 个月以上的生长期，使其上冻前根系已木质化，具备了抗冻能力，否则根系含水量大，极易遭受冻害而发生大量死苗现象；冬播 11 月 10 日左右，当年不出苗，第二年开春后出苗。

（4）种子处理。选择符合播种成熟度好、饱满、无杂质的黄芪种子。播前用谷子碾米机或石碾进行处理至黄芪种子外皮划破、表面有划痕，又不伤种仁为宜；或用 1 份黄芪种子加 3 份细河沙拌合揉搓，擦伤种皮，使其由黑色、有光泽变为灰棕色而利于种子吸水，带沙播种；或将黄芪种子放入沸水中急速搅拌 1 min，立即倒入冷水中，水温冷却至 40 ℃，再浸泡 2 h，将水倒出，种子加盖麻袋闷 12 h，待种子膨胀或外皮破裂时播种。

3. 播种方法

（1）直播。黄芪多选用条播，行距 25～35 cm，每亩播种量 1.5～2.5 kg，覆土 1.5～2.5 cm。一般采用机械播种，下种覆土联合作业；也可用畜力条播播种；或人工播种，沟深 2～3 cm，将种子均匀播入沟内，种子上覆土 2.0～2.5 cm。每亩播种 1.5～2.0 kg，播种后覆膜保持土壤湿润，以利出苗。除条播外，也可采用撒播法。撒播的播种量大，适合在前茬作物杂草少的田间应用。

（2）混播。在播种胡麻、油菜、莜麦等作物时将黄芪种子掺入，一同播种。当年夏季或秋季收获胡麻等作物，黄芪留在地里自然越冬。有利于黄芪种子出苗，同时有利于提高土地利用率。黄芪生长 4～5 年即可收获（膜荚黄芪翌年收获）。

（3）套作。在前作物生长后期将黄芪播种在前作物的行间。如玉米套种黄芪（玉米-黄芪）模式，是在玉米生长后期，一切田间作业都完成后，在玉米行间开 2～3 cm 的浅沟，用条播机具将种子播入沟内，种子上再覆薄土（1.5～2.0 cm）。待秋季玉米收获后，黄芪生长 4～5 年（膜荚黄芪次年采收）即可采收。还有胡麻、油菜等作物套种黄芪等方法。

（4）育苗移栽。育苗时间为 5 月中旬至 6 月下旬，每亩播种量 8～10 kg；育苗一般采用条播法，行距为 15～20 cm、播幅为 8～10 cm、播种深度为 2 cm。幼苗出土后，及时除草、间苗、定苗；移栽宜在秋季国庆节前后进行，冬季土壤未上冻至 11 月 20 日前或翌年土壤解冻至清明节前、株植芽未出绿前移栽，春季宜早不宜晚。当年秋季幼苗的地上茎秆枯萎后即可进行移栽；移栽一般在春、秋两个季节进行。自育苗一般在秋季 10 月中下旬栽植，起苗时间与栽苗时间一致或早几天；外调苗一般以春季栽植为好，在春季苗出芽前（3 月底至 4 月初）栽植。选用 12 行黄芪移栽机在整好的地上开沟，沟深 15～20 cm、行距 35～40 cm、株距 15～20 cm。把黄芪平扔在沟内，覆土 6 cm，稍压实即可。幼苗移栽或定植后，应立即灌水，喷灌、滴管均可，覆膜或盖除草布。栽后进行一次镇压，以利于成活。一般每亩栽苗 20 000 株左右。黄芪播种适宜密度见图 9-63。

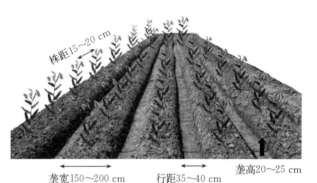

图 9-63 黄芪播种适宜密度

4. 田间管理

（1）间苗、定苗。幼苗出齐后，结合中耕除草间苗、定苗。苗高 5 cm，间苗；苗高 10 cm，按株距 10～15 cm 定苗。缺苗部位应及时进行补种，或秋季植株地上部分枯萎后，挖苗补植移栽。每年中耕除草 1～2 次，除草时间视杂草情况而定。雨涝时及时开沟排水。一般不进行灌溉，干旱严重时，有灌溉条件的可及时灌溉，喷灌、滴灌均可，避免大水漫灌。

（2）追肥。宜在 6 月中旬和 7 月中旬雨前各 1 次，每亩施入商品有机肥 150 kg，或复合肥 40 kg 分 2 次追施。

（3）打顶。为了控制黄芪的生长高度，减少营养消耗，应在 6—7 月进行打顶；打顶可增产 5%～10%；同时，打顶还可推迟开花期，避开因 8 月中旬前高温而引起的花而不实，提高结实率和种子产量。若不留种，在开花前或花期分批将花梗剪掉 1～2 次，留高 40～45 cm。

（4）种子采集。必须采收 2 年生以上植株的种子，膜荚黄芪当年就开花结子，但种子质量差，以采集 2 年生的种子为佳；蒙古黄芪以采集 3 年生以上的种子为佳。膜荚黄芪的花期 7—8 月，果熟期 9—10 月；蒙古黄芪的花期 5—6 月，果熟期 6—7 月。黄芪种子成熟时，荚果下垂，果皮变白，荚内种子呈绿褐色，果荚未开裂时及时分批采收。黄芪为腋生的总状花序，开花不整齐，种子成熟也不一致，极易脱落，所以应适时分期分批采收。采种应在 9—10 月进行。一般采 2～3 次后，剩余种子随秸秆一起收获，晒干打下种子，去净杂质，保存在阴凉干燥处备用。

5. 病虫害绿色防控 病虫害防治坚持"预防为主、综合防治"的方针，以农业防治为基础，优先使用物理防治、生物防治。必要时使用化学防治，以上防治可以配合进行。

（1）白粉病。合理密植，通风排水，降低土壤湿度；清除病残枯叶，并集中销毁。发病初期可选用枯草芽孢杆菌、嘧啶核苷类抗菌素或氟硅唑、吡唑醚菌酯等药剂喷雾防治。

（2）根腐病。应及时排水，拔除病株，用石灰处理病穴。发病初期可选用枯草芽孢杆菌或大蒜素等药剂灌根；发病较严重可选用丙环唑、噁霉灵等药剂灌根。

（3）豆荚螟虫。清洁田园，冬耕晒垡，合理轮作和间作，调整播期，利用杀虫灯诱杀成虫。在卵始盛期释放赤眼蜂，低龄幼虫期可选用苏云金芽孢杆菌、乙基多杀菌素或甲氨基阿维菌素苯甲酸盐、茚虫威等药剂喷雾防治。

（4）黄芪籽蜂。清洁田园，处理枯枝、落叶及残株，集中销毁；播种前除去有虫种子。在盛花期及种子乳熟期可选用灭蝇胺、甲氨基阿维菌素苯甲酸盐等药剂喷雾防治。

6. 采收 种植4～5年后，于10月中旬至11月上旬，地上部茎叶枯萎后选择晴天收获。宜用专用采挖机将黄芪根系完整挖出（图9-64）。

7. 晾晒 去净残茎、泥土，切掉芦头，选择卫生、洁净、平整的场地晾晒，根系水分含量≤13%即可入库（图9-65）。

图9-64　140型黄芪收获机

图9-65　黄芪采收晾晒

8. 储存 储存于清洁、通风、干燥、避光、无异味的仓库中，仓库温度控制在30℃以下、相对湿度70%。产品水分控制在11%～13%。防止虫蛀、霉变、腐烂等现象出现。

（樊红婧）

第三十节　黄芩有机旱作生产技术

1. 适宜区域 该生产技术适宜在海拔700～1500 m、年降水量450～650 mm、年平均气温6～12℃的区域，选择远离城区、工矿区、交通主干线，工业、生活垃圾等污染源，土层深厚、结构疏松、腐殖质含量丰富的土壤。

2. 种植技术

（1）选地、整地与施肥。选择地势高燥、排水良好、阳光充足、土层深厚、富含腐殖质的沙壤土。前茬作物选禾本科植物为佳。前茬作物收获后，深松耕50 cm以上，翻耕25～30 cm，每亩施充分腐熟的优质农家肥2 000 kg以上或施用商品有机肥200 kg以上，然后旋耕耙糖。

（2）品种选择。选择2020年国家药典规定的黄芩，即唇形科黄芩属多年生草本植物的黄芩。一般亩产为150～200 kg。

（3）播种时间。黄芩直播对季节要求不严，黄芩四季均可播种，春播产量最高。春播2月下旬至4月，以气温稳定在10℃以上为好；夏播5月上旬至7月上旬，日平均气温超过30℃就不宜播种；秋播"立秋"以后，不晚于9月中旬，应在当地气温不低于18℃以前播种。黄芩出苗后应有1个月以上的生长期，使其上冻前根系已木质化，具备了抗冻能力，否则根系含水量大，极易遭受冻害而发生大量死苗现象。冬播 11 月 10 日左右，当年不出苗，第二年开春后出苗。

（4）种子处理。选择符合播种成熟度好、饱满的黄芩种子，播前去除杂质。将种子用 40～45 ℃温水浸泡 5～6 h，或室温下自来水浸泡 12～24 h，捞出稍晾，置于 20 ℃左右温度下保湿催芽，待部分种子裂口出芽时即可播种。黄芩种子虽小，但发芽率较高，一般在 80% 左右，而且寿命较长。黄芩种子发芽的温度范围较宽，但以 20 ℃左右为最适，高于或低于 20 ℃，发芽率均相应降低。由于不同温度下黄芩发芽速度不同，所以，不同时期播种，出苗所需天数也不同。3 月中下旬播种需 30～45 d，4 月上中旬播需 25 d，5 月中下旬播种需 10 d。

3. 播种方法

（1）直播。一般采用机械播种，下种覆土联合作业，行距 30～35 cm、沟深 0.5～1.0 cm，每亩播种量 2.0～2.5 kg，覆土 2 cm。也可用畜力条播播种或人工用黄芩手推播种机播种（图 9-66），将种子均匀撒入沟内，撒播的播种量大，适合在前茬作物杂草少的田间应用。播种后必须经常保持土壤湿润，喷灌、滴灌均可，以利出苗。

（2）套作。在前作物生长后期，将黄芩播种在前作物的行间。玉米套种黄芩，玉米株高 50 cm 以上，在玉米行间开 2～3 cm 的浅沟，黄芩行距 30 cm，用滚筒或机械将种子播入沟内，种子上覆土 1.0～1.5 cm。待秋季玉米收获后，黄芩生长 1～2 年即可采收。还有大豆套种黄芩、胡麻套种黄芩、蚕豆套种黄芩等。黄芩播种适宜密度见图 9-67。

图 9-66　黄芩手推播种机

图 9-67　黄芩播种适宜密度

4. 田间管理

（1）间苗、定苗和补苗。幼苗出齐后，结合松土及时进行间苗，分 2～3 次间掉过密、瘦弱及有病的小苗，保持株距 10 cm；苗高 5～10 cm 时，按株距 6～10 cm 进行定苗；缺苗部位应及时进行补苗，补苗应带土移栽，可用过密的苗移来补苗，栽后浇水，补栽时间要避开中午，宜在 16:00 后或阴天进行。

（2）中耕除草。出苗至封垄期间，中耕除草 3～4 次。第一次在直播出齐苗后，第二次在定苗时，锄草结合浅中耕，宜早、宜浅，过深伤根，影响质量，此后根据杂草生长情况中耕除草。第二年春季返青至封垄前中耕除草 2～3 次。保证田间无杂草、土质疏松。除草可与间苗、定苗和补苗结合进行。黄芩封垄后即可抑制杂草的滋生，不宜再进行中耕。

（3）排灌水。黄芩是旱生药用植物，主要需水期在播种后和幼苗期；成株黄芩耐旱能力强，且轻微干旱有利于根系下扎。但干旱严重时需要灌水，可使用水肥一体化技术。以喷灌为佳，防止大水漫灌和地面积水。忌高温期灌溉，灌溉以早晚为宜。雨后应及时排除田间积水；播种出苗期间，应经常浇水以保持土壤湿润，否则会出现缺苗现象。出苗后如果土壤水分不足，在定苗前后应浇一次水，以后一般情况下不用浇水，但如遇持续干旱，应适当浇水。第二年春季返青时应浇水 1 次，以后可根据土壤墒情进行浇水。

（4）追肥。每亩施用商品有机肥 200～300 kg 或复合肥 40 kg，分 2 次追施。施肥时间为 6 月中旬和 7 月中旬各 1 次，雨前施肥。

（5）打顶。对不采种的田块，应在开花前或花期分批将花梗剪掉 1～2 次，可用机械在茎秆距地面

25～30 cm 处打顶；或将茎叶割去一部分以便控制养分消耗，促进根系生长，增加产量和质量。

（6）种子采集。必须采收两年生以上植株的种子，当年生种子俗称"娃娃种"，因发芽率低不可使用。黄芩花期 6—8 月，果熟期 7—9 月，待果实呈淡棕色时采收，种子成熟期很不一致，极易脱落，需随熟随收，最后可连果枝剪下，晒干打下种子，去净杂质，保存在阴凉干燥处备用。

5. 病虫害绿色防控　病虫害防治坚持"预防为主、综合防治"的方针，以农业防治为基础，优先使用物理防治、生物防治。必要时使用化学防治，农药使用应符合《农药合理使用准则》（所有部分）（GB/T 8321）、《农药安全使用规范总则》（NY/T 1276）的要求。以上防治可以配合进行。

图 9-68　黄芩收获机

（1）叶枯病。合理密植，通风排水，降低土壤湿度；清除病残枝叶，并集中烧毁。发病初期可选用井冈霉素、枯草芽孢杆菌等药剂或苯醚甲环唑、甲基硫菌灵等药剂喷雾防治。

（2）白粉病。合理密植，通风排水，降低土壤湿度；清除病残枯叶，并集中销毁。用枯草芽孢杆菌、嘧啶核苷类抗菌素或苯甲嘧菌酯、吡唑醚菌酯等药剂喷雾防治。

（3）根腐病。及时排水，拔除病株，用石灰处理病穴。发病初期可选用枯草芽孢杆菌或大蒜素等药剂灌根；发病较严重可选用嘧菌酯、噁霉灵等药剂灌根。

（4）黄芩舞蛾。清园，处理枯枝、落叶及残株。利用黑光灯诱杀成虫。发生期可选用苦参碱、苏云金杆菌等药剂或甲氨基阿维菌素苯甲酸盐、灭幼脲等药剂喷雾防治。

6. 采收　以种植 3 年收获为宜，10 月中旬至 11 月上旬，地上部茎叶枯萎后采挖；选择晴天将根挖出，避免雨天收获。大田生产可用单铧犁或机械收获（图 9-68），应避免将根挖断。

7. 晾晒　黄芩根禁用水洗，去掉茎叶，抖净泥土。选择卫生、洁净、平整的场地在自然光下进行晾晒。在晾晒过程中，避免暴晒过度而使根条发红；同时防止水湿雨淋，黄芩见水极易变绿，最后发黑影响质量。产品以坚实无孔洞、断面呈鲜黄色者为佳，黄芩根系水分含量≤13％即可入库。

8. 储存　储存于清洁、通风、干燥、避光、无异味的仓库中，仓库温度控制在 30 ℃以下、相对湿度 70％～75％。产品含水量控制在 11％～13％。防止虫蛀，霉变、腐烂等现象出现。

（樊红婧）

第十章　以品为引，构建旱作产业体系

产业体系是有机旱作农业的产业载体，核心是按照有机旱作农业的内涵要求调整优化农业产业结构，形成能够彰显有机旱作农业技术优势的农业产业结构。构建和完善有机旱作现代农业的产业体系，要突出发展区域特色农业和培育优势农产品品牌两个重点。

吕梁市农业的产业优势在于"特"，山区丘陵区的地理地貌为发展特色农业提供了良好基础。发展有机旱作农业，必须突出这个优势，着力发展区域特色农业。把有机旱作农业的技术体系与区域特色的农业资源结合起来，扩大优势农产品生产，用特色优势农业承载有机旱作农业。

从全国看，山西省是"杂粮王国""优质粮果带"，谷子种植面积全国第一，燕麦、荞麦、高粱种植面积全国第二，绿豆、小豆、豇豆、扁豆、核桃、红枣等种植面积全国前三。这些杂粮、干果有着特殊的营养及药用功能，是人们生活水平提高后追求营养健康和功能保健的消费热点，这为特色农业发展提供了广阔市场空间。主打"特色""优质"牌，加快培育优质杂粮、蔬菜、鲜干果、草牧业、中药材等特色优势产业，是山西省农业产业结构发展的主导方向。要按照区域规划，加大力度，在吕梁市山区重点发展杂粮、鲜干果、中药材等特色产业；在汾河平原重点发展高效设施农业、优质水果以及优质高效粮食产业。

循环农业是有机旱作农业的重要载体，是有机旱作农业技术体系和产业体系有机结合的有效途径。要着力推进种养循环、农牧结合，构建农作物-秸秆-养畜-畜禽粪便-肥料-农作物等上下游互逆的循环链。着力发展林下经济，发展林菌、林药、林禽、林粮、林菜等高效林业立体模式，建立林业加工-木屑-食用菌-培养基-饲料、肥料等产业链。

第一节　培育产业品牌

吕梁市"十三五"时期以来，着力打造高标准的农业现代化载体，持续推进"一县一业一联盟、一乡一特一园区、一村一品一基地"建设，建成一个"岚县马铃薯省级现代农业产业园"，创建一个"山西省汾州核桃特色农产品优势区"。建成了岚县马铃薯、汾阳高粱省级现代农业示范园区。建成了岚县马铃薯、交口食用菌、汾阳核桃、临县红枣和大豆、兴县和石楼谷子等特色基地县。全市共发展优质杂粮 200 万亩、脱毒马铃薯 80 万亩，落实以香菇、黑木耳为主的食用菌 8 600 余万棒，新增中药材 2.5 万亩，一系列特色农业产业发展规模不断壮大，推动产业不断向标准化、品牌化方向发展。

创新发展农产品销售新业态。积极培育产业化大品牌，吕梁市区域公用品牌 3 个：吕梁红枣、汾州核桃、交口夏菇；吕梁功能农产品品牌 5 个：柳林红枣、岚县粗粮八宝粉、孝义杨氏康健分心木茶、韦禾香菇、石楼甜蜜网事枣花蜜。地理标志农产品品牌 17 个：石楼枣花蜂蜜、交城骏枣、交城梨枣、岚县马铃薯、临县开阳大枣、柳林红枣、中阳柏籽羊肉、汾州小米、汾阳酿酒高粱、冀村长山药、汾州核桃、梧桐山药、孝义柿子、孝义核桃、临县红枣、兴县小米、兴县大明绿豆。企业产品品牌："山花烂漫""汾都香小米""清泉醋""鑫良泉"等。

积极鼓励、扶助、服务企业以品牌为中心开展经营活动，引导名优农副产品注册原产地标识，申报名优产品，申办有机、绿色食品标识，获取市场"通行证"，形成地区名牌，提高特色农产品的深加工率和产品附加值。以龙头企业的优势产品为核心，整合各地农产品的商标资源，实行统一品牌、统一质量，统一包装，统一经营，坚持主食化、副食化、礼品化和规模化"四化"开发模式，实施进餐桌、进景区、进超市和进电商"四进"发展计划，打造优势品牌，形成系列产品，做大品牌规模，做强产业优势，扩大品牌知名度和市场占有率，打造吕梁市的杂粮有机旱作为精品名牌。全面打响"吕梁山菌""吕梁杂粮""吕梁土豆""吕梁红枣""吕梁核桃""吕梁药茶"等一系列"吕梁＋"区域公用品牌。基本形成可复制、可推广的"有机旱作＋特优产业"发展模式，实现特优产业有机旱作技术全覆盖。扎实推行农产品质量安全，建立健全产业标准体系和质量监督检测体系，提高产品质量，增强市场竞争力。

大力拓展电商销售、直播带货等新模式、新业态，在太原开设了吕梁名特优农产品（东方红和铜锣湾）旗舰店，先后举办了两届吕梁名特优功能食品展销会，"直播助农　嗨购吕梁"直播带货季，"枣儿红了""槐花节""土豆花开""小木耳　大产业"等一系列重要活动，交口香菇出口韩国、吕梁枣芽茶远销日本，吕梁特色农产品"走出去"步伐明显加快。

（牛建中）

第二节　产业基地建设

中共吕梁市委四届十次全体会议暨市委经济工作会议指出：要以产业振兴为牵引推动乡村振兴，把保耕稳粮作为农业发展的前提基础，深入实施农业"特""优"战略，以农业供给侧结构性改革为抓手，突出优势主导产业、打造新型业态，全面构建吕梁市现代农业产业新体系。

党的十八大以来，以习近平同志为核心的党中央把粮食安全作为治国理政的头等大事，提出了"确保谷物基本自给、口粮绝对安全"的新粮食安全观，确立了以我为主、立足国内、确保产能、适度进口、科技支撑的国家粮食安全战略，坚持立足国内保障粮食基本自给的方针，实行最严格的耕地保护制度，实施"藏粮于地、藏粮于技"战略。

吕梁市坚持粮食生产的战略地位，按照"确保谷物基本自给、口粮绝对安全"的要求，划定和建设粮食生产功能区，加强粮食综合生产能力建设，保障粮食安全。以平川 4 个县（市）的粮食生产主体功能区为重点，以永久基本农田为基础，结合农村土地承包经营权确权登记颁证成果，基本完成粮食生产功能区 84.5 万亩的建设任务。深入实施"藏粮于地、藏粮于技"战略，贯彻落实耕地"非农化""非粮化"工作要求，落实永久基本农田特殊保护制度，大力推进高标准粮田建设、农田水利和粮食生产适度规模经营，加大土地复垦和土地整理力度，规范耕地占补平衡，确保全市粮食种植面积稳定在 500 万亩以上，粮食总产量稳定在 95 万 t 以上。以"粮头食尾"和"农头工尾"为抓手，推动粮食精深加工，做强绿色食品加工业。贯彻落实国家有关粮食储备政策，健全和完善地方储备，鼓励粮食收购、加工、销售企业开展自主储粮和经营，保证必要的合理库存。落实农业支持保护政策，积极扶持种粮大户和专业户发展粮食生产。全面落实粮食安全责任制，完善监督考核机制，建设检验检测体系、质量监管体系，强化粮食质量安全保障，坚持农业农村优先发展，以确保粮食和重要农产品有效供给为首要任务，坚持农业特色转型，在"特"上定位，在"优"上提档，持续调优种植结构和区域布局，稳粮扩油，巩固提升粮油产能，做"特"做"优"杂粮、马铃薯、红枣、核桃、食用菌、中药材等特色产业，提高种植业质量效益和竞争力，加快推动种植业绿色转型升级，奋力谱写吕梁市全方位推动种植业高质量发展新篇章。

一、优化种植业产业布局，提升粮油特产业水平

东南平川区。包括汾阳、交城、文水、孝义 4 个县（市）的 39 个乡（镇），该区地势平坦，土壤肥沃，农田灌溉条件好，交通便利。从发展现代农业着眼，围绕粮食、核桃、红枣、蔬菜等产业，建设优质高效粮、果、菜基地和加工产业。

东北部冷凉区。包括岚县、兴县、方山、离石、中阳、交口、汾阳、交城 8 个县（市、区）的 42 个乡（镇），该区林草繁茂，气候冷凉，无霜期短。从发展生态农业着眼，重点围绕马铃薯、小杂粮、食用菌、油料等产业，大力发展绿色农产品。

西南部丘陵区。包括兴县、临县、离石、柳林、石楼、方山、中阳、交口 8 个县（区）的 81 个乡（镇），该区土地瘠薄，水土流失严重，光照充足，昼夜温差大，小气候明显。从发展特色农业着眼，重点发展红枣、核桃、中药材、谷子、豆类种植等特色产业。

1. 加大技术集成，推动杂粮基地建设　紧紧围绕杂粮绿色、优质、高产目标，一是抓杂粮新品种、新技术、新模式的引进示范，在主产区创建杂粮高产集成技术综合示范区；二是鼓励企业大力实施基地建设，按照"公司＋基地＋农户"的产业模式，通过定向投入、定向服务、定向收购等方式，建立稳定

的优质粮源基地。制定出标准化栽培技术规程，到 2025 年，生产基地标准化栽培技术推广率达到 90％。在杂粮产业发展的每个县建设 3 个标准化生产示范区，每个生产示范区面积 1 000 亩，辐射带动周边区域杂粮生产基地建设；三是加大技术培训与指导服务力度，全面推广集优良品种、精细整地、保墒耕作、地膜覆盖、配方施肥、绿色防控、机械化协作等一系列综合配套技术集成，使杂粮以地膜加旱作、优种加优法、农艺加农机为主导的杂粮高产集成栽培技术，提高杂粮产量，推广覆盖率达到 90％以上，杂粮增产达到 20％以上，创造绿色高效的杂粮品牌基地。

2. 加大创新力度，补齐杂粮产业发展短板　吕梁市杂粮生产目前面临的主要问题是标准化、规模化、组织化程度低，仍以农户家庭分散经营为主，虽有企业带动，但不足以改变目前小规模经营现状和市场营销问题。要以国内外市场需求为导向，以谷子、杂豆等杂粮作物为主，研究开发杂粮功能产品和方便即食食品，重点培育杂粮加工龙头企业和杂粮产品知名品牌，推动杂粮生产全产业链开发。积极开展电子商务，在淘宝网开设网店，组织有知识的贫困户实施微商经营，逐步形成线上线下的经营模式，打响吕梁市杂粮品牌。

3. 借助"土壤三普"工作　推动特色硒产品开发　土壤中的有效硒对人体健康是不可缺少的重要元素，主要作用表现在：一是硒是抗癌之王，科学研究发现，缺硒水平的高低与癌的发生息息相关；二是硒能抗氧化防衰老，硒是许多抗氧化酶的必需组分，与过氧化物起氧化还原反应，保护生物膜免受损害，维持细胞正常功能；三是硒能维持人体正常免疫功能，硒几乎存在所有免疫细胞中，补硒可明显提高机体免疫力；四是硒是生长与繁殖所必需的营养素，缺硒可致生长迟缓；五是硒能解毒排毒，能拮抗重金属毒性，与金属有很强的亲和力，在体内与重金属结合形成金属硒蛋白复合物解毒，使重金属排出体外。吕梁市土壤全硒含量统计见表 10 - 1。

表 10 - 1　吕梁市土壤全硒含量统计

序号	县（市）	编号	Se（mg/kg）	序号	县（市）	编号	Se（mg/kg）
1	离石	5 350	0.098 634 646	23	兴县	5 511	0.131 483 136
2	离石	5 360	0.139 157 567	24	兴县	5 511	0.143 238 547
3	离石	5 370	0.183 402 911	25	兴县	5 517	0.092 093 209
4	文水	5 383	0.307 803 976	26	兴县	5 527	0.118 481 688
5	文水	5 387	0.281 101 999	27	兴县	5 535	0.177 081 302
6	文水	5 399	0.309 097 737	28	兴县	5 547	0.133 034 442
7	文水	5 413	0.279 617 347	29	兴县	5 553	0.119 303 941
8	文水	5 418	0.220 274 413	30	兴县	5 553	0.120 930 934
9	文水	5 430	0.246 822 85	31	兴县	5 561	0.152 117 525
10	交城	5 438	0.358 694 825	32	兴县	5 567	0.141 906 558
11	交城	5 430	0.295 265 205	33	临县	5 581	0.104 443 805
12	交城	5 455	0.176 739 22	34	临县	5 593	0.108 088 064
13	兴县	5 459	0.177 564 224	35	临县	5 600	0.108 362 95
14	兴县	5 463	0.106 627 627	36	临县	5 618	0.136 838 268
15	兴县	5 468	0.144 095 999	37	临县	5 629	0.115 699 25
16	兴县	5 473	0.141 652 868	38	临县	5 640	0.167 703 221
17	兴县	5 478	0.134 106 82	39	临县	5 648	0.186 706 598
18	兴县	5 478	0.138 692 579	40	临县	5 660	0.233 371 237
19	兴县	5 483	0.127 312 348	41	临县	5 665	0.200 478 124
20	兴县	5 486	0.132 706 233	42	临县	5 675	0.140 632 723
21	兴县	5 495	0.115 002 319	43	临县	5 684	0.125 884 087
22	兴县	5 506	0.120 017 538	44	临县	5 694	0.117 250 349

（续）

序号	县（市）	编号	Se（mg/kg）	序号	县（市）	编号	Se（mg/kg）
45	临县	5 702	0.115 431 684	71	方山	5 910	0.123 283 593
46	临县	5 717	0.134 041 003	72	方山	5 920	0.112 715 789
47	临县	5 721	0.127 045 954	73	方山	5 930	0.140 202 567
48	临县	5 727	0.104 449 254	74	方山	5 935	0.120 304 773
49	柳林	5 730	0.070 869 592	75	交口	5 962	0.169 054 365
50	柳林	5 740	0.070 798 224	76	交口	5 969	0.341 843 592
51	柳林	5 740	0.077 082 605	77	交口	5 978	0.259 324 441
52	柳林	5 750	0.103 362 456	78	交口	5 978	0.261 115 046
53	柳林	5 760	0.037 399 838	79	交口	5 985	0.250 144 584
54	柳林	5 770	0.040 094 094	80	孝义	6 000	0.283 367 349
55	柳林	5 780	0.090 255 396	81	孝义	6 000	0.290 518 93
56	石楼	5 789	0.110 984 966	82	孝义	6 022	0.196 913 159
57	石楼	5 797	0.141 647 494	83	孝义	6 028	0.446 402 546
58	石楼	5 797	0.147 916 865	84	孝义	6 036	0.163 757 443
59	石楼	5 801	0.144 806 375	85	孝义	6 039	0.148 212 577
60	石楼	5 818	0.141 626 278	86	孝义	6 050	0.144 313 181
61	岚县	5 828	0.027 724 408	87	孝义	6 050	0.145 043 427
62	岚县	5 828	0.032 905 492	88	汾阳	6 053	0.262 512 993
63	岚县	5 830	0.072 835 935	89	汾阳	6 060	0.227 036 569
64	岚县	5 850	0.071 941 905	90	汾阳	6 060	0.227 590 275
65	岚县	5 862	0.090 091 089	91	汾阳	6 067	0.248 188 796
66	岚县	5 875	0.133 946 277	92	汾阳	6 077	0.293 556 665
67	岚县	5 878	0.150 854 491	93	汾阳	6 085	0.273 109 43
68	岚县	5 878	0.156 207 046	94	汾阳	6 096	0.263 883 723
69	岚县	5 894	0.058 959 911	95	汾阳	6 103	0.223 140 137
70	岚县	5 904	0.103 176 927	96	汾阳	6 103	0.226 365 958

对土壤中有效硒含量等级尚没有统一标准。参照对同一样品全硒的检测结果，并咨询专家意见，对照外省市对有效硒含量的分级标准，将土壤有效硒含量数据分成 4 个等级。即：高富硒 $>10.00\ \mu g/kg$、富硒 $8.01\sim10\ \mu g/kg$、中硒 $6.01\sim8\ \mu g/kg$、低硒 $<6.01\ \mu g/kg$，对照数据和标准可知吕梁市大部分为富硒区域。借助全国第三次土壤普查工作，进一步对耕地、园地全硒、有效硒含量的普查，从而确定土壤含硒等级分类，为有机旱作农业与功能农业有效衔接，对各类作物产品上档升级提供技术支撑。

4. 加强引导与扶持，抓好新型经营主体培育 加大政府引导与扶持力度，积极培育龙头企业、专业合作社和种植大户，并选择发展好的龙头企业、专业合作社和种植大户进行扶持。组织金融部门，利用信贷资金、扶贫资金等扶持带动能力强的龙头企业，使其尽快规模扩张、产业延伸、占领市场，起到龙头企业带动作用，并强化同基地、农户的联系，不断创新农企联结、合作和利益互补机制，完善订单经营模式。严格履行订单合同约束，使企业和农民真正成为利益共同体，带动小杂粮产业发展，促进农民增收。提升杂粮精深加工水平，提高杂粮的加工转化率，发展规模以上企业 20 个。到 2025 年，计划每个县杂粮"一村一品"专业村及专业合作社发展到 10～20 个，全市杂粮产品加工率达到 70%。

二、依托国家发展战略，经济林提质增效

吕梁市经济林主要有红枣、核桃、仁用杏、沙棘 4 种，其中红枣、核桃种植时间长、种植面积大，

是山西省最大的生产基地。这些经济林在空间上较为分散，普遍存在科技、机械、人力投入有限，集约化程度低的问题，仅少部分具有集中连片改造的条件。依托省级项目投资和市、县两级筹资，吕梁市已经基本完成大部分红枣林和核桃林低效林改造工作。在岚县、交城、文水、方山等野生沙棘主要分布区域，对部分野生沙棘开展了集中连片改造，并依托退耕还林工程发展了一批沙棘，作为深化林业扶贫攻坚"五个一批"的重要举措，将岚县打造成了沙棘原料基地。

开展传统经济林提质增效和标准化管理示范推广工程，增强科技手段、机械和管护理念在现有经济林生产中的投入，提升现有经济林的抗灾、抗病能力；继续开展沙棘工业原料林基地建设，促进沙棘产业向集群化、规模化发展，发挥林草业生态惠民，绿色富民的作用。在现有经济林提质增效、沙棘工业原料林基地扩大，以及经济林标准化管理推广过程中，组织推广"企业＋合作社＋村集体＋农户＋基地"的发展模式，将农村土地所有权、承包权、经营权"三权分置"，实现"资源变资产、资金变股金、农民变股东、收益有分红"。

吕梁市开展经济林提质增效工程，包括红枣、核桃和天然沙棘灌木林提质增效，共有面积 11 万 hm²；沙棘、食用菌工业原料林规模扩大，共有面积 3 万 hm²；经济林标准化管理工程，共有面积 16 万 hm²。见表 10 - 2。

表 10 - 2 经济林提质增效规划任务

工程类别	工程名称	数量	单位	工程地点
经济林提质增效	红枣	20 000	hm²	兴县、临县、柳林县、石楼县
	核桃	60 000	hm²	汾阳市、孝义市、交口县、中阳县、离石区
	天然沙棘	30 000	hm²	岚县、交城县、文水县、方山县
工业原料林规模扩大	沙棘	10 000	hm²	离石区、兴县、临县、石楼县、岚县、方山县、中阳县、交口县、孝义市
	食用菌	20 000	hm²	交口县、中阳县
经济林标准化管理	示范基地	160 000	hm²	各县市（区）
	示范园	70	个	

1. 经济林提质增效 依托储备林、省级经济林提质增效项目和市（县）配套资金，按照良种化、品种化要求，对红枣、核桃开展提质增效工作，面积为 110 000 hm²。其中，在兴县、临县、柳林县、石楼县选择树龄为 4～20 年生的红枣林或核桃林实施品种改良，推广优质、丰产、抗裂红枣品种，发展冬枣、晋枣等鲜食品种，面积为 20 000 hm²；在汾阳市、孝义市、交口县、中阳县、离石区对集中连片的 4～20 年生核桃结果树，推广整形修剪、高接换种、土肥水管理和有害生物防治等综合管理技术，面积为 60 000 hm²；对岚县、交城县、文水县、方山县现有沙棘林进行间伐、疏雄、复壮更新等技术改造，面积为 30 000 hm²。将区域优势经济效益明显的树种纳入提质增效项目范围重点扶持。经济林提质增效规划面积见表 10 - 3。

表 10 - 3 经济林提质增效规划面积（hm²）

建设地点	红枣	核桃	沙棘	合计	前期（2021—2025 年）	后期（2021—2025 年）
离石区	—	8 000	—	8 000	4 000	4 000
文水县	—	—	7 500	7 500	5 000	2 500
交城县	—	—	—	—	—	—
兴县	5 000	4 000		9 000	5 000	4 000
临县	5 000	4 000		9 000	5 000	4 000
柳林县	5 000	4 000		9 000	5 000	4 000
石楼县	5 000	4 000		9 000	5 000	4 000

（续）

建设地点	红枣	核桃	沙棘	合计	前期 （2021—2025 年）	后期 （2021—2025 年）
岚县	—	—	7 500	7 500	5 000	2 500
方山县	—	4 000	7 500	11 500	6 000	5 500
中阳县	—	8 000	—	8 000	4 000	4 000
交口县	—	8 000	7 500	15 500	8 000	7 500
孝义市	—	8 000	—	8 000	8 000	—
汾阳市	—	8 000	—	8 000	8 000	—
合计	20 000	60 000	30 000	110 000	68 000	42 000

2. 工业原料林规模扩大 在离石区、兴县、临县、石楼县、岚县、方山县、中阳县、交口县、孝义市，依托退耕还林成果巩固、储备林、灌木林质量精准提升工程，扩大沙棘工业原料林规模 10 000 hm²，让"小灌木成为大产业"；在交口县、中阳县，依托森林抚育项目，培育食用菌工业原料林面积 20 000 hm²，助力食用菌产业发展。工业原料林规模扩大工程规划面积见表 10-4。

表 10-4 工业原料林规模扩大工程规划面积（hm²）

建设地点	沙棘	食用菌	合计	前期 （2021—2025 年）	后期 （2021—2025 年）
离石区	1 000	—	1 000	600	400
兴县	1 000	—	1 000	600	400
临县	2 000	—	2 000	1 200	800
石楼县	1 000	—	1 000	600	400
岚县	1 000	—	1 000	600	400
方山县	1 000	—	1 000	600	400
中阳县	1 000	10 000	11 000	6 600	4 400
交口县	1 000	10 000	11 000	6 600	4 400
孝义市	1 000	—	1 000	600	400
合计	10 000	20 000	30 000	18 000	12 000

3. 经济林标准化管理 推广红枣、核桃、沙棘标准化管理，建设标准化综合管理示范基地 160 000 hm²。其中，红枣 60 000 hm²，核桃 60 000 hm²，沙棘 30 000 hm²，其他特色经济林 1 万 hm²。在标准化管理基地基础上，建设标准化综合管理示范园 70 个，其中红枣 30 个，核桃 30 个，沙棘 5 个，其他特色经济林 5 个。经济林标准化管理工程规划面积见表 10-5。

表 10-5 经济林标准化管理工程规划面积（hm²）

建设地点	红枣	核桃	沙棘	其他特色 经济林	合计	前期 （2021—2025 年）	后期 （2021—2025 年）
离石区	—	10 000	—	1 000	11 000	6 000	5 000
文水县	—	—	7 500	—	7 500	5 000	2 500
交城县	—	—	5 000	—	5 000	2 000	3 000
兴县	15 000	2 000	—	1 000	18 000	10 000	8 000
临县	15 000	2 000	—	1 000	18 000	10 000	8 000
柳林县	15 000	2 000	—	1 000	18 000	10 000	8 000
石楼县	15 000	2 000	—	1 000	18 000	10 000	8 000
岚县	—	—	7 500	—	7 500	5 000	2 500

（续）

建设地点	红枣	核桃	沙棘	其他特色经济林	合计	前期（2021—2025 年）	后期（2021—2025 年）
方山县	—	2 000	7 500	—	9 500	5 000	4 500
中阳县	—	10 000	—	—	10 000	5 000	5 000
交口县	—	10 000	7 500	—	17 500	10 000	7 500
孝义市	—	10 000	—	—	10 000	5 000	5 000
汾阳市	—	10 000	—	—	10 000	5 000	5 000
合计	60 000	60 000	30 000	10 000	160 000	88 000	72 000

4. 品牌建设　开展新型合作组织，打破加工企业小弱散乱的困局，在柳林县、汾阳市和岚县扶持红枣、核桃、沙棘深加工龙头企业各 1 个，将林产品精深加工比率提升至 40％以上，形成以沙棘油、沙棘黄酮、沙棘果汁、医疗保健、功能食品、沙棘饲料、核桃油、核桃露、干枣、蜜枣、枣泥等为主导的深加工产业链，开发具有吕梁山区绿色、有机特色的森林产品体系，延长产业链条。发挥政策引导功能，聚力推广"临县红枣""汾州核桃"两大国家地理标志产品，打造统一拳头商标，形成区域公共品牌。

（牛建中）

第三节　构建全产业链

以拓展二三产业为重点，围绕八大特色产业，延伸产业链、提升价值链、优化供应链、完善利益链，高标准建设现代化农业产业园，打造特色农产品加工产业集群，实现产业跨区域、跨产业融合、资源循环利用，开发特色化、多样化产品，提升特色农业产业的附加值，促进农业多环节增效，农民多渠道增收。

一、建设高标准现代农业产业园

按照"总体一流、单体先进、特色突出、产城联动"的要求，坚持"有规模、有特色、有看点"的原则，创建"基地＋园区"的新模式，建设具有较强的规模效应和辐射带动能力，能促进基地示范区经济发展，为农业规模化、科技化、组织化和市场化建设作出示范的核心区精品示范园。规划在吕梁市建设 100 个标准化、精品化现代农业示范园，形成"基地为主、园区引领、片区覆盖"发展格局，带动全市 220 万亩杂粮、300 万亩核桃、160 万亩红枣、100 万亩马铃薯、220 万亩中药材等产业和全产业体系休闲观光农业的发展，打造全市生态友好型特色农业产业体系的第一方阵和品牌基地。

大力实施"百园千村"建设。按照"一乡一特一园区、一村一品一基地"的发展思路，围绕八大产业集群和特色产业，高起点、高标准、高水平建设·批产业优势突出、要素高度集聚、设施装备先进、生产方式绿色、一二三产业融合、辐射带动有力、利益联结紧密、农民增收明显的现代农业产业园。园区建设以产业为基础，以项目为支撑，以规模发展为方向，重点打造一批集生产、加工、研发、仓储、物流、展示、交易等功能于一体的产业特色鲜明、科技含量高、物质装备先进、运行机制灵活、综合效益显著的综合性特色农业产业园区，通过提质、扩张、新建等方式，重点实施现代农业产业园建设工程，即到 2025 年全市建设区域代表性强、类型多样、路径清晰的各类特色优势农业产业园（区）100个以上。"以一带十"，即以"岚县马铃薯省级现代农业产业园"创建为引领，带动县级建设 10 个以上集农产品生产、加工、研发、仓储、物流、展示、交易等功能于一体的综合性特色农业产业园区。"以十带百"，即全市以 10 多个现代农业产业园为核心，带动 100 多个特色种植、规模养殖、设施农业、优特水果、休闲观光园（区）建设，认定 100 个"产品小而特、业态精而美、布局聚而合"的示范村镇，打造一批农业产业强镇。积极争取国家、省级创建项目，形成国家级、省级、市（县）级梯次的发展格局。提升孝义高阳、文水胡兰、柳林张庄、柳林三交红枣、文水牧标肉牛、杏花村酿造、文水南安酥梨等现代农业园区；建设兴县小杂粮、临县红枣、汾阳和中阳核桃、交口食用菌、方山中药材、石楼蜂蜜、岚县和交口沙棘等现代农业产业园。

二、打造特色农业产业集群

充分挖掘吕梁市特色产业潜力，坚持项目为王，大力实施农业"特""优"战略，通过"政府强力推进、实施科技引领、强化园区建设、引导企业重组、大力招商引资、优化发展环境"等重大战略的实施，围绕农业优势产业链，培育市场潜力大、产业关联度高、精深加工能力强、规模集约水平高、辐射带动面广的新型加工龙头企业集群，建设大园区、构建大产业、培育大企业、引进大项目、创建大品牌，发展高附加值的农产品精深加工。力争2025年，全市农产品加工业产值达到300亿元，全市特色农业产业集群发展初具规模，推动实现农业生产高质量、高效益、跨越式发展。

1. 打造以白酒为主的酿品产业集群 紧紧围绕杂粮绿色、优质、高产目标，一是抓杂粮新品种、新技术、新模式的引进示范，在主产区创建杂粮高产集成技术综合示范区；二是鼓励企业大力实施基地建设，按照"公司＋基地＋农户"的产业模式，通过定向投入、定向服务、定向收购等方式，建立稳定的优质粮源基地。充分发挥吕梁市作为世界十大高浓度的烈性酒产区优势，紧紧抓住国家放开白酒产能的极好机遇，加快建设以汾酒为主的清香型白酒集聚区、以中国汾酒城为主的储酒集聚区、以杏花村为主的酒与文化旅游融合发展示范区，重点发展"一把抓"红高粱基地45万亩。培育壮大汾阳王、文水牛栏山二锅头、新晋商汾杏、青花瓷、宗酒、老传统、良泉等一批中小酒类企业。到2025年，全市红高粱基地发展到100万亩，白酒产能达到50万t，产量达到50 000万L，实现产值500亿元。

2. 打造以红枣、核桃、沙棘为主的干果饮品（药茶）产业集群 依托吕梁市丰富的红枣、核桃、沙棘等干鲜果资源，支持临县阳府井和枣源地、石楼树德、汾阳迅达、孝义一果、中阳慧仁、交口维仕杰等骨干企业，重点发展红枣、核桃干果系列产品和浓缩果汁、枣芽红茶、沙棘叶茶、核桃分心木茶、槐花茶、玫瑰花茶等功能饮品，逐步形成具有显著竞争优势的地方特色产业。到2025年，全市干果饮品产业产值达到20亿元。

以临县山西阳府井实业集团旗下山西茗玥茶叶有限公司、柳林山西华茗堂药茶科技有限公司开发的枣芽茶，方山县圣帝中药材有限公司、石楼一九中药材发展有限公司开发的连翘、蒲公英、黄芩等药茶系列，孝义市杨氏康健核桃科技有限公司开发的核桃茶，山西三味草堂高山茶叶有限公司、吕梁野山坡食品有限责任公司开发的沙棘茶，山西蒲谷香农业科技有限公司、吕梁市聚仁堂中药饮片有限公司开发的养生保健复方茶系列，山西艺泷本草堂生物科技有限公司、北眉红茶合作社开发的冻绿叶茶，山西泓盛农业科技有限公司开发的蚕蛹虫草茶等药茶经营主体为依托，重点支持这些药茶企业开展原料基地建设，积极与科研院所合作，推行"科研院校＋企业＋合作社＋农户"模式，研发药茶新品种，攻克加工新技术，促进成果转移转化。

3. 打造肉制品产业集群 按照"集群发展、绿色发展、循环发展"理念，做强生猪产业，做大牛羊产业，做优肉禽产业。以山西新大象、交口百世食安、中阳厚通等龙头企业为依托，打造生猪产业集群；以山西牧标牛业股份有限公司、山西贤美食业有限公司、吕梁市汇丰源食品有限公司等为依托，采取"公司＋基地"的形式，发展牛肉加工业，形成中高端的牛肉加工产业集群；以汾阳市百家兴农牧有限公司、兴县嘉恒牧业有限公司、吕梁市蔡家崖农牧科技有限公司、文水县恒远食品有限公司等为依托，发展肉羊加工业，创建吕梁绿色精品羊肉品牌，打造肉羊产业集群；以山西锦绣大象农牧股份有限公司、新希望六和肉鸡育肥厂、山西铭信禽业有限公司为依托，打造肉鸡产业集群。支持文水大象、孝义新希望六和、文水牧标、交口百世食安、方山宏康、交城老农民等企业，重点发展分割肉、订制肉、膳食肉、快餐肉、罐头肉等特色化、系列化、功能化产品，进一步延伸产品的价值链。到2025年，全市肉制品加工年产值达到200亿元。

4. 打造功能农产品产业集群 发展以香菇、黑木耳为主的食用菌3亿棒，按照集中连片、规模发展的要求，重点打造以交口县、临县、兴县、岚县为主的香菇产业集中区，以中阳县、柳林县、交城县为主的木耳产业集中区，以石楼县、方山县为主的灵芝、羊肚菌等高端食用菌产区。扶持兴县清泉、柳林沟门前、岚县老磨坊、文水野山坡和小牛娃、交口韦禾、柳林振兴等具有一定发展潜力的科技型、加工型食用菌龙头企业，培育一批种植大户。依托丰富的红枣、核桃、沙棘等林木资源，加强与省直国有林场合作，支持食用菌企业建立原料林，保障木屑等原料供应。以工厂化生产为支撑，在交口县、兴县等重点县各建设一个集菌种培育、菌棒生产、技术服务和加工销售于一体的工厂化生产中心；以龙头企业为核心，建设现代化的菌种生产车间、菌棒填充接菌车间，指导签约农户进行生产场地建设，形成"企业＋基地＋农户""企业＋农户"的经营模式，进一步提高吕梁市食用菌生产的专业化、规模化水平，构成全市食用菌产业化发展的支撑体系。稳定建设以谷子、豆类等作物为主的 200 万亩杂粮基地，重点开发杂粮粉、核桃油、沙棘籽油、沙棘曲奇、红枣曲奇、苦荞醋、莜麦醋等系列功能农产品，充分发挥地域优势，真正形成地方特色产品。到 2025 年全市功能食品产业年产值达到 10 亿元。

5. 打造药材药品产业集群　围绕吕梁市的柴胡、黄芩、黄芪、苦参、连翘、远志等道地中药材品种，发挥药材种植天然绿色无污染的优势，结合退耕还林中药材项目建设，以合作社为载体，扩大中药材的种植面积，引进新品种，发展特色优势品种，推广标准化生产技术，提高规范化管理水平，挖掘产量、质量潜力。大力推进林下中药材和药用经济林发展，积极申报国家地理标志保护产品、无公害产品认证和有机产品认证，积极发展林药间作、粮药间作、果药间作等多种种植模式，增加综合效益。组织实施以中药材为主的 100 万亩林下经济产业，加快方山县、临县、兴县中药材基地建设，支持吕梁中药厂、文水康欣、孝义金恒、离石聚仁堂等企业，与中国医学科学院（北京协和医学院）、山西省中医研究所、山西省中医药大学等合作，重点发展植物药提取液和中草药制剂的深加工，进一步扩大饮片加工及其产品的市场占有率。加大招商引资力度，积极与国药集团等大型中药材龙头企业合作，力争上马中药材加工项目，开发中成药产品，大力发展多种特色药食同源中药材的高附加值营养品、日用品等延伸产品，拓宽产业发展空间。培育以中药提取物、保健品和药食两用产品为主的加工产业体系，逐步形成"中药材种植—精深加工—中药提取—生物制药"的产业链条，进一步建立和完善中药材种植、初加工、包装、仓储、运输和销售一体化的现代物流体系。另外，深入挖掘中医药文化，加强吕梁地域中药材品牌的宣传推广，提升市场知名度。到 2025 年全市药品加工产值达到 5 亿元。中药材产业重点建设区布局见表 10-6。

表 10-6　中药材产业重点建设区布局

县（市、区）	重点乡（镇）
方山县	马坊镇、圪洞镇
临县	第八堡、克虎寨镇、曲峪镇、刘家会镇、安家庄乡、雷家碛乡、清凉寺乡、兔坂镇
兴县	固贤乡、贺家会乡、孟家坪乡
交口县	康城镇、回龙乡、双池乡、桃红坡镇、温泉乡
交城县	东坡底乡、会立乡、水峪贯镇、岭底乡、洪相乡
离石区	吴城镇、信义镇、枣林乡、莲花池街办
汾阳市	杏花村镇、冀村镇、栗家庄乡、三泉镇
文水县	苍耳会乡

6. 打造优质马铃薯产业集群　按照"规模发展、种薯先行、科技引领、产业推进"的思路，以马铃薯主粮化发展为方向，加强基地建设，抓好精深加工，使马铃薯产业成为吕梁市脱贫致富和优化粮食种植结构的重要产业。以岚县"全国绿色马铃薯"原料标准化生产基地为引领，稳定面积，提升品质，推广优质脱毒种薯繁育和技术，发展绿色薯、有机薯。到"十四五"时期末，马铃薯种植面积达到 80 万亩，产量达到 71.6 万 t，脱毒种薯覆盖率达到 90% 以上，马铃薯年加工鲜薯达 20 万 t，转化率达到 35%。以岚县、方山县、临县、兴县、文水县为重点，创建一批标准化示范基地。重点引进和扶持年产万吨以上的精淀粉、全粉、变性淀粉以及薯条、薯片和高档休闲食品等加工龙头企业，着力提高马铃薯产业精深加工水平，加大马铃薯主粮化研发力度，开发"土豆宴"系列产品，提高加工产品竞争力和市场占有率。

7. 做优设施蔬菜产业　按照"优选品种、提高质量、突出加工、搞活流通"的思路，以生产设施建设、装备建设、配套设施建设为主要内容，建设标准化的绿色蔬菜生产基地和集约化育苗中心，扩大蔬菜种植面积，建设节水型高效设施蔬菜带。东部平川区包括汾阳、孝义、文水、交城 4 个县（市），以日光温室和拱棚蔬菜并重，发展喜温类果菜生产，打造中高档蔬菜产业带；中西部丘陵设施蔬菜区，包括离石、柳林、方山、临县 4 个县（区），以发展大中型拱棚为主，日光温室为辅，抓好春提早、秋延后的蔬菜生产。在东部平川区和中西部丘陵区建立标准化生产示范基地，充分发挥辐射带动效应，典型示范，使高效设施成为促进吕梁市农业持续发展的有效手段。实行标准化、规范化的种植经营管理，配套建设冷链物流设施设备，在蔬菜集中产区建设蔬菜产地批发市场，努力做到基地规模化、栽培设施化、生产科技化、品种特色化、产品绿色化、服务社会化、过程产业化、合作紧密化，全面提高蔬菜质量和效益。健全蔬菜流通服务体系，大力发展绿色、有机蔬菜，实施品牌战略。到 2025 年，设施蔬菜面积达到 2.5 万亩。

三、培育壮大农业产业链

1. 加工流通延伸产业链　做强产品加工，鼓励大型农业龙头企业建设标准化、清洁化、智能化加工厂，引导农户、家庭农场建设一批家庭工厂，手工作坊，乡村车间。做活商贸物流，鼓励各县（市、区）在特色农产品优势产区建立产地批发市场、物流配送中心、商品采购中心、大型特产超市，支持经营主体、农产品批发市场等建设产地仓储保鲜设施，发展网上商店、连锁门店等。

2. 信息技术打造供应链　对接终端市场，以商场需求为导向，促进农户生产、企业加工、客户营销和终端消费连成一体、协同运作，增强供给侧对需求侧的适应性和灵活性。实施"互联网＋"农产品出村进城工程，完善适应农产品网络销售的供应链体系、运营服务体系和支撑保障体系。创新营销模式，健全绿色智能农产品供应链，培育农商直供、直播直销、会员制、个人定制等模式，推进农商互联、产销衔接。

3. 业态丰富提升价值链　提升品质价值，推进品种和技术创新，提升特色产品的内在品质和外在品相，以品质赢得市场，实现增值。提升生态价值，开发绿色生态、养生保健等新功能、新价值，增强对消费者的吸引力。提升人文价值，更多融入科技人文元素，发掘民俗风情、历史传说和民间戏剧等文化价值，赋予乡土特色产品文化标识。

4. 做好产业链衔接　吕梁市应依托区位优势和资源优势，大力推行"龙头企业＋基地＋农户""合作社＋基地＋农户"等经营模式，推进订单种植和产销衔接，拓展农业观光旅游、农事活动体验、农耕文化传承等多种功能，提升产业融合水平，打造农业"全链条"产业融合发展模式。依托吕梁市的八大主导产业，紧紧围绕连通产业链、完善利益链、提升价值链的目标，打造农用物资配套服务中心、农业大数据中心、仓储物流中心和电子商务中心等"四个中心"，通过产前、产中、产后配套服务，构建绿色食品制造现代农业产业链条。

（刘勇）

第十一章 以企为龙，构筑加工营销体系

经营体系是有机旱作农业的运行保障，重在培育新型农业经营主体。没有有效的经营主体，技术体系再完善、产业体系再合理，有机旱作农业也不能有效落地。必须把构建和完善经营体系放在发展有机旱作农业的突出位置，着力培育新型经营主体，推动有机旱作农业向集约化、专业化、组织化、社会化方向发展。培育新型经营主体是构建和完善有机旱作农业经营体系的龙头，要突出抓好三个重点：家庭农场、合作社、龙头企业。

家庭农场：以家庭成员为主要劳动力，以农业为主要收入来源，从事专业化、集约化农业生产。家庭农场和专业大户是专业化的农户，是商品农产品的主要提供者。由于农业经营收益是其主要经济来源，决定了专业大户和家庭农场更加注重经营效益，大力推动专业大户和家庭农场将逐步取代传统小规模农户成为家庭经营的基础力量。

合作社：生产合作、流通合作，资金合作、技术合作，引导家庭农场进入合作社，引导"一家一户"的家庭经营与合作经营相结合。一方面，要加大对合作社的支持力度，加强人才培养，提高合作社经营能力、市场竞争力和抗风险能力；另一方面，要推进合作社的规范化建设，加强制度建设和执行，规范运行管理制度和财务管理制度，让合作社真正成为农民自己的合作社。

龙头企业：鼓励引导支持工商资本、工商企业发展现代农业，打造一批有规模、有技术、有市场、有品牌的龙头企业，对有机旱作农业发展和农业现代化至关重要。做强做优龙头企业。做强，就是要通过实施财税、金融、人才等配套措施，支持龙头企业发展壮大和转型升级，让龙头企业有能力、有条件在产业融合中发挥主导性作用；做优，就是要通过龙头企业与农户相互入股、龙头企业领办创办农民合作社等方式，完善利益联结关系，支持龙头企业与专业大户、家庭农场、合作社有效对接，推进各类主体的深度融合，使龙头企业成为带动有机旱作农业发展和现代农业建设的强大力量。

第一节 提升农产品加工业

一、完善加工业产业结构

统筹发展农产品初加工、精深加工和综合利用加工，推进农产品多元化开发、多层次利用、多环节增值。

1. 拓展农产品初加工 鼓励和支持农民专业合作社、家庭农场和中小微企业等发展农产品产地初加工，减少产后损失，延长供应时间，提高质量效益。果蔬、奶类、畜禽及水产品等鲜活农产品，重点发展预冷、保鲜、冷冻、清洗、分级、分割、包装等仓储设施和商品化处理，实现减损增效。粮食等耐储农产品，重点发展烘干、储藏、脱壳、去杂、磨制等初加工，实现保值增值。食用类初级农产品，重点发展发酵、压榨、灌制、炸制、干制、腌制、熟制等初加工，满足市场多样化需求。

2. 提升农产品精加工 引导大型农业企业加快生物、工程、环保、信息等技术集成应用，促进农产品多次加工，实现多次增值。发展精细加工，推进新型非热加工、新型杀菌、高效分离、清洁生产、智能控制、形态识别、自动分选等技术升级，利用专用原料、配套专用设备、研制专用配方，开发类别多样、营养健康、方便快捷的系列化产品。推进深度开发，创新超临界萃取、超微粉碎、生物发酵、蛋白质改性等技术，提取营养因子、功能成分和活性物质，开发系列化加工制品。

3. 推进综合利用加工 鼓励大型农业企业和农产品加工园区推进加工副产物循环利用、全值利用、梯次利用，实现变害为宝、化害为利。采取先进的提取、分离、制备技术，推进稻壳米糠、麦麸、油料豆粕、果蔬皮渣、畜禽皮毛骨血、水产品皮骨内脏等副产物综合利用，开发新能源、新材料等新产品，提升增值空间。

二、优化加工业空间布局

按照"粮头食尾""农头工尾"的要求，统筹产地和销区布局，形成生产与加工、产地与市场、企业与农户协调发展的格局。

1. 推进农产品加工向产地集聚 引导大型农业企业向特色优势农产品产区、中心乡镇、物流节点和重点专业村集聚，在农业产业强镇、商贸集镇和物流节点布局劳动密集型加工业，促进农产品就地增值，带动农民就近就业，促进产镇融合；依托工贸村、"一村一品"示范村发展小众类农产品初加工，促进产村融合。

2. 推进农产品加工与销区对接 丰富加工产品，在产区和城市郊区布局中央厨房、主食加工、休闲食品、方便食品、功能食品、净菜加工和餐饮外卖等加工，尤其是功能食品，要做强做大一些功能食品龙头企业，培养领军企业和集团，放大品牌效应。深入发掘和利用特色农产品的功能、药用成分，加强药食同源食品的开发应用，大力开发方便、休闲食品，满足城市多样化、便捷化需求，满足日益增长的食疗、保健需求，创造高附加值精品，提升农业效益。

三、培育农业产业化联合体

农业产业化联合体是龙头企业、农民合作社和家庭农场等涉农经营主体以分工协作为前提，以规模经营为依托，通过股份合作、订单生产等利益联结为纽带，以打造全产业链为经营形式的农业经营组织联盟。

围绕推进农业供给侧结构性改革，以帮助农民、提高农民、富裕农民为目标，以发展现代农业为方向，以创新农业经营体制机制为动力，积极培育发展一批带农作用突出、综合竞争力强、稳定可持续发展的农业产业化联合体，成为引领全市农村一二三产业融合和现代农业建设的重要力量，为农业农村发展注入新动能。

1. 建立分工协作机制，引导多元新型农业经营主体组建农业产业化联合体

（1）增强龙头企业带动能力，发挥其在农业产业化联合体中的引领作用。支持龙头企业应用新理念，建立现代企业制度，发展精深加工，建设物流体系，健全农产品营销网络，主动适应和引领产业链转型升级。鼓励龙头企业强化供应链管理，制定农产品生产、服务和加工标准，示范引导农民合作社和家庭农场从事标准化生产。引导龙头企业发挥产业组织优势，以"公司＋农民合作社＋家庭农场""公司＋家庭农场"等形式，联手农民合作社、家庭农场组建农业产业化联合体，实行产加销一体化经营。

（2）提升农民合作社服务能力，发挥其在农业产业化联合体中的纽带作用。鼓励普通农户、家庭农场组建农民合作社，积极发展生产、供销、信用"三位一体"综合合作。支持农民合作社围绕产前、产中、产后环节从事生产经营和服务，引导农户发展专业化生产，促进龙头企业发展加工流通，使合作社成为农业产业化联合体的"黏合剂"和"润滑剂"。

（3）强化家庭农场生产能力，发挥其在农业产业化联合体中的基础作用。鼓励家庭农场使用规范的生产记录和财务收支记录，提高经营管理水平。健全家庭农场管理服务，完善家庭农场名录制度。引导家庭农场与农民合作社、龙头企业开展产品对接、要素联结和服务衔接，实现节本增效。

2. 健全资源要素共享机制，推动农业产业化联合体融通发展

（1）发展土地适度规模经营。鼓励农户以土地经营权入股家庭农场、农民合作社和龙头企业发展农业产业化经营。支持家庭农场、农民合作社和龙头企业为农户提供代耕代种、统防统治、代收代烘等农业生产托管服务。

（2）引导资金有效流动。支持龙头企业发挥自身优势，为家庭农场和农民合作社发展农业生产经营，提供贷款担保、资金垫付等服务。以农民合作社为依托，稳妥开展内部信用合作和资金互助，缓解农民生产资金短缺难题。

（3）促进科技转化应用。鼓励龙头企业加大科技投入，建立研发机构，推进原始创新、集成创新、引进消化吸收再创新，示范应用全链条创新设计，提升农业产业化联合体综合竞争力。鼓励龙头企业提供技术指导、技术培训等服务，向农民合作社和家庭农场推广新品种、新技术、新工艺，提高农业产业化联合体协同创新水平。

（4）加强市场信息互通。鼓励龙头企业找准市场需求、捕捉市场信号，依托联合体内部沟通合作机制，将市场信息传导至生产环节，优化种养结构，实现农业供给侧与需求端的有效匹配。积极发展电子商务、直供直销等，开拓农业产业化联合体农产品销售渠道。鼓励龙头企业强化信息化管理，把农业产业化联合体成员纳入企业信息资源管理体系，实现资金流、信息流和物资流的高度统一。

（5）推动品牌共创共享。鼓励农业产业化联合体统一技术标准，严格控制生产加工过程。鼓励龙头企业依托农业产业化联合体建设产品质量安全追溯系统，纳入国家农产品质量安全追溯管理信息平台。引导农业产业化联合体增强品牌意识，鼓励龙头企业协助农民合作社和家庭农场开展"三品一标"认证。

3. 完善利益共享机制，促进农业产业化联合体与农户共同发展

（1）提升产业链价值。引导农业产业化联合体围绕主导产业，进行种养结合、粮经结合、种养加一体化布局，积极发展绿色农业、循环农业和有机农业。鼓励农业产业化联合体发展体验农业、康养农业、创意农业等新业态。鼓励龙头企业在研发设计、生产加工、流通消费等环节，积极利用移动互联网、云计算、大数据、物联网等新一代信息技术，提高全产业链智能化和网络化水平。

（2）促进互助服务。鼓励龙头企业将农资供应、技术培训、生产服务、贷款担保与订单相结合，全方位提升农民合作社和家庭农场适度规模经营水平。引导农业产业化联合体内部形成服务、购销等方面的最惠待遇，并提供必要的方便，让各成员分享联合体机制带来的好处。

（3）推动股份合作。鼓励农业产业化联合体探索成员相互入股、组建新主体等新型联结方式，实现深度融合发展。引导农民以土地经营权、林权、设施设备等入股家庭农场、农民合作社或龙头企业，采取"保底收入＋股份分红"的分配方式，让农民以股东身份获得收益。

（秦月明）

第二节　建立农产品市场体系

以龙头型专业流通组织为主体构建批发市场，以批发市场为中心构建市场体系，以市场体系为中心构建农产品流通体制。发挥农产品批发市场、物流配送中心、连锁超市的集散和配送优势，简化流通环节，降低农产品流通成本，促进农产品安全、便捷、高效地流通，带动吕梁市农业生产发展。加快市场基础设施改造升级，完善市场服务功能，拓展市场经营领域，全面推动吕梁市农产品市场体系的硬件设施和软件管理向现代化迈进，变市场约束为市场动力，提升农产品竞争力，促进农业和农村经济持续、快速发展。到2025年，全市培育10个大型流通类龙头企业，建成10个规范化的大型综合批发市场和5个农产品物流配送中心，在各县城及其重点乡镇发展一批连锁经营的社区生鲜超市和农贸市场，加强现有农产品市场和社区菜市场规范化管理。在政府的宏观调控和扶持下，基本建立起以现代物流、连锁配送、电子商务等现代市场流通方式为先导，以批发市场为中心，以集贸市场、零售经营门店和超市为基础，布局合理，结构优化，功能齐备，制度完善，有较高现代化水平的统一、开放、竞争、有序的农产品市场体系，农产品市场整体运行状况接近同期发达国家的中等水平。

一、完善农产品市场交易体系

1. 加快农产品市场改造步伐　在农产品批发市场进行基础设施的改造升级，并拓展其业务功能；积极改造农贸市场，在有条件的地方积极推行"农改超"，提升市场档次；大力发展社区便利店，建立新型农产品零售网络。

2. 发展农产品连锁经营、电子商务等现代流通方式　引导农业产业化龙头企业、批发市场和大型农产品流通企业发展农产品连锁经营，建立新型、高效的农产品营销网络；培育大型农业网站，强化农产品市场信息收集发布，积极创造条件建立网上交易平台，完善农业网上展厅，提高农产品网上宣传、推荐力度。

3. 积极培育、壮大农产品经纪人队伍　围绕农产品流通政策、运销储藏加工技术、质量安全知识与法规、农业科技等内容开展农产品经纪人培训，向农产品经纪人提供市场信息服务，帮助他们提高素质,增强市场开拓能力。

4. 加快制定统一的农产品分等、分级标准,积极宣传农产品分等、分级知识,鼓励农民和经销商按统一标准对农产品进行分等、分级,实行规格化包装,提升农产品整体形象。积极引导在农产品集中产区和产地批发市场,建立农产品分选、包装设施,为农产品产后分等、分级和包装提供条件。

二、打造全方位的市场营销体系

搞好市场营销,创造有利于全面搞活农产品流通的外部环境,运用现代网络技术尽快建立和全国农产品市场融为一体的、稳定的、及时反映市场信息的营销网络。以信息技术为核心,建立农产品大数据、物联网、电子商务平台,以即时信息发布农产品信息、农资需求信息、人才交流信息等。以现代化的营销手段发展农超对接、订单配送、关系营销、绿色营销,扩大市场占有率,形成稳定的销售渠道;依托物流园区、产品交易市场,运用电子拍卖、交易结算等电子商务技术,建立农产品数字化配送技术和交易平台。积极参加农产品博览会、推介会、展示会,在农产品消费终端大城市,举办专项农产品展示鉴赏会,推介产品,打造品牌,开拓高端市场;巩固和发展国外市场,利用互联网技术,向国外介绍吕梁市的特色优质产品,开拓国际市场,开展国际性的大营销,从而带动国内市场,形成品牌。要大力培育和支持经纪人队伍,充分发挥中介组织的作用,把握好订单来源、合同签订、销售兑现等环节,要加强对农产品品牌战略的策划、宣传,实现销售市场的全覆盖。

三、紧抓农产品流通体系建设

大力发展农产品流通市场组织、农产品流通合作组织、农产品流通中介组织、农产品流通网络销售组织等流通组织,营造组织化程度不断提高的新型商品流通组织体系。鼓励多元化流通主体之间、不同区域流通企业之间、流通企业与上游生产企业之间的重组、合并与联合。注重培育和发展"公司+农户"型、兴办依托基地的专业合作社,以及专业产销协会型等多种形式、专业化的农产品流通组织,向入社农户提供信息、技术、物资、购销、储运、加工等全程系列服务。

持续完善农产品流通骨干网络,按照新建与改造并举、硬件与机制共建原则,加快推进农产品流通领域改革和创新,加强基础设施建设,实施农产品仓储保鲜冷链物流设施建设工程,鼓励农业产业化龙头企业建设冷链物流集散中心、综合性加工配送中心,加快产地加工配送、包装、仓储、预冷保鲜等基础设施建设,重点推进中国冷链储运孝义基地项目、汾阳屯汇智慧冷链农博城等重大项目建设,构建智能温控仓储、冷链运输、加工配送、终端销售、全程可追溯的"无断链"绿色安全物流体系。建立健全农产品卖难应对机制,发展新业态新模式,密切产销对接,发挥农产品批发市场、连锁超市、电商平台等各类渠道优势,利用"互联网+"等手段推动经营模式与功能创新,提升运行效率。

四、完善农产品市场监管制度

强化优势食用农产品集中上市期监管,以乡(镇)为单位,调查统计农产品集中上市时间和交易区域,建立重点时段监管名录。建立健全监管执法队伍协调机制,强化县、乡、村联动机制,紧盯薄弱环节,实行乡镇监管队伍常态化巡查,保障农业投入品供给质量。深入推进食用农产品合格证制度,积极探索智慧监管模式,严防不合格农产品进入市场。公安机关和市场监督管理部门建立监管信息共享制度,及时通报食用农产品抽检监测、农资打假、巡查检查等发现的问题信息,加强质量安全风险防范合作。

(薛连萍)

第三节　完善农业社会化服务体系

一、建立农资供应服务体系

依托"万村千乡"乡村供销社市场建设工程,形成布局合理、功能完备、运行规范、价格合理的农资供应网络,依靠流通龙头企业,做好农资物流配送,提供良种、化肥、农药、薄膜农用生产器具等,以系统化、一站式的便民服务,杜绝假冒伪劣农资产品。引导和鼓励各类农业社会化服务组织开展面向家庭农场的代耕代种代收、病虫害统防统治、肥料统配统施、工厂化集中育苗、灌溉排水、储藏保鲜等经营性社会化服务。

二、建立农机化服务体系

以社会化专业服务形式为农户提供机耕、机播、机收、机械施肥、除草、灌溉和植保等综合性服务。一是要以农机化推广服务为龙头，完善农机管理服务网络，通过构建管理服务网点，充实和加强基层农机管理服务队伍；二是要建立以农机化服务为中心的农机销售服务网和农机信息服务网，为广大农民和农机专业户提供农机供求信息和农机作业服务等信息；三是要建设农机化示范基地，使其成为新农机技术推广基地、农业机械化服务的示范基地和新型农机化服务体系的重要组成部分。

三、建立健全土地流转服务体系

土地流转和适度规模经营是发展现代农业的基础。土地流转服务体系是新型农业经营体系的重要组成部分，是农村土地流转规范、有序、高效进行的基本保障。一是各县（市、区）应建立由县级土地流转综合服务中心、乡镇土地流转服务中心和村级土地流转服务站组成的县、乡、村三级土地流转市场服务体系；二是加强土地流转信息机制建设，完善土地流转信息收集、处理、存储及传递方式，为流转双方提供信息发布、政策咨询、价格评估、合同签订指导等便捷服务；三是引导和鼓励家庭农场经营者通过实物计租货币结算、租金动态调整、土地经营权入股保底分红等利益分配方式，稳定土地流转关系，形成适度的土地经营规模；四是鼓励有条件的地方将土地确权登记、互换并地与农田基础设施建设相结合，整合高标准农田建设等项目资金，建设连片成方、旱涝保收的农田，并引导其流向家庭农场等新型经营主体。

四、建立农村金融、财政支持服务体系

资金与政策是农业发展的命脉。一是加大农村金融支持服务，创新农村金融贷款担保抵押方式，发放小额贷款，为社会化服务体系建设和农业产业结构调整提供资金支持，为设施农业发展、基地园区建设提供资金支持，为农民自主创业提供资金支持；二是加强财政支农力度，扶持农业基础设施建设，支持生态建设、土地整理、中低产田改造；三是建立以工补农、促进农业发展的长效机制。

五、建立农产品质量安全检测体系

农产品质量安全检测体系是以农业标准体系、检验检测体系、认证体系为基础，通过政府管理、公共服务和市场引导等途径，对农产品从产地环境、投入品、生产过程、加工储运到市场准入的全程质量安全控制的基础支撑体系。各县（市、区）按照政府抽检、社会监测、企业自检相结合的总体要求，完善县、乡两级农产品质量快速检测设备，初步形成县、乡两级生产、加工、流通相衔接的农产品质量检测体系，实现对农产品产前、产中、产后全程监控。要发挥市场的导向作用，采取有效措施，改善大宗农产品生产基地的生态环境和生产条件，积极发展无公害食品、绿色食品和有机农业，推动结构调整。通过实行质量管理，对种植业、畜牧业、绿色无公害蔬菜的检测约束，生产更多的放心奶、放心肉、放心菜等，并由此推动树立、创造品牌。

六、建立数字农业综合服务体系

数字农业综合服务体系建设将进一步推动互联网、大数据、人工智能与农业产业深度融合，全面促进吕梁市农业综合信息服务能力和农业数字化决策管理能力的提高，有助于全市农业向全方位数字化、网络化、智能化转型，为构建"数谷吕梁"、打造吕梁市数字化农业全新业态打下坚实基础。

吕梁市"政企银"三方应重点打造"13456体系"，即构建1个数字农业综合服务体系，搭建政府端、客户端、消费端3个数字化农业服务入口，打造农业生产要素供需平台、初级农产品购销平台、大宗农产品交易平台、农产品销售平台4个电子化经营服务平台，连接农资经营主体、农业生产主体、农产品收储主体、农产品加工销售主体、商业零售主体5类农业生产经营主体，提供生产、经营、收储、

销售、政务、金融 6 类服务。数字农业综合服务体系的建立，将贯通农业"种管收储运加销"产业链主体，实现三农领域的数字化监管与服务，提高各生产经营主体的协同效率，进一步促进农业提质、企业增效、农民增收。

建设数字化农业服务平台。包括农业信息监测平台、农技服务平台、休闲农业服务平台和农企对接平台等。强化农业信息监测，通过布设于农田、温室等目标区域的大量传感节点，实时地收集温度、湿度、光照、气体浓度以及土壤水分、气象数据等信息，监测病虫害发生状况，对环境监测数据进行记录分析，进一步指导农业生产。推广休闲观光农业，线上租地种植、农业认养、农业电商、物联网、多种营销功能等为一体的农业线上多平台互联网农业管理系统。通过线上平台系统既解决了城市人体验农村种植、养殖的生活，又为乡村产业振兴和国内大循环提供了便利。强化农业技术与产销服务，创新打造以人民为中心的服务模式，鼓励各类基层工作者统一入驻平台，如农技服务人员、畜牧兽医专家、农业企业等为村民提供农业种养技术服务，推动农产品产供销对接更加通畅，促使企业、合作社与农户利益联结更加紧密。农业信息监测平台见图 11-1，休闲农业服务平台及农技服务平台见图 11-2。

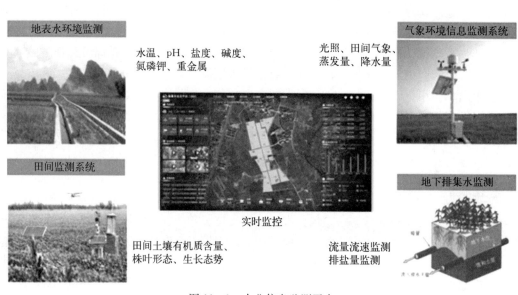

图 11-1　农业信息监测平台

图 11-2　休闲农业服务平台及农技服务平台

（刘跃斌）

集雨窖示意图

10 m³ 集雨软体水包

宽膜多沟一体机田间作业

渗水地膜覆盖种植

水肥一体化智能控制滴灌系统

悬挂式行间深松机

旋耕机

气吸式精量播种机

双垄膜侧播种机

多垄膜侧播种机

地膜回收机

玉米气吸式免耕播种机

平移式喷灌机

谷物联合收割机

多旋翼植保无人机

玉米联合收割机

悬挂式秸秆粉碎机

秸秆打捆机

1GKNBM-200型双轴灭茬变速旋耕机

2BQM-4型一膜（2m）四行玉米全膜覆盖精量播种机

玉米覆膜垄盖沟植对比

地膜宽窄行垄盖沟植　　　　　　　宽窄行地膜垄盖沟植与普通种植对比照片

膜侧种植与传统种植模式对比

玉米联合收割机　　　　　　　　谷子全生物可降解渗水
地膜穴播

谷物联合收割机

大豆播种适宜密度

行距23～26 cm

株距20～30 cm

大豆播种机

40 cm | 60 cm | 30 cm | 30 cm | 30 cm | 60 cm | 40 cm

大豆玉米复合种植示意

大豆收割机

2MBFC－1/2型膜侧量联合播种机

高粱膜侧种植拔节期长势

高粱收割机

高粱施肥播种机

株距10～15 cm

行距50 cm

高粱播种适宜密度

喷杆喷雾机植保作业

高粱联合收获机

马铃薯播种机

水肥一体化（输水管道设备）

西蓝花播前育苗

西蓝花采收方法

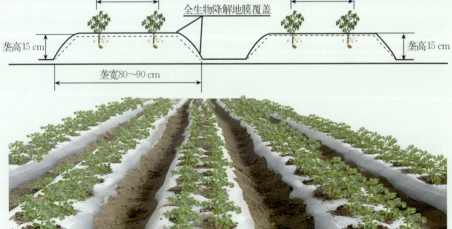

马铃薯播种模式

马铃薯收获机

马铃薯生长历程

株距22~26 cm

行距50 cm

绿豆播种适宜密度

绿豆收获期

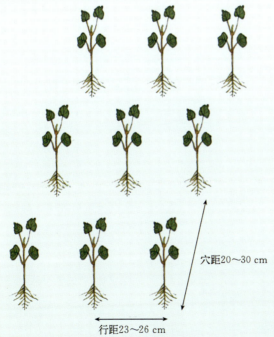

穴距20~30 cm

行距23~26 cm

荞麦播种适宜密度

行距25 cm

莜麦播种适宜密度

莜麦收割机

红芸豆选种

行距50 cm

株距20 cm

红芸豆播种适宜密度

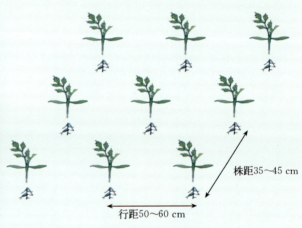

株距35～45 cm

行距50～60 cm

番茄播种适宜密度

番茄田间管理

辣椒移栽机

辣椒定植

辣椒播种覆膜一体机

培育西葫芦壮苗

西葫芦播种覆膜一体机

白菜播种适宜密度

白菜收割机

西瓜压蔓坐果　　　　　　　　　　　　　西瓜收获

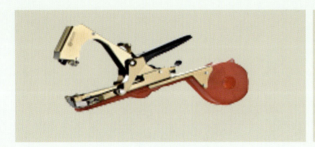

架豆绑蔓机　　　　　　　　　　　　DR-202废膜回收机

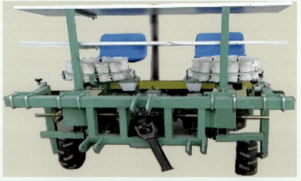

黄瓜穴盘育苗机　　　　　　　　　　　　黄瓜秧苗移栽机

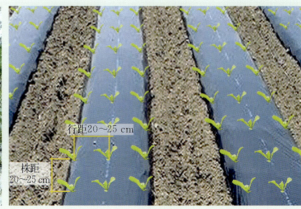

黄瓜搭架　　　　　　　　　　　　　生菜整地定植

叶菜收获机

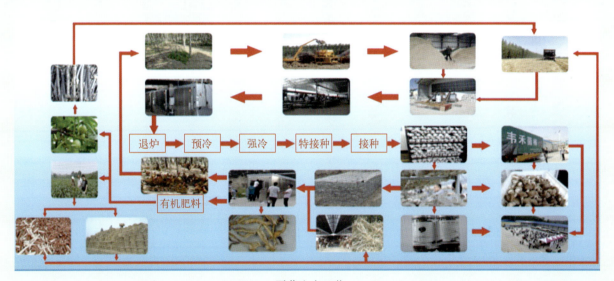

退炉　预冷　强冷　特接种　接种

有机肥料

夏菇生产工艺

标准化制棒车间

自动接种机接种

养菌车间

出　菇

柴胡收获机

柴胡成品

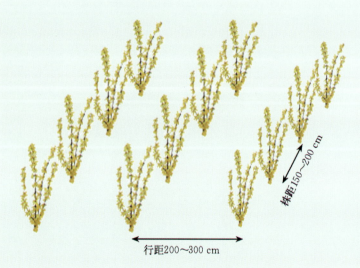

行距200～300 cm

株距150～200 cm

连翘播种适宜密度

青翘去柄机

株距15～20 cm

垄宽150～200 cm　　行距35～40 cm　　垄高20～25 cm

黄芪播种适宜密度

140 型黄芪收获机

黄芪采收晾晒

黄芩手推播种机

株距15～20 cm

行距30～35 cm

黄芩播种适宜密度

黄芩收获机

地表水环境监测

水温、pH、盐度、碱度、
氮磷钾、重金属

光照、田间气象、
蒸发量、降水量

气象环境信息监测

实时监控

田间监测

田间土壤有机质含量、
株叶形态、生长态势

地下排集水监测

流量流速监测
排盐量监测

农业信息监测平台

休闲农业服务平台及农技服务平台